谨以此书，献给那些心怀梦想，并且不断努力奔跑的BIM人。

谨以此书，献给那些心怀梦想，并且不断努力奔跑的BIM人。

BIM软件应用成功进阶系列

Revit技巧精选应用教程

柏慕联创　组编

主　编　黄亚斌　胡　林

副主编　肖　飞　倪茂杰　胡宇琦

参　编　陈旭洪　李　签　许述超　向俊飞
刘晓立　杨桂华　李怡静　黄绍华
张荣军　周　波

机械工业出版社
CHINA MACHINE PRESS

本书分为公共篇、土建篇、机电篇、族篇、其他软件及软件交互篇共五篇，累计107个技术点。其中公共篇包含三章：视图处理类、公共技巧类和协同类，此篇共31个技术点；土建篇包含两章：土建模型搭建类和土建深化应用类，此篇共27个技术点；机电篇包含两章：机电模型搭建类和机电系统设置类，此篇共16个技术点；族篇包含两章：族操作技巧类和族应用技巧类，此篇共18个技术点；其他软件及软件交互篇包含两章：软件交互类和其他软件，此篇共15个技术点。

本书收录的均为高访问量或者普遍反响较好的技术点，涉及面广，深度各异，可供BIM行业技术人员参考和使用。

读者答疑QQ群号：136531978

BIM每日一技公众号

图书在版编目（CIP）数据

Revit技巧精选应用教程/柏慕联创组编．—北京：机械工业出版社，2020.8
（BIM软件应用成功进阶系列）
ISBN 978-7-111-66216-7

Ⅰ．①R…　Ⅱ．①柏…　Ⅲ．①建筑设计－计算机辅助设计－应用软件－教材
Ⅳ．①TU201.4

中国版本图书馆CIP数据核字（2020）第137262号

机械工业出版社（北京市百万庄大街22号　邮政编码100037）
策划编辑：张　晶　责任编辑：张　晶　张大勇
责任校对：刘时光　封面设计：张　静
责任印制：李　昂
北京瑞禾彩色印刷有限公司印刷
2020年9月第1版第1次印刷
184mm×260mm·10.5印张·1插页·247千字
标准书号：ISBN 978-7-111-66216-7
定价：59.00元

电话服务	网络服务
客服电话：010-88361066	机　工　官　网：www.cmpbook.com
010-88379833	机　工　官　博：weibo.com/cmp1952
010-68326294	金　书　网：www.golden-book.com
封底无防伪标均为盗版	机工教育服务网：www.cmpedu.com

专家编审指导委员会

推荐序

我和“BIM每日一技”的主创人胡林是老朋友，已经记不起来谁先成为谁的读者了。偶尔互问近况，大多数时间我们分别在北京和成都做着自己的事，就这样各自前行了几年时间。

几年时间走下来，我们各自解决着不同的麻烦，也各自有了不同的成长，但总体上，我们在做的还是几年前的那些事：每周更新一篇长文，“BIM每日一技”每个工作日分享一个技术问题。

在这本书的序言里，我并不想和你谈书中的任何一个技术知识，而是想在你开启这段技术探索之旅之前，分享我的一个观点：长期主义。

巴菲特有一句名言：“如果你不想长期持有一只股票10年，那就不要持有它一分钟。”巴菲特投资策略中最有特色的一部分就是长期投资了。那么他这么做，是不是因为长期投资属于高手的特权？

不是的，巴菲特自己就曾经说：“我不认为有谁能够成功地预测股市短期的波动，包括我本人。”长期持有并不是因为一个人的长期预测能力强，而是因为一个人的短期预测能力弱。炒短线的人要思考的维度太多了——K线、大盘、分时图、走势、交易明细、小道消息等，每时每刻都要和所有的竞争者博弈。

相反，长期投资并不是在起起落落的K线图里捞一笔，而是参与到一家企业的成长过程中去，靠企业的经营获得分红。长期持有者需要考虑的东西要少得多：在买入之前，花心思找出那家值得相信的公司，然后相信它。其余的一切，会有那家公司的人替你操心。

那这么简单的道理，还是从巴菲特嘴里说出来，为什么大多数人还是不相信，而选择去炒短线呢？答案很简单：绝大多数人都受不了短期利益的诱惑。

20世纪60年代，斯坦福大学心理学家沃尔特·米歇尔设计了一个实验。研究人员让每个孩子单独待在一个房间里，面前的桌子上放着一颗棉花糖。研究人员会告诉小朋友：你可以吃掉这颗糖，但如果我回来时这颗糖还在，我会再奖励你一颗糖；如果你等不及，可以马上按桌子上的一个电铃，我就会马上赶回来。

大多数孩子坚持不了三分钟。有些孩子甚至没按铃就吃掉了糖。研究人员15分钟后回到房间时发现，只有三分之一的孩子没有吃掉糖果。米歇尔教授在随后的研究中发现，那些等不及会把糖吃掉的孩子，在学习成绩、人际交往等方面，普遍要弱于能够“延迟满足”的孩子。

今日头条的CEO张一鸣说，他最欣赏自己身上的特质，就是延迟满足感。他说如果一些公司不着急赚钱，继续去扩大规模，会有更大的成就。阿里巴巴是同期互联网公司中最晚追求盈利的，但现在却是最赚钱的互联网公司之一。

耐得住寂寞，能长期坚守一件小事，能够控制自己的延迟满足感，就是长期主义。

其实在某种意义上讲，世界青睐长期主义者，并不是他们赢了，而只是他们的竞争对手走开了。

你做某件事的第一年，会看到身边全是竞争对手；等到第三年，发现一半的竞争对手都改了主意，去做别的事了，而刚进入同一个领域和你竞争的人，已经和你有了三年的差距；等到第五年，你就会发现原来90%的对手都走了，而新转行过来的90%，全都不是你的对手。

长期主义最大的好处就是，人生没有清零的时刻，过去走的每一步无论多小，都算数。

所以你会发现，如果有人托你帮忙找某个领域的专家好手，你环顾身边那么多人，能想起来的永远只有那么一两个，高处的竞争反倒是少的。

我认识很多这样的长期主义者，不一定每个人都很成功，但他们有一个共同的特点：过得非常安宁。他们很少对未来焦虑，也很少抱怨环境不好，周边环境的起起落落对他们来说是一种平和的常态。短期来看，他们的人生曲线是起起落落的，今年少赚一些，明年行情好一些；放远一点长期来看，他们的人生是沿着一条指数曲线越来越快地上升的。

回想起当年“BIM每日一技”刚开始做的时候，很多人看到了技术分享类的文章能吸引眼球，也跟着做，甚至有不少公众号就是照着抄内容，可到了今天，原本那些跟风的人都消失不见去做别的了，新来的人一看，“BIM每日一技”都做了一千多期了，我还有啥好做的呀，算了算了。于是，这种每天分享一个BIM技巧的内容，几乎就只剩下这么一家了。

胡林和他的团队几乎没做任何其他事，就只是把一件简单的事一天天重复做下去，就好了。

胡林和他们团队的故事，我写在了完整的采访实录《BIM赌客》里，如果你读过，一定知道，这个团队曾经身无分文来到成都，没有一个大佬提携。我想，你捧在手里的这本书，不仅仅是一个工具，也是一个证据：一队年轻人，可以只凭长期做一件小事，就在一片江湖中混出个名堂来。

希望它能在你迷茫、焦虑的时候，给你坚持下去的力量。

BIMBOX　孙彬

前言 Preface

当您打开本书时，我首先要说一声“谢谢您”，感谢您对本书的厚爱。

当您看到本书时，您看到的不仅仅是一家风华正茂、朝气蓬勃的公司五年以来的心血积累，更是一份由踏实、勇气和坚持为您展开的新技术驱动的建筑行业的未来。

在您的关注和支持下，我们走过了极不平凡的五年。

建筑科技自媒体 BIMBOX 孙彬提到，“2015 这一年，BIM 市场风云变幻，国家和地方政策开始发力，项目也越来越多，掘金的梦想充斥在每个不安分的年轻人心里。”

“BIM 每日一技”与柏慕联创的故事，就是开始于科学技术飞速发展、一切都在高速前进的移动互联网时代。

2015 年 6 月 22 日，我们通过微信公众号“BIM 每日一技”推送了分享 BIM 相关软件技巧的第一篇文章，从那时起，我们就对大家承诺：坚持每一个工作日推送一篇文章。

五年来，我们对技术的探索和钻研从未懈怠。

五年来，一如我们的公众号名称，每一个工作日坚持推送，从未失约。

五年来，我们推出了“BIM 每日一技”纸质图书——《每日一技，我的成长轨迹》珍藏版、青春版、梦想版、成长版、坚守版、奋斗版、希望版共 7 册（未正式出版）。

而本书，正是公众号“BIM 每日一技”五年来 1000 多期推送文章的精选汇编。本书根据技术点的内容分公共篇、土建篇、机电篇、族篇、其他软件及软件交互篇共五篇，累计 107 个技术点。其中公共篇包含三章：视图处理类、公共技巧类和协同类，此篇共 31 个技术点；土建篇包含两章：土建模型搭建类和土建深化应用类，此篇共 27 个技术点；机电篇包含两章：机电模型搭建类和机电系统设置类，此篇共 16 个技术点；族篇包含两章：族操作技巧类和族应用技巧类，此篇共 18 个技术点；其他软件及软件交互篇包含两章：软件交互类和其他软件，此篇共 15 个技术点。

回想柏慕联创刚刚成立时，我和我的小伙伴们只有一个简单的想法：让精益建造深入行业，走精细化管理与建造之路，通过新技术改变传统的建筑行业。我们几个小伙伴全是技术出身，都是 BIM 技术的狂热发烧友，所以直到今天，公司依然充斥着技术交流与分享的企业文化氛围。

柏慕联创核心技术团队的每一位同事都曾经是一名典型的北漂族，我们也都经历了从0到1的成长和自我超越。柏慕联创从一出生就面临着行业紊乱、竞争惨烈。相比同行，我们所处的生存环境恶劣其甚，我们只能在一块荒芜贫瘠的土地上奋力一搏。

幸运的是伴随着移动互联网的东风，我们在建筑行业最寒冷的冬天里幸运地活了下来。

五年里，我们的实践包括成都天府国际机场航站区工程、贵州省“十二五”期间规划的重点建设项目——贵阳龙洞堡国际机场三期扩建工程T3航站楼、2021年第31届世界大学生夏季运动会和2025年世界运动会主场馆——成都东安湖体育公园、成都东进战略第一文化地标——简阳市文化体育中心（东来印象）、安徽省基础设施建设“一号工程”——引江济淮蜀山泵站枢纽工程项目、新建城际铁路联络线北京大兴机场段站后及轨道工程施工总承包工程、成都天府国际金融中心超高层（218.50m）、成都海洋中心超高层（160.45m）等在内的一系列具有典型代表案例的BIM落地应用咨询顾问服务。

五年里，我们发挥自身的技术沉淀优势，开展企业BIM专场定制培训40余场，为包括中建、中铁、中交、中冶、中核、华西集团、成都建工集团等全国各地建筑领域的企业提供BIM咨询顾问服务，培养了1600余名优秀的行业BIM应用先锋，成功地帮助各企业建立了自己的BIM团队、项目实施流程、BIM执行标准等BIM规划与发展目标，这些应用先锋先后走到祖国的大江南北，引领着数字建筑的升级，推动着国内BIM应用的落地。

五年里，非常幸运能够与您一起，见证并且参与这个伟大的时代！

在本书出版之际，我很荣幸代表柏慕联创告诉您：

“做一家受社会尊重的公司”不是一句口号，这是我们的价值观和精神信条。

“敬畏客户的信任”是我们开展BIM服务的原始基因，不余遗力通过技术实力与服务让客户真正满意，立志把每一次咨询顾问服务与培训都做得远超用户预期，立志做一家经得起时间检验的、靠谱的企业！

今天，建筑行业转型升级走到了历史性的重要节点。面向未来，促进建筑技术整体水平提高的唯一途径就是紧紧依靠科技进步，将建筑新技术、新工艺、新成果应用到工程建设中去。热情拥抱新技术，加快科技成果转化，不断提高工程的科技含量，全面推进施工技术进步，有着极具想象力的远大前景。

柏慕联创的使命就是推进中国BIM技术的普及与落地，为客户创造价值。我们深知，这不是一件容易的事，所以我们更加坚定地坚持学习，坚持做接地气的事，坚持做需要时间去沉淀的事。

这就是我和我的小伙伴们夜以继日、坚持在最寒冷的冬天里不断前进的目标。

感谢您的关注，和我们并肩投身于不断改变建筑这个古老行业的壮丽事业。

许技术以敦厚，许BIM人以温暖，许建筑人以幸福，我们的征途是星辰大海，现在才刚刚迈出第一步。

靠谱，将吸引更多的靠谱。我希望，十年、二十年以后，BIM人始终记得有一个地方，我们能一起分享技术、爱好和感动。

五年来，要感谢给予我们BIM生命的柏慕中国（BIM China）创始人黄亚斌先生，感谢一路支持我们BIM事业发展的大匠通科技创始人汤明松先生，感谢一路鼓励我们不断成长的北京鸿业科技董事长王晓军先生、福建晨曦科技董事长曾开发先生，感谢陪伴我们一路成长的BIMBOX孙彬先生及其各位小伙伴，感谢厦门一通科技（腿腿教学网）创始人林彪锋先生，感谢自媒体JoyBiM创始人赵欣先生，感谢我们的每一位合作伙伴与每一位客户，正是你们，让我们像疯子一样把事情做得更好，同时又像傻子一样一路坚持。

五年来，要感谢王冯聪、崔喜莹、梁嘉鸿、刘瑞、郝斌、王文黎、潘展鹏、赵兴旺、侯佳伟、孙栋泽、苏猷智、朱建武、朱林峰、刘明达、唐小红、沙弥、曾维强、冯杰、程来成、周健军、邓德江、葛林、曾庆飞、徐于茜、马凯悦、魏塬、蓝寿泉、崔松浩、宋杨、张辉、梁甲星、侯坤、杨万余、赵博文、林映亮、张晨、王英凡、詹锦运、代少凯、田兴、朱宗德、王轶峰、严妍、刘嘉璐、姚鑫宇、刘小伟、陈冀、苏冠文、宋盼龙、银良熏、王富强、刘丽娜、古月、许明、李龙、刘嘉欣、郭帅、李先正、王亚朋、高川、吕佳、王佩佩、李丹阳、文志彬、陈建军、彭剑华、毕宏昇、张清华、宫家良、宋达志、麦群、刘义、刘兴伊、周秩丰、蒋东芯、李泰峰、魏永虹等BIM圈小伙伴的投稿支持（名单详见柏慕联创官网www.lcbim.com），感谢柏慕联创每一位同事的辛苦付出。感谢曾经为“BIM每日一技”图书设计封面的您们：张婷（珍藏版）、赵世华（青春版）、袁炜（梦想版）、李伦菊（坚守版）、BIMBOX（奋斗版）。

非常有幸，能够和这样一群纯粹的您们，有过一段同行的美好时光。

五年来，感谢、感恩每一位见证我们一路成长的您！

此刻，您手中的这本书，正是一群风华正茂的年轻人和他们关于青春梦想故事的缩影。

谨以此书，献给那些心怀梦想，并且不断努力奔跑的BIM人！

胡　林

目 录
Contents

第4篇 族

第5篇 其他软件及软件交互

第1篇 公共篇

本篇主要收集Revit公共类技术点，比如视图设置、三维显示设置等。

第1章 视图处理类

1.1 Revit 中如何控制自动生成的视图类型

Revit 中创建标高时，默认会自动生成三个对应的平面视图：楼层平面、结构平面和天花板平面，如图 1-1 所示。

但是很多时候不需要这么多种平面类型（比如绘制结构模型的时候，只需要结构平面而已），留着累赘，生成之后再删除会增加工作量，那么如何在创建标高的时候就有效地控制这些平面视图的生成？

单击标高命令，进入绘制标高状态。此时在选项栏中有一个平面视图类型命令，如图 1-2 所示，单击进入平面视图类型对话框，如图 1-3 所示。

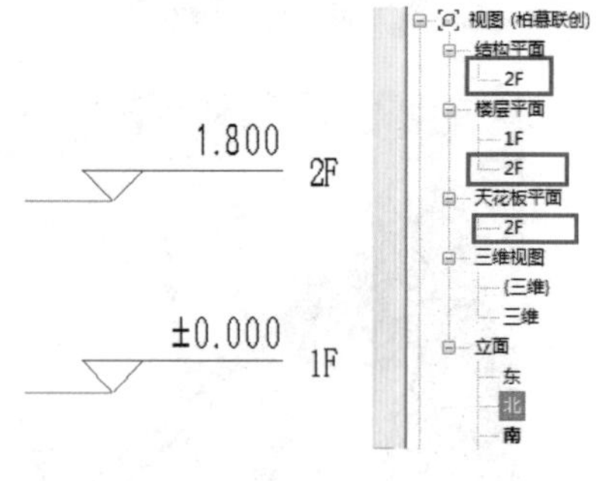

图 1-1

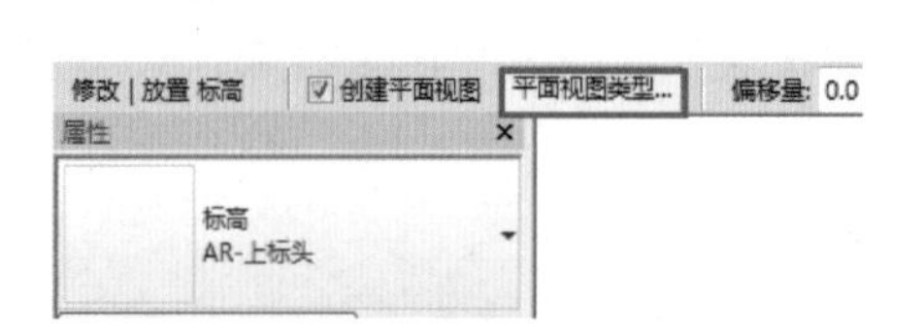

图 1-2

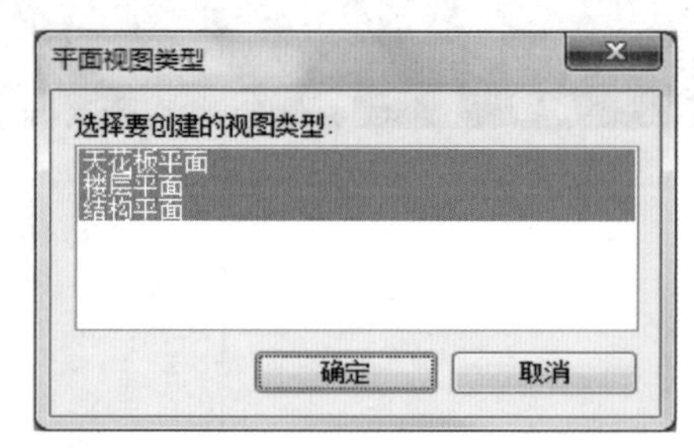

图 1-3

在这里可以选择需要创建的视图类型，蓝色为选择状态；如果只需要创建楼层平面，可以取消选择天花板平面和结构平面，如图 1-4 所示。这样设置之后自动生成的平面类型就只有楼层平面了。

当然，如果创建标高时不需要创建对应的平面视图，只需要取消勾选“创建平面视图”即可，如图 1-5 所示。

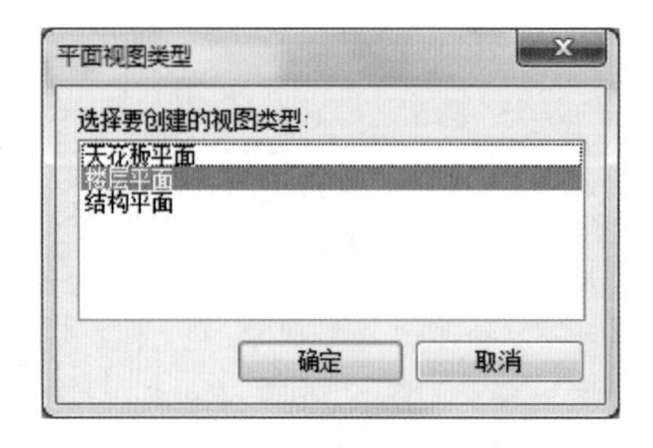

图 1-4

图 1-5

1.2 Revit 中应用视图样板批量调整视图范围

在我们平时模型的建立中，在建立不同的结构部分时，需要运用不同的视图范围，往往都是用的时候去改一次视图范围，但是其实有一个很好的方法，那就是运用视图样板里的视图范围。

首先创建一个视图样板。设置 1F 视图范围，如图 1-6 所示。

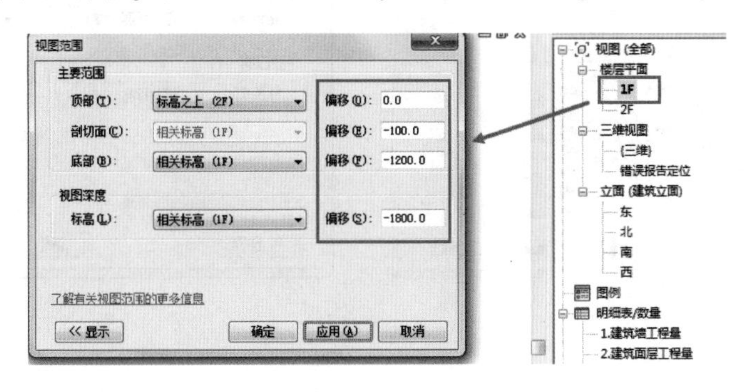

图 1-6

右击此视图，在弹出的临时对话框中选择“通过视图创建视图样板”，如图 1-7 所示。并为此视图样板输入名称“视图范围”，如图 1-8 所示。

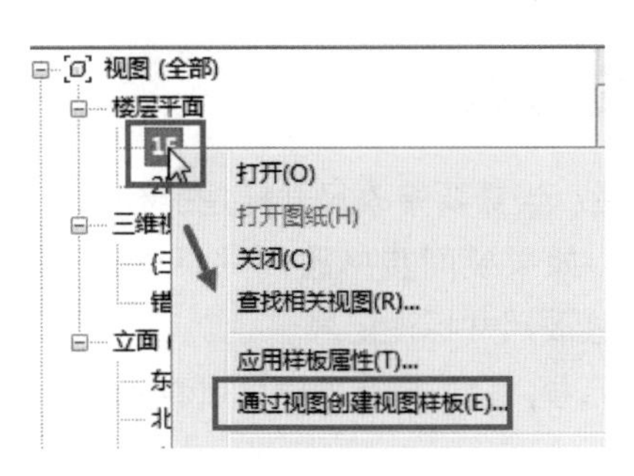

图 1-7

图 1-8

在弹出的视图样板对话框中，取消勾选除“视图范围”之外的其他选项，如图 1-9 所示。选择需要改变的平面视图，右击选择“应用视图样板”，如图 1-10 所示。

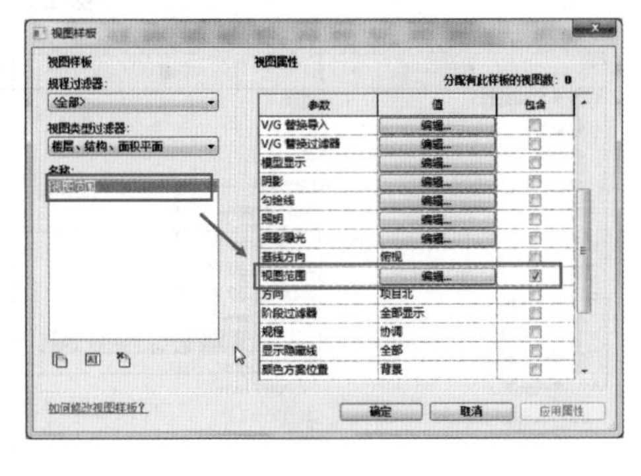

图 1-9

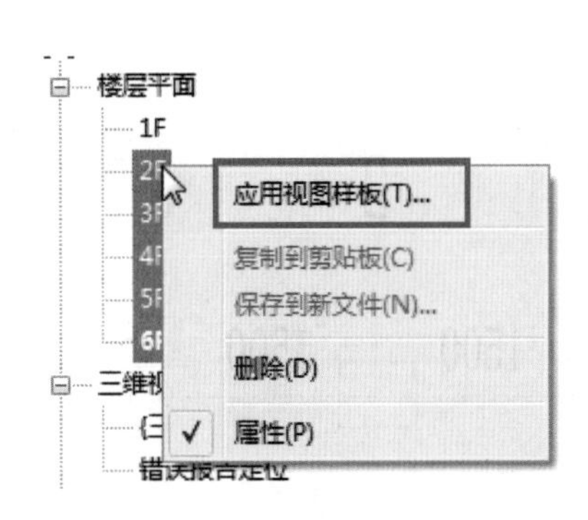

图 1-10

在弹出的对话框中选择刚刚创建的视图样板“视图范围”，如图 1-11 所示。

完成之后，所选视图的视图范围就调整好了，如图 1-12 所示。

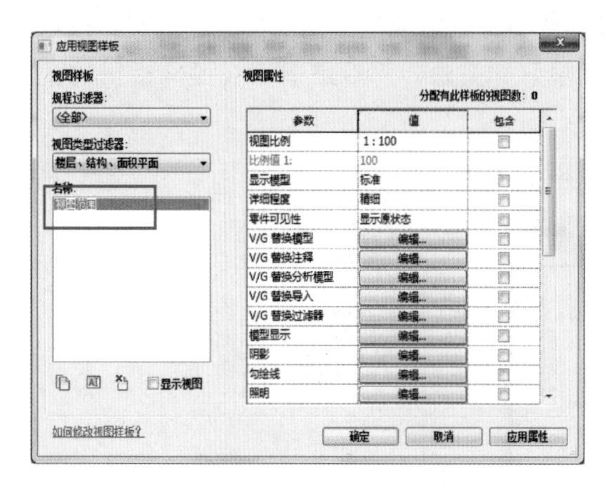

图 1-11

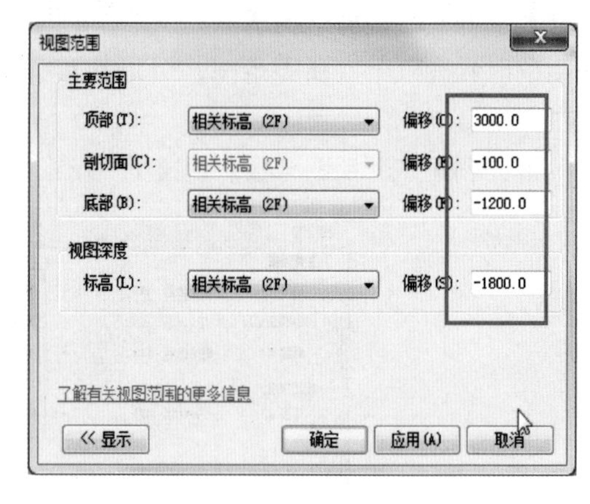

图 1-12

扩展

不仅是视图范围，只要是视图样板中包含的视图属性（如过滤器、VV 模型类别）都可以通过视图样板的方法批量修改；需要注意的是，使用时按需要调整视图属性中每一项内容后面的包含，不需要应用的属性不用勾选包含。

1.3 Revit 中尺寸标注记号长度修改

尺寸标注是建模时常用的一个命令，大家都不陌生；当需要修改尺寸标注的样式时，尺寸标注文字字体、文字颜色及文字大小修改比较容易，如果要同步修改尺寸标注的记号，如图 1-13 所示，很多人就不知道了，下面就来讲解如何修改尺寸标注记号。

选择尺寸标注，在“类型属性”对话框中，选择记号，在下拉选项中可以看到有很多种类型，如图 1-14 所示，当前记号是“对角线 3mm”。

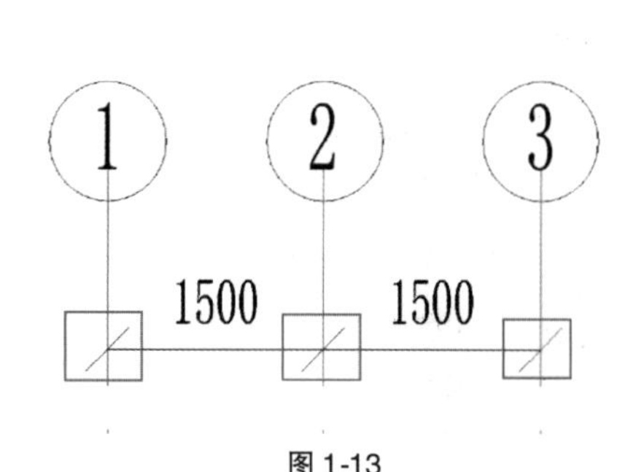

图 1-13

类型属性

族(F): 系统族:线性尺寸标注样式　载入(L)...

类型(T): 对角线 - 3mm RomanD　复制(D)...

重命名(R)...

类型参数

参数	值
标注字符串类型	连续
引线类型	弧
引线记号	无
文本移动时显示引线	远离原点
记号	对角线 3mm
线宽	实心箭头 20 度
记号线宽	实心箭头 30 度
尺寸标注线延长	实心箭头 30 度 - 大
翻转的尺寸标注延长线	对角线 2mm
尺寸界线控制点	对角线 3mm
	空心点 2mm
尺寸界线长度	12.0000 mm
尺寸界线与图元的间隙	2.0000 mm

图 1-14

打开“管理”选项卡，在“其他设置”中找到“箭头”，如图 1-15 所示。

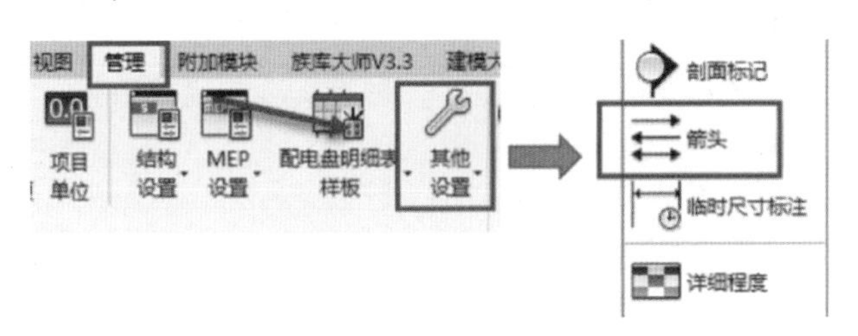

图 1-15

在类型选择栏中找到“对角线 3mm”，打开类型属性对话框，可以看到有一个“记号尺寸”的选项，如图 1-16 所示，这里可以调整记号的具体尺寸。

调整记号尺寸后对比结果如图 1-17 所示。

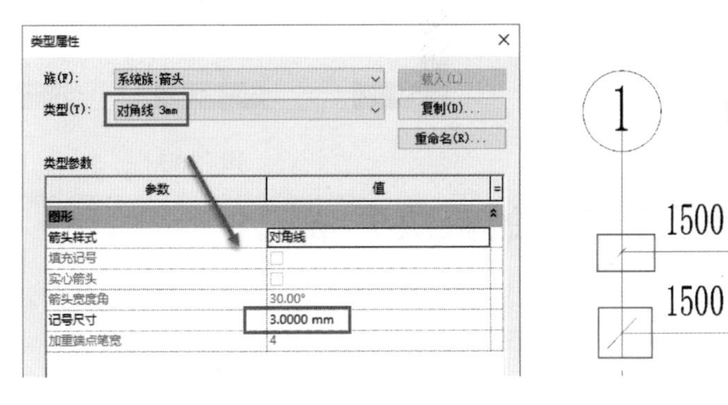

图 1-16　　　　图 1-17

1.4 Revit 出图阶段中“遮罩区域”的用法

在使用 Revit 出图时，要会对图纸进行一些设置，但有时还是会存在一些不必要的图纸信息需要加以隐藏，使图纸更加简洁清晰。

一般情况下，可以通过隐藏图元来达到效果，但对于导入一张整体的底图而言，隐藏一块区域不便于操作，这时就可以使用 Revit 中“遮罩区域”的命令，既可以遮盖图元，又可以遮盖区域。

在“注释”选项卡下单击“区域”命令下的“遮罩区域”，如图 1-18 所示。

在“修改 | 创建遮罩区域边界”中“线样式”选择“不可见线”，再选择矩形框绘制所要遮罩的区域，如图 1-19 所示。

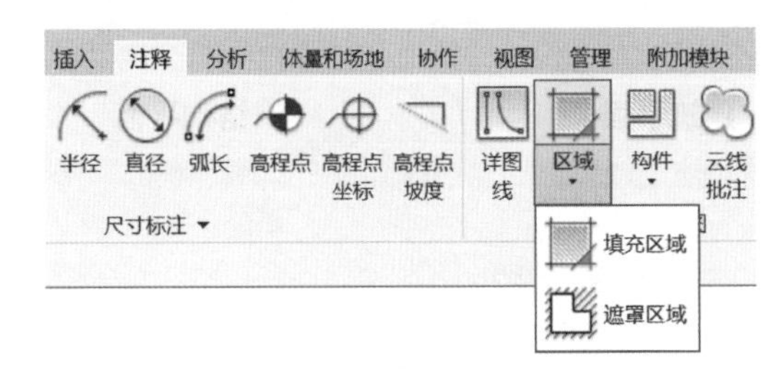

图 1-18

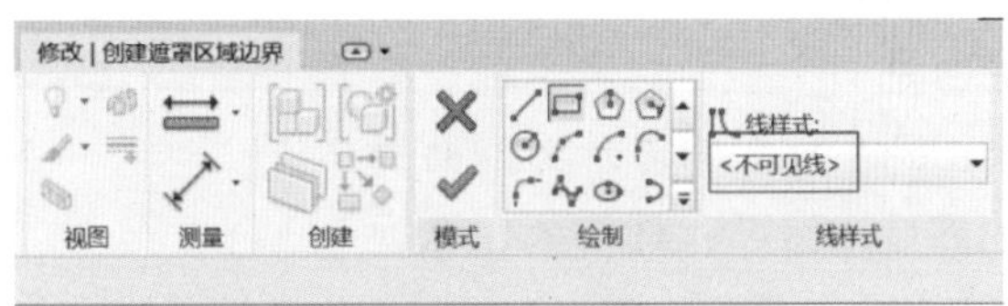

图 1-19

用矩形框绘制所需遮罩区域，并点击✔完成绘制，这样就可以遮盖住一些不必要的图元或区域，使图纸更加简洁清晰，如图 1-20 所示。

注：在绘制遮罩区域时区域边界线仍会显示，影响美观与遮挡效果，此时把边界线设置为“不可见线”，这样效果更好。恰当合理地使用“遮罩区域”，可减少一些出图时不必要的麻烦，节省时间，更好地达到出图的效果。

补充：门窗族中，二维表达阶段绘制的遮罩区域，效果如图 1-21 所示。

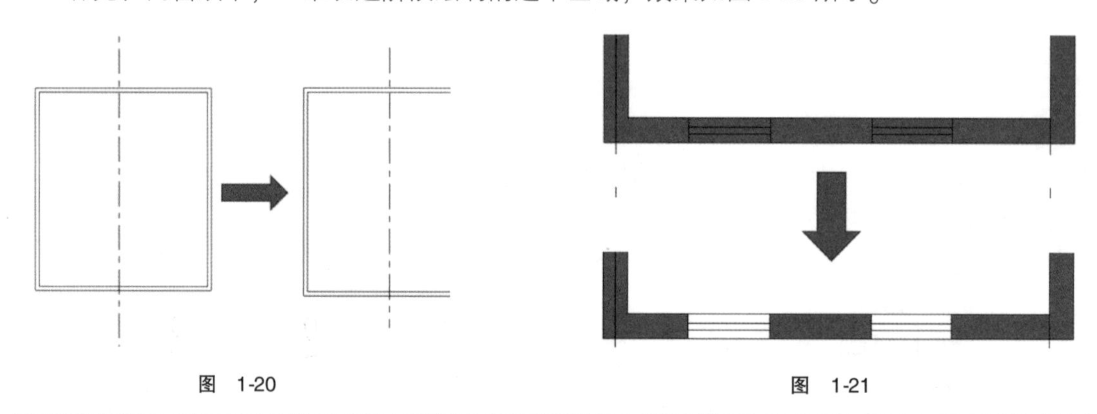

图 1-20　　　　图 1-21

1.5 Revit 中图元不可见的解决方法汇总

Revit 中视图的机制：在 Revit 中，所有的视图都只不过是你观察既有图元的“视角”。无论你当前视图中是否观察得到，存在，便是存在。那么也就是说，实际上当提示图元不可见的时候，只是说，你绘制出来了，但是看不到它。

下面从纵向和平面视图设置两个部分介绍视图可见性的问题。

1.5.1 纵向视图范围

既然是三维图元的平面表达，就必定涉及了高度问题。在 Revit 中，此属性为视图范围（在视图属性栏中）。

可以看到的是，这里面总共有六个属性、八个设置。

（1）主要范围。你所要观察到的，和本层标高相关的主要范围。字面意思很好了解。

（2）视图深度。主要范围底部以下的。

在主要范围内，又细分为顶、剖切面、底。这也很好理解，都是字面意思。顶剪裁平面和底剪裁平面表示视图范围的最顶部和最底部的部分。剖切面是一个平面，用于确定特定图元在视图中显示为剖面时的高度。你可以理解为，在视图范围内，横切一刀。这一刀即为剖切面的平面。关于这几个属性包括视图深度的设置，除剖切面在对于楼层标高的选择默认为相关标高，一般情况如图 1-22 所示，图 1-22a 所示视图范围

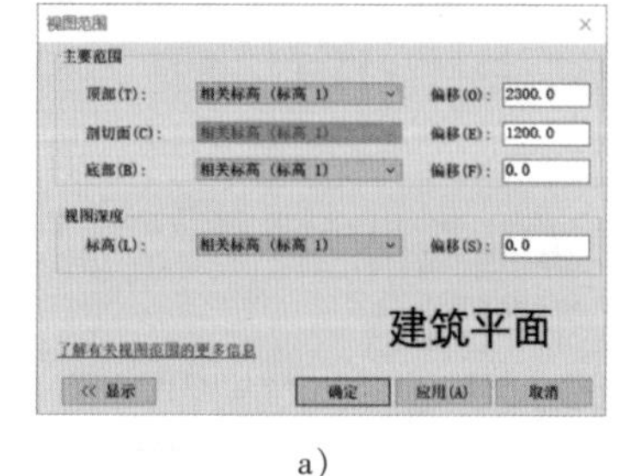

a)

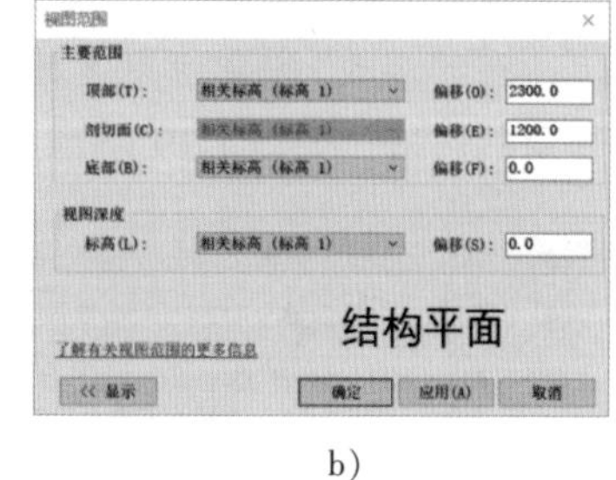

b)

图 1-22

适合建筑平面，图 1-22b 所示视图范围适合结构平面。

1.5.2 平面视图设置

平面视图的设置对构件的不可见性影响较复杂，下面逐条列举常见的设置问题：

1. 裁剪视图

如图 1-23 所示，检查视图是否被裁剪。裁剪视图是一个二维的范围框，在范围框内的构件可见，剪裁对二维构件影响不大（但是二维标注的主体隐藏时二维构件自动隐藏）。

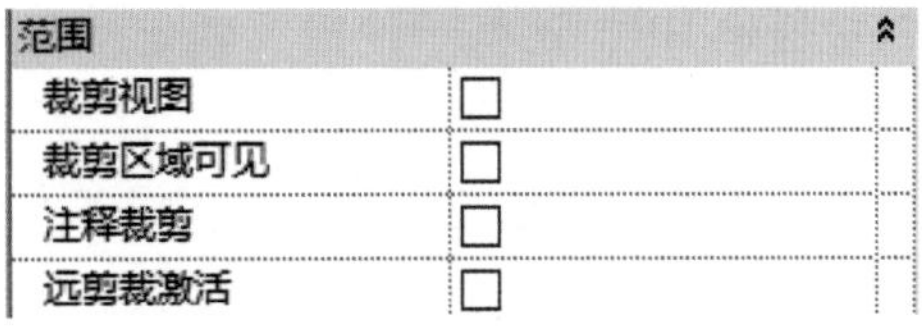

范围	
裁剪视图	☐
裁剪区域可见	☐
注释裁剪	☐
远剪裁激活	☐

图 1-23

如图 1-24 所示，三维视图的剪裁区域也是二维的。

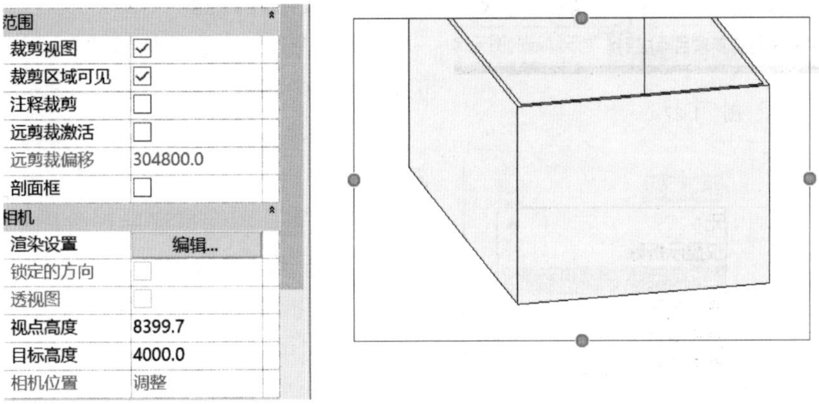

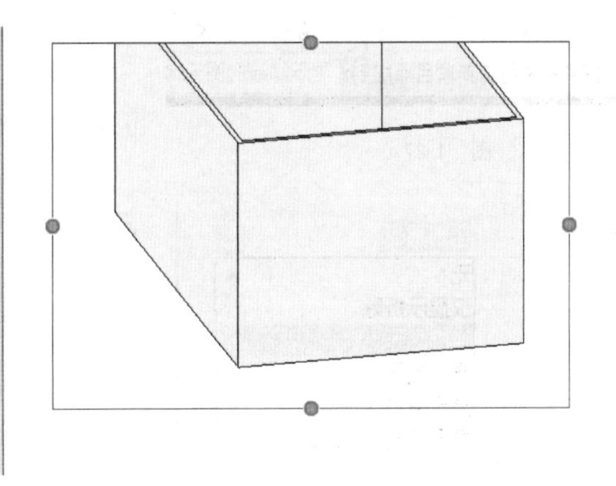

图 1-24

2. VV 可见性设置

首先勾选“在此视图中显示模型类别”，然后在过滤器列表中，勾选所需专业、所需族类别，最后检查是否设置并勾选过滤器，如图 1-25 所示。

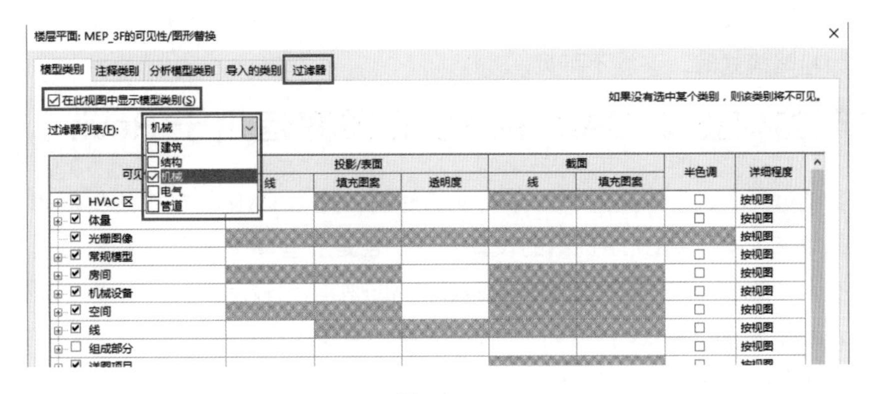

图 1-25

3. 规程设置

属性栏中，规程是否合理，若无要求，则可调整为协调，除结构规程下会隐藏非结构属性墙体外，其他所有图元在任何规程下都不会被隐藏，只是显示方式可能会略有变动，如

图 1-26所示。

4. 永久隐藏（或临时隐藏）

图元的显示模式。在绘制模型中有时候为了方便绘制在过程中会使用“临时隐藏”方式，快捷键是 HH，显示快捷键是 HR；还有一种情况就是永久隐藏，在协调项目过程中，一些设计人员会选择将自己不需要显示的图元，采用永久隐藏的方式，也就是软件下方的“小灯泡”（显示隐藏的图元）中进行设置，隐藏的图元会以绿色样式显示，选择后点击右上角“取消隐藏图元”，然后切换显示样式就可以了。在视图控制栏中，检查是否隐藏，如图 1-27 所示。

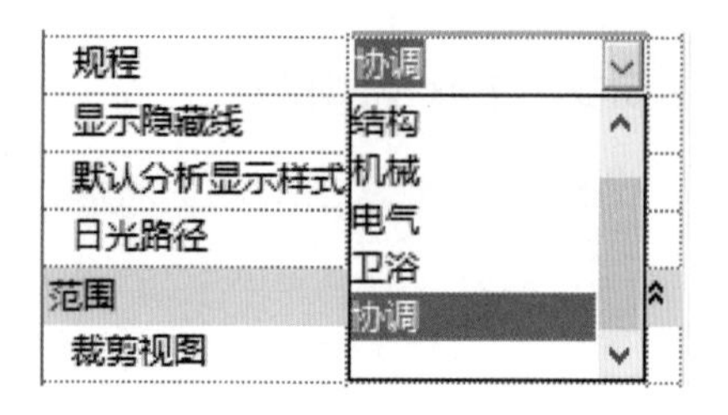

图 1-26

图 1-27

5. 阶段化过滤器

每个视图都可显示构造的一个或多个阶段。可以为每个阶段状态指定不同的图形替换。

1）新建。图元是在当前视图的阶段中创建的。

2）现有。图元是在早期阶段中创建的，并继续存在于当前阶段中。

3）已拆除。图元是在早期阶段中创建的，在当前阶段中已拆除。

4）临时。图元是在当前阶段中创建的并且已经拆除。

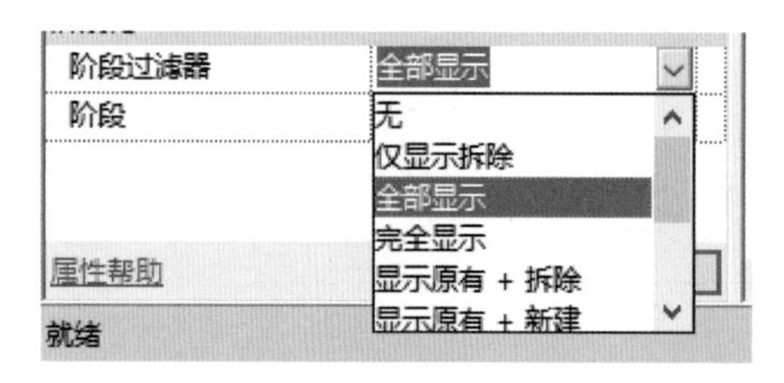

图 1-28

根据要求和需要选择合适的阶段，如需要显示全部阶段中的所有构件就如图 1-28 所示将阶段化过滤器改为全部显示。

6. 视图详细程度

有些族制作时，设置组成部分在某些详细程度下不显示，如粗略模式不显示，因此当项目中视图设置为粗略模式时，该族不可见。

1.6 如何提取 CAD 中的填充图案运用于 Revit

在做项目的过程中，为了更好地区分构件的材质，并与 CAD 图样中的材质相对应，我们通常将材质的填充图案与 CAD 图例中的设置一致。但是有些填充图案软件里面没有就需要从外部载入，在众多的 pat 格式文件里面去找对应的填充图案比较麻烦，可以直接在 CAD 里面提取填充图案，制作成 pat 格式文件再载入到 Revit 中。操作如下：

下载一个填充图案制作插件 YQMKPAT. VLX

用 CAD 打开填充图案所在图样，先将填充图案进行分解，然后单击工具→加载应用程序→选择文件格式为“. VLX”→选中 YQMKPAT. VLX 文件→单击加载，显示加载成功然后关闭，如图 1-29 所示。

如图 1-30 所示，输入快捷键 MP，弹出“新建一个填充图案 . pat 文件”对话框，将图案命

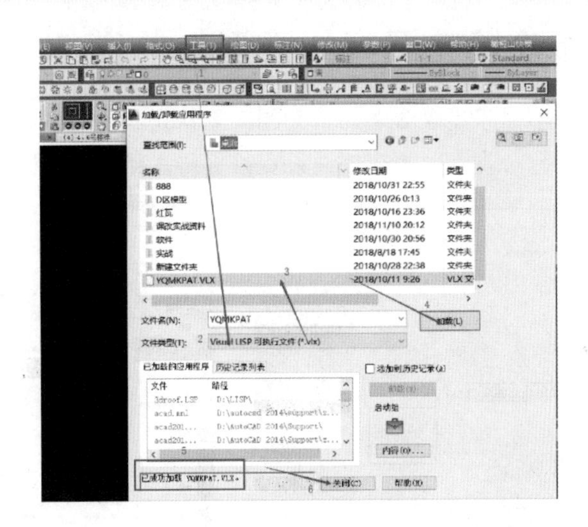

图 1-29

名保存到相应位置；如图 1-31 所示，框选填充图案根据命令提示选择“图案基点”“横向重复间距”“竖向重复间距”。

图 1-30

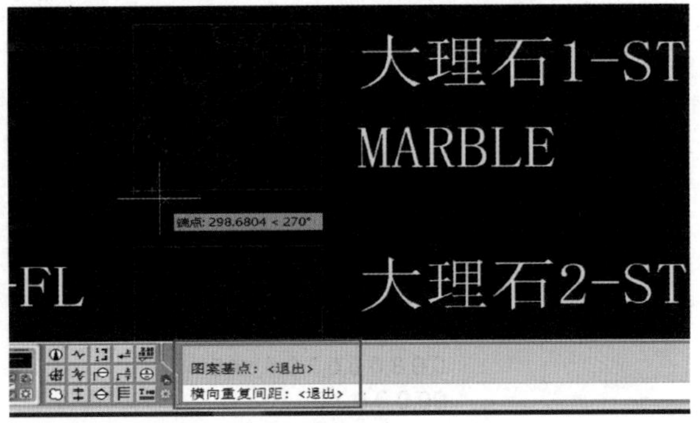

图 1-31

选择 Revit 构件，编辑材质，新建填充图案→自定义→命名→导入做好的填充图案→设置比例，如图 1-32 所示。

效果如图 1-33 所示。

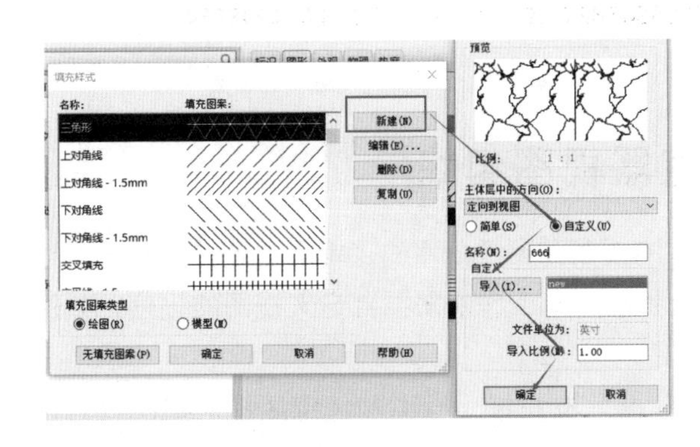

图 1-32

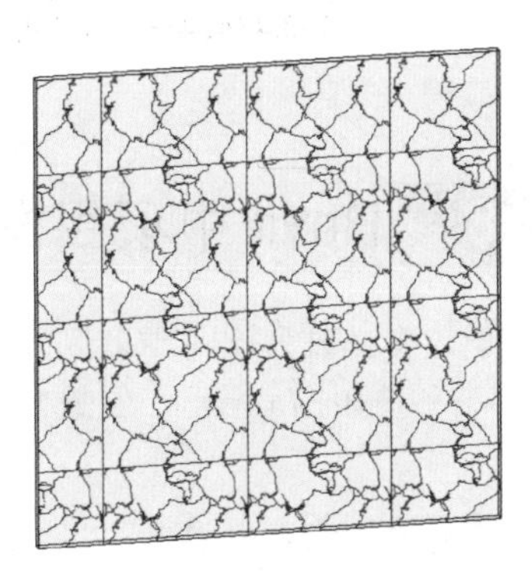

图 1-33

1.7 如何修改填充图案的类型与单位

通过制作填充图案的小程序提取出来的填充图案默认是绘图型的，并且载入到 Revit 里面单位也是灰选的，不能进行修改，只能在外面设置好再导入到 Revit 中去，如图 1-34、图 1-35 所示。

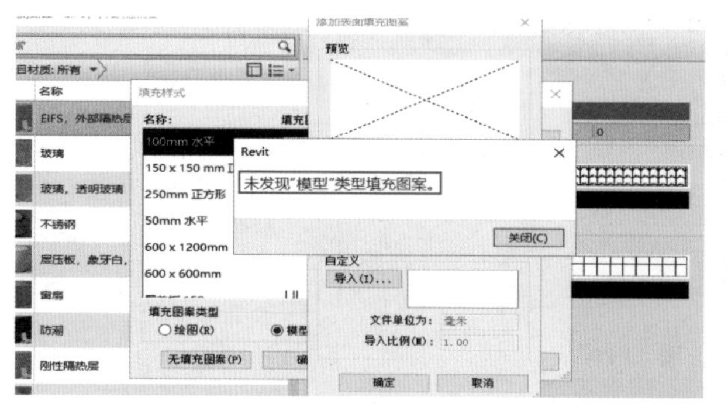

图 1-34

图 1-35

双击 pat 格式的填充图案其实是一个 txt 文件，可以在里面定义文件的类型与单位，如图1-36 所示。

```
666 - 记事本
文件(F) 编辑(E) 格式(O) 查看(V) 帮助(H)
%UNITS=MM          → 单位
*666, Faun
%TYPE=MODEL        → 类型
0,-0.2,0,0,2,0.4,-1.6
0,0.8,0.4,0,2,0.4,-1.6
0,0.8,0.6,0,2,0.4,-1.6
90,0,0,0,2,2
45,0,0,1.4142136,1.4142136,0.5656854,-2.262741724
45,0.2,0,1.4142136,1.4142136,0.2828428,-2.545584324
135,0,0,1.4142136,1.4142136,0.5656854,-2.262741724
135,1.8,0,1.4142136,1.4142136,0.2828428,-2.545584324
26.5650512,0.4,0.2,1.788854382,-0.89442719,0.4472,-4.024935954
153.4349488,-0.4,0.2,1.788854382,0.89442719,0.4472,-4.024935954
26.5650512,0.4,0.4,1.788854382,-0.89442719,0.4472,-4.024935954
153.4349488,-0.4,0.4,1.788854382,0.89442719,0.4472,-4.024935954
```

图 1-36

1.8 Revit 中项目浏览器视图组织

【问题】默认样板中“项目浏览器”中视图和图纸排序的逻辑层次是按照视图类型和视图名称排序，如图 1-37a 所示，但是在设计阶段协同工作中需要自定义视图的排序，如图 1-37b、c 所示。

【问题解决】自定义设置：“项目浏览器”支持按照视图的任意属性对视图进行排序。为视图添加“视图分类”和“专业分类”共享参数，然后设置“浏览器组织属性”中的“排序和成组”选项，可以实现按照专业排序视图，如图 1-38 所示。

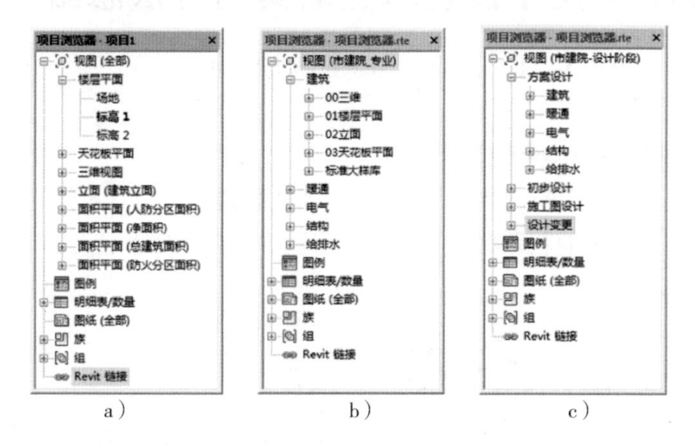

图 1-37

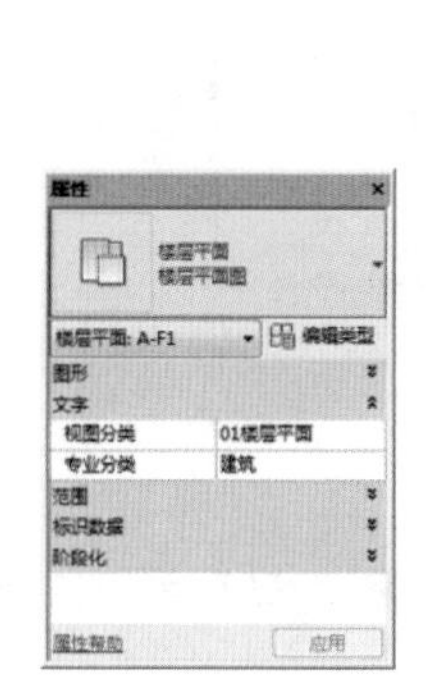

图 1-38

为视图添加阶段属性“相位”，设置“浏览器组织属性”中的“排序和成组”选项，可以实现按照设计阶段排序视图，如图 1-39 所示。

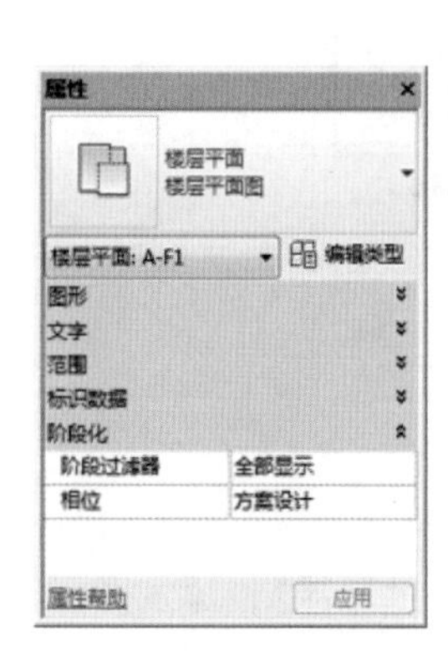

图 1-39

1.9 Revit 中关于设置填充图案的方法总结

填充图案的设置途径很多，根据不同的需求设置方法也不一样，下面介绍如何来设置填充图案。

1. 图元类型属性对话框中粗略比例填充

点选图元在实例属性栏单击“类型属性”，在“类型属性”对话框中可以添加图元在粗略比例下的填充样式（注：只有粗略比例下才会显示），如图 1-40 所示。

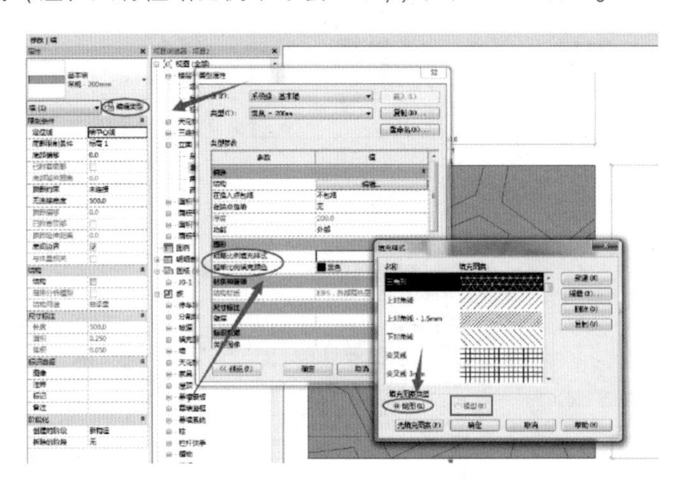

图 1-40

2. 通过模型类别添加投影表面、截面填充图案

使用快捷键“VV”打开“可见性/图形替换”对话框，选择“模型类别”替换图元的填充图案样式及颜色，如图 1-41 所示。

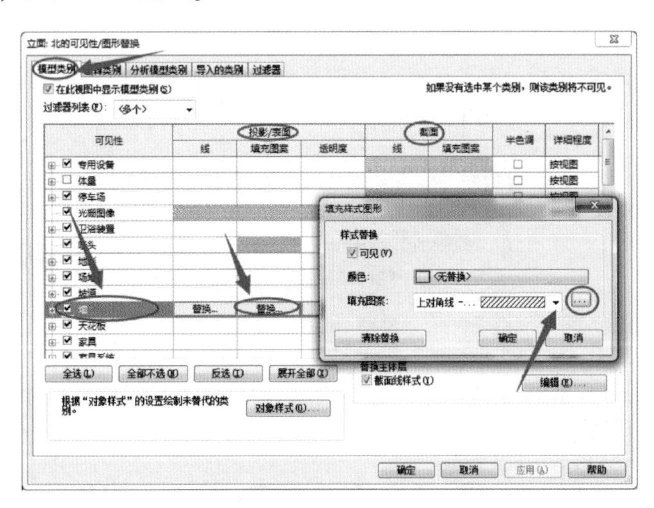

图 1-41

3. 使用过滤器添加投影表面、截面填充图案

使用快捷键“VV”打开“可见性/图形替换”对话框，选择“过滤器”，添加图元过滤器并替换图元的填充图案样式及颜色，如图 1-42 所示。

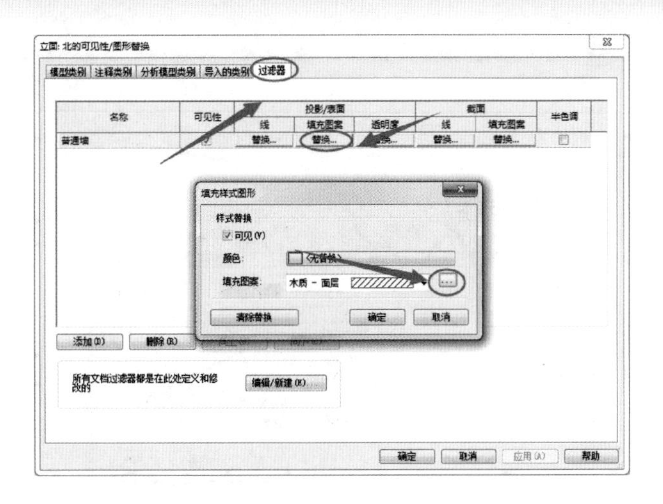

图 1-42

4. 通过材质浏览器添加表面、截面填充图案

单击“管理”选项卡下的“材质”面板，打开材质浏览器对话框，在材质浏览器右侧选择“图形”窗口可以添加材质的填充图案，如图 1-43 所示。

（注：①只有通过材质浏览器和填充区域添加的填充图案可以使用模型填充图案，其他的途径都只能使用绘图填充图案添加；②通过材质浏览器添加的填充图案只有在中等或精细模式下才会显示。）

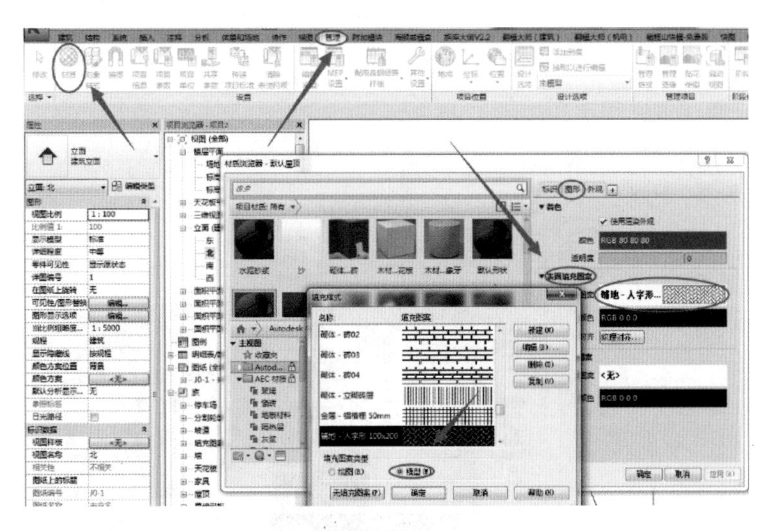

图 1-43

5. 通过阶段过滤器添加填充图案

单击“管理”选项卡下的“阶段化”面板，打开阶段化对话框，选择“图形替换”窗口可以添加阶段化图元的填充图案，如图 1-44 所示。

6. 使用注释填充区域添加填充图案

单击“注释”选项卡下的“区域”，选择“填充区域”对需要添加图案的区域进行边线绘制，如图 1-45 所示。

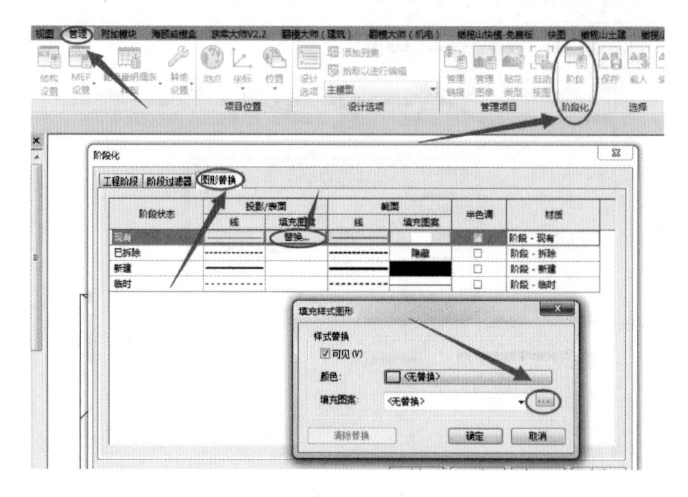

图 1-44

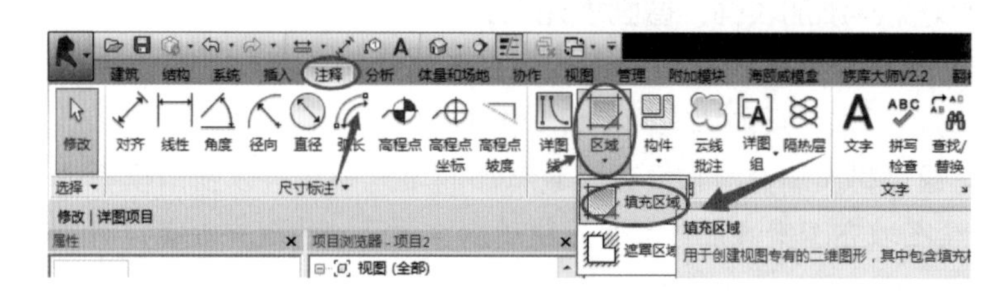

图 1-45

选择绘制好的区域，在其实例属性栏单击“编辑类型”，在“类型属性”对话框找到“填充样式”，对图元添加填充图案，如图 1-46 所示。

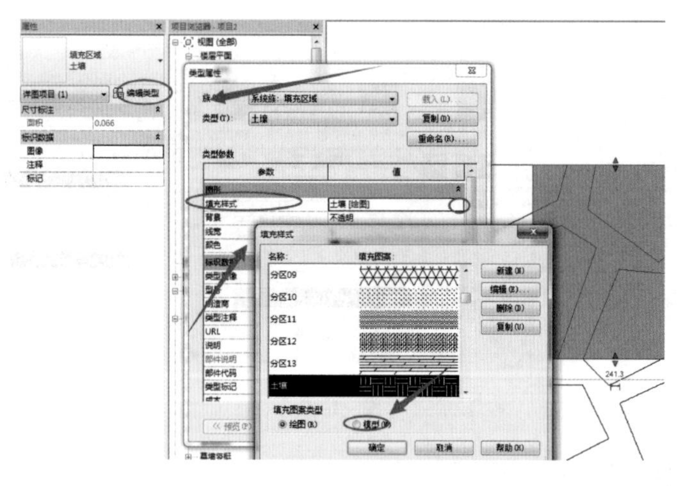

图 1-46

以上总结了六种添加填充图案的方法，供各位读者参考。可能还有其他的方法暂时没想到的，希望读者灵活掌握。

1.10 Revit 中关于平面区域的运用

在 Revit 出图过程中，如图 1-47 所示，如果通过设置视图范围来控制需要出图的剖切面，没有办法将图示高窗显示出来，就需要用到平面区域这个命令。

首先调节视图范围到能够显示高窗位置，如图 1-48 所示。

单击视图→平面视图→平面区域→将高窗的位置用矩形框框出→完成，如图 1-49 所示。

然后将视图范围调节到原来的设置，高窗就会被显示出来，如图 1-50 所示。

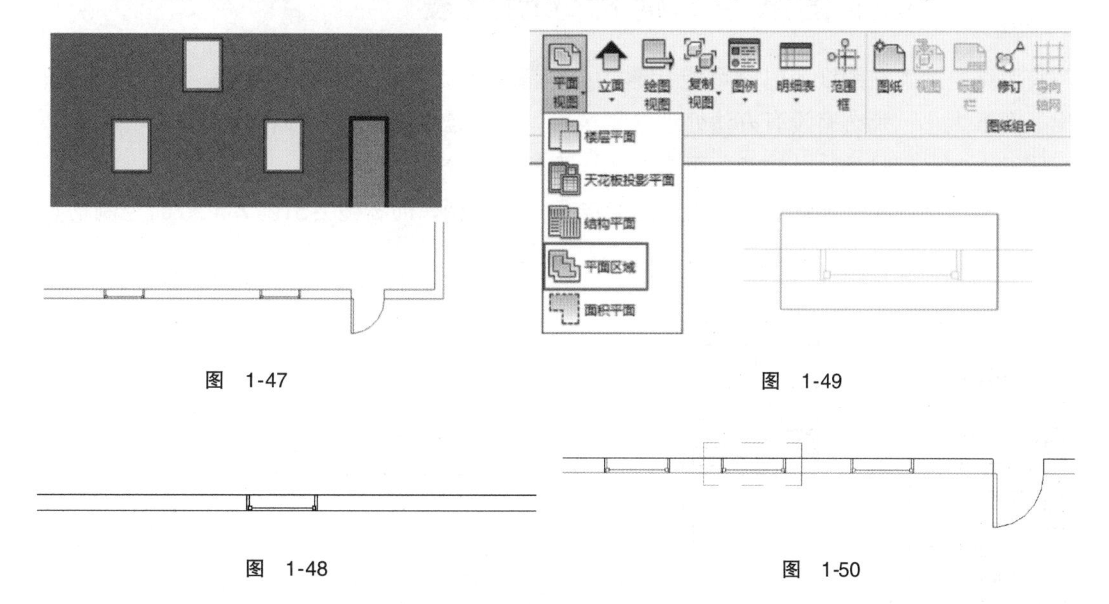

图 1-47

图 1-49

图 1-48

图 1-50

调节可见性设置，将平面区域在视图中隐藏，如图 1-51 所示。

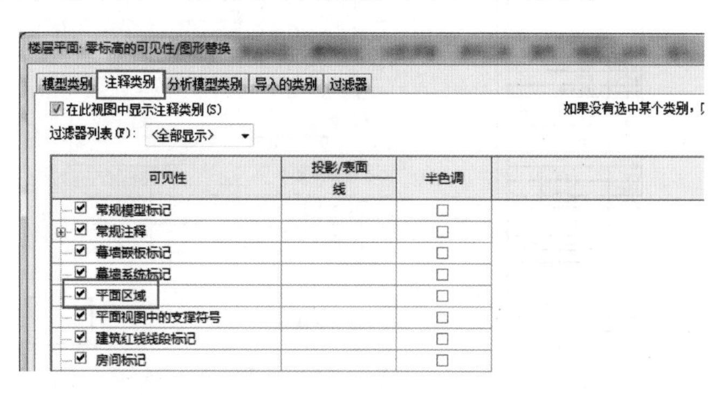

图 1-51

完成后视图效果如图 1-52 所示，每个窗户平面都可见。

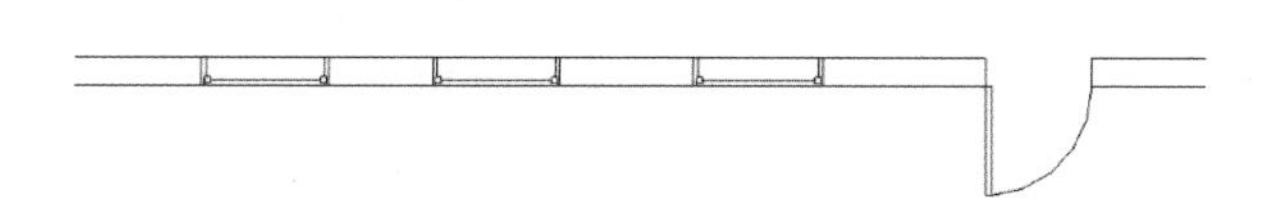

图 1-52

第2章 公共技巧类

2.1 Revit 图纸中如何拆分明细表

将明细表放置在图纸上时，可能会遇到一个尴尬的状况，如图 2-1 所示，明细表比较长，超出了图纸大小；那么有没有办法处理这种情况，比如是否可以将明细表拆分为多个?

明细表本身就具备拆分功能，下面介绍一下如何拆分。

首先选中明细表，明细表上方出现蓝色的三角控制柄，而右侧会出现 Z 形截断控制柄。可以通过这两个小柄调整明细表位置，如图 2-2 所示。

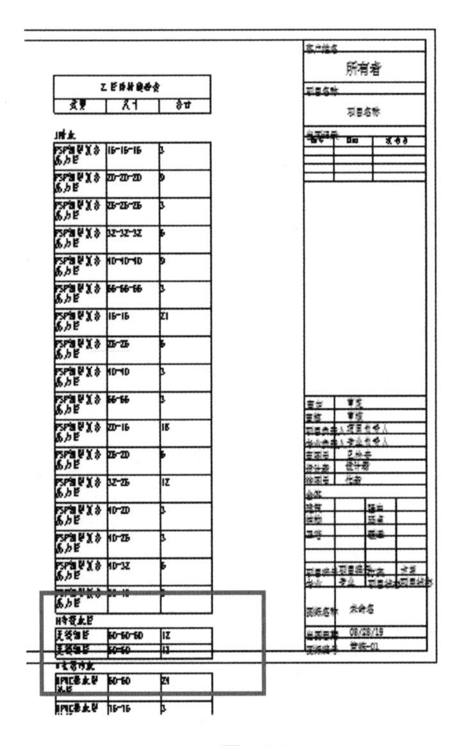

图 2-1

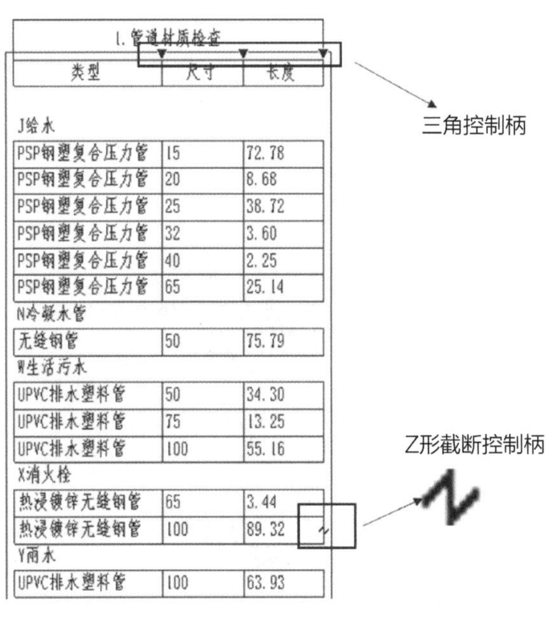

图 2-2

单击 Z 形截断控制柄可以将明细表分为两段，分开后会出现一个小点，拆分后将明细表调整到合适的位置即可，而上方的三角形操作柄是用来调整表格列宽的，如图 2-3 所示。

拆分后能不能再合并在一起? 当然可以。如图 2-4 所示，拖动右侧明细表左上方的移动符号，拖拽到左侧明细表下方即可，两个明细表会自动合并为一个。

注意：

(1) 不能从图纸删除明细表分段。

（2）不能将明细表分段从一个图纸中拖曳到另一个图纸中。

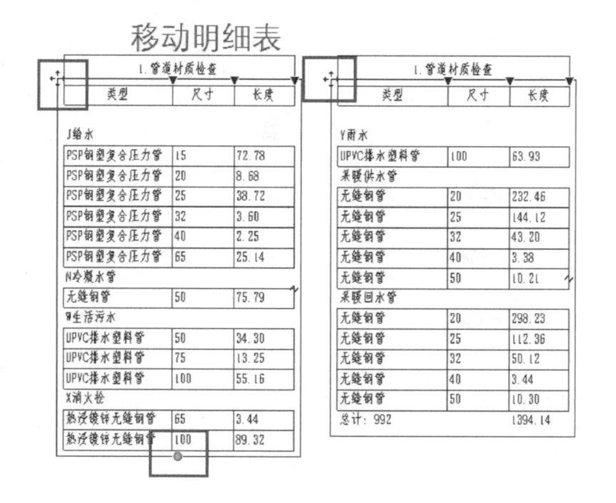

1.管道材质检查		
类型	尺寸	长度
J给水		
PSP钢塑复合压力管	15	72.78
PSP钢塑复合压力管	20	8.68
PSP钢塑复合压力管	25	38.72
PSP钢塑复合压力管	32	3.60
PSP钢塑复合压力管	40	2.25
PSP钢塑复合压力管	65	25.14
N冷凝水管		
无缝钢管	50	75.79
W生活污水		
UPVC排水塑料管	50	34.30
UPVC排水塑料管	75	13.25
UPVC排水塑料管	100	55.16
X消火栓		
热浸镀锌无缝钢管	65	3.44
热浸镀锌无缝钢管	100	89.32
Y雨水		
UPVC排水塑料管	100	63.93
采暖供水管		
无缝钢管	20	232.46
无缝钢管	25	144.12
无缝钢管	32	43.20
无缝钢管	40	3.38
无缝钢管	50	10.21
采暖回水管		
无缝钢管	20	298.23
无缝钢管	25	112.36
无缝钢管	32	50.12
无缝钢管	40	3.44
无缝钢管	50	10.30
总计：992		1394.14

图 2-3

图 2-4

2.2 Revit 中如何在明细表中插入图像

在创建明细表的时候，有时我们会根据特殊需要，在明细表中插入图像。

创建明细表，添加“图像”和其他需要的字段，如图 2-5 所示。

选择项目中需要插入图片的构件，在属性面板下“标识数据”分组下的“图像”实例属性里，为构件添加图像，如图 2-6 所示。

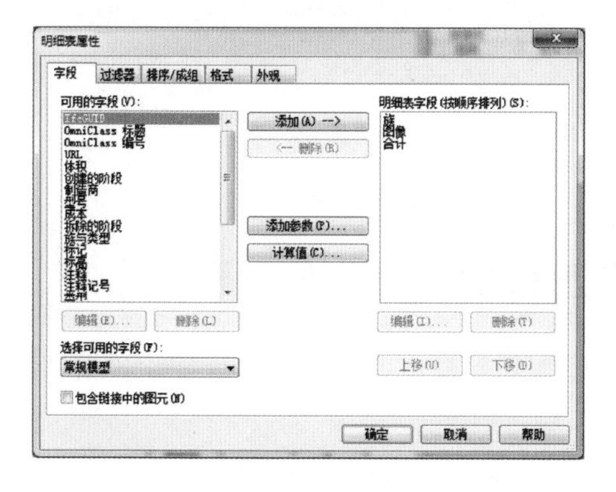

图 2-5

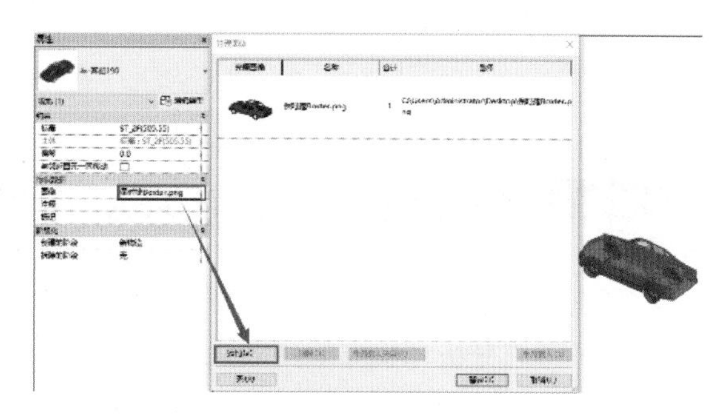

图 2-6

但是明细表中只显示添加图像的文件名，无法显示插入的图像，如图2-7所示。

此时需要把明细表插入到新建的图纸当中才能看到插入的图像，如图 2-8 所示。

除了实例属性中的“图像”可以添加图片，大家会发现在类型属性中有一个参数“类型图像”，这个参数也是可以插入图像的。

“图像”和“类型图像”的区别：“图像”相当于族的实例属性，而“类型图像”相当于族的类型属性，可以在族编辑模式当中为族添加图像，如图 2-9 所示。

当然，如果两个图像参数都不够用，也可以自定义添加图像参数，如图 2-10 所示。需要

注意的是，自定义添加的图像参数只能是类型参数，不能设置为实例参数。

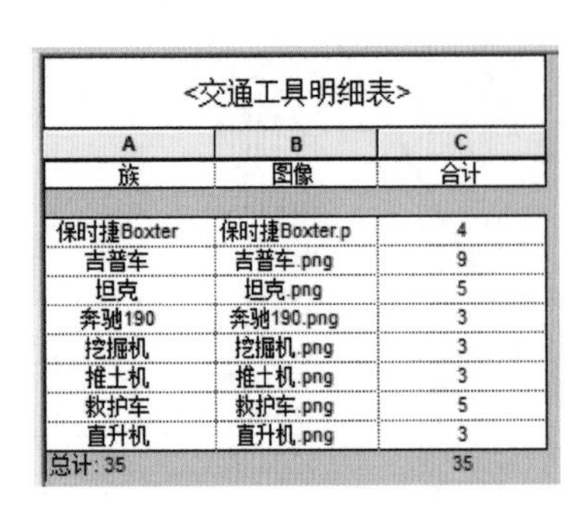

<交通工具明细表>

A	B	C
族	图像	合计
保时捷Boxter	保时捷Boxter.p	4
吉普车	吉普车.png	9
坦克	坦克.png	5
奔驰190	奔驰190.png	3
挖掘机	挖掘机.png	3
推土机	推土机.png	3
救护车	救护车.png	5
直升机	直升机.png	3
总计: 35		35

图 2-7

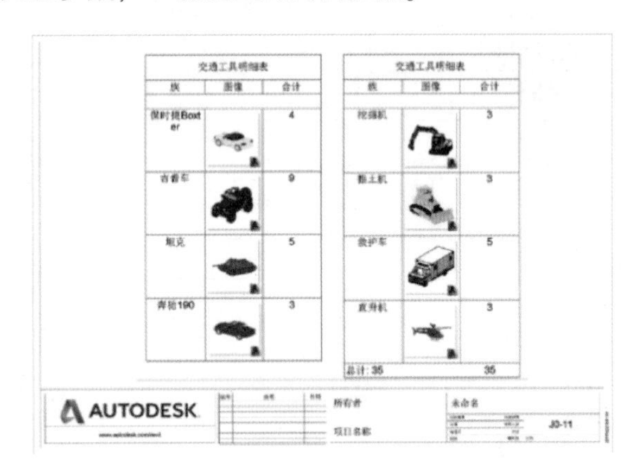

图 2-8

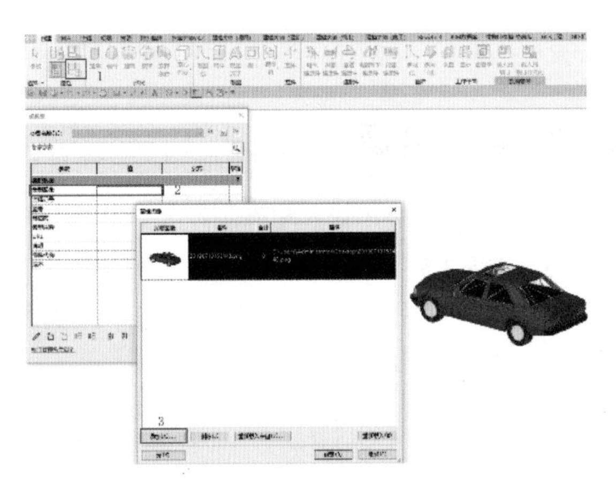

图 2-9

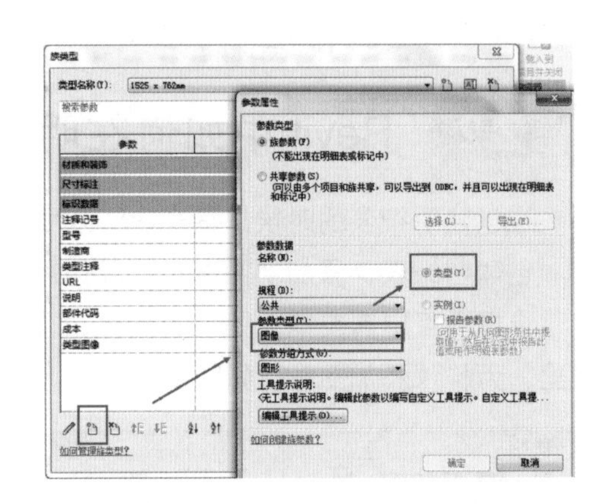

图 2-10

2.3 Revit 对图元设置材质的四种方法

材质是图元的一个常用属性，将材质应用到图元可以看到建筑模型的真实可视化效果，同时也提供了可在分析和建立明细表中使用的信息。

下面介绍四种将材质应用于模型图元的方法：

【方法一】类别或子类别添加材质

在项目中，单击“管理”选项卡→“设置”面板→ （对象样式）。

在“模型对象”选项中，在类别或子类别对应的“材质”列中单击。到材质浏览器中，选择一种材质，然后单击“应用”，如图 2-11 所示。

特点：选定类别或子类别的所有图元都将显示应用的材质。

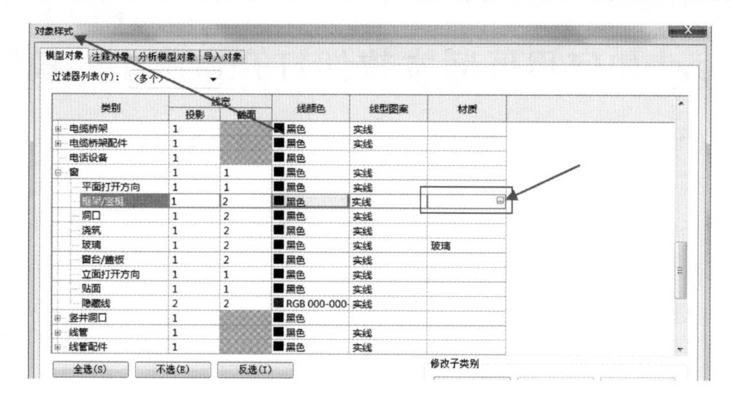

图 2-11

【方法二】族材质参数添加材质

可以使用族类型参数为构件中的各个几何图形应用不同的材质。

在“属性”选项板上，单击“材质”对应的“值”。

在“关联族参数”对话框中，选择一个参数，或者新建一个参数，如图 2-12 所示。选择“材质和装饰”作为“参数分组方式”。

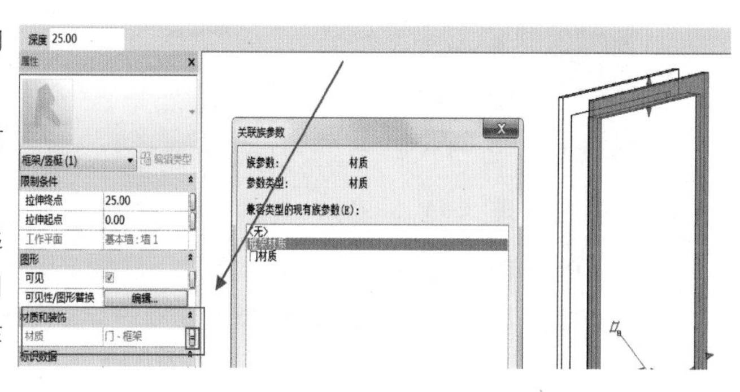

图 2-12

【方法三】项目图元参数应用材质

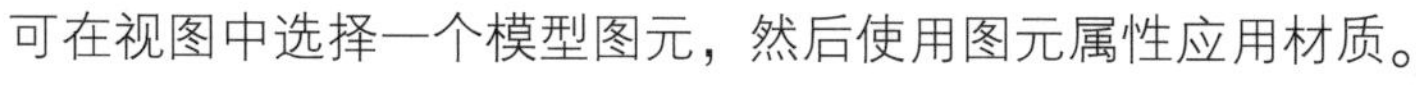

可在视图中选择一个模型图元，然后使用图元属性应用材质。

选择该模型图元。

如果材质是实例参数：在“材质和装饰”下，找到要修改的材质参数。在该参数对应的“值”列中单击。

如果材质是类型参数：单击“编辑类型”。在“类型属性”对话框的“材质和装饰”下，找到要修改的材质参数。在该参数对应的“值”列中单击。

如果材质是物理参数（例如图元是墙）：单击“编辑类型”。在“类型属性”对话框中，单击与“结构”对应的“编辑”。在“编辑部件”对话框中，单击要修改其材质的层对应的“材质”列。

在材质浏览器中，选择一种材质，然后单击“应用”。

【方法四】填色

在“修改”选项卡下找到“填色”工具，可以将材质颜色应用到图元面上，如图 2-13 所示。

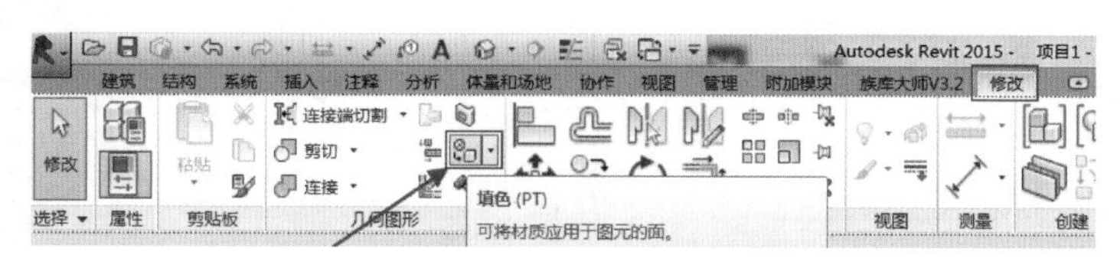

图 2-13

2.4 Revit 如何用低版本软件打开高版本的模型

Revit 项目文件无法像 CAD 一样把高版本的模型另存为低版本，但是有时必须要用低版本的软件打开高版本模型时，有没有什么办法?

这里给大家提供一种折中的方式：通过导出行业基础类文件格式（IFC）来进行高版本与低版本之间的交互。

单击“开始”菜单下“导出”“IFC”命令，如图 2-14 所示。

文件类型选择“IFC 2×3”格式，如图 2-15 所示。

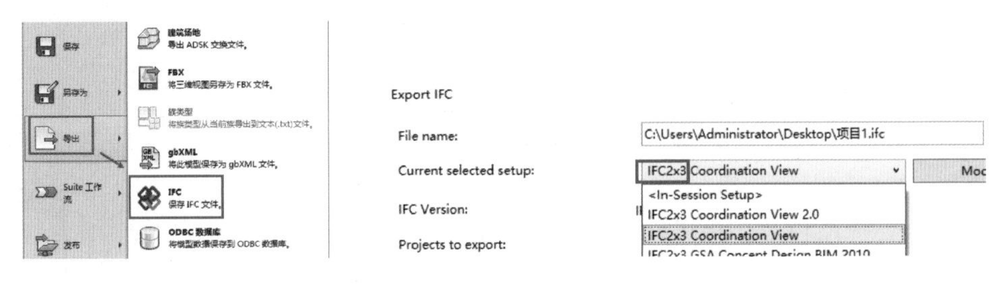

图 2-14　　　　图 2-15

启动低版本 Revit 软件，打开 IFC 文件，然后索引保存的 IFC 文件，如图 2-16 所示。

通过 IFC 格式打开高版本 Revit 模型会有一定的缺陷：项目打开之后，构件默认阶段会发生变化，如图 2-17 所示。高版本的平面中的构件“创建的阶段”为阶段 1，而低版本打开之后“创建的阶段”为阶段 3，如图 2-18 所示。

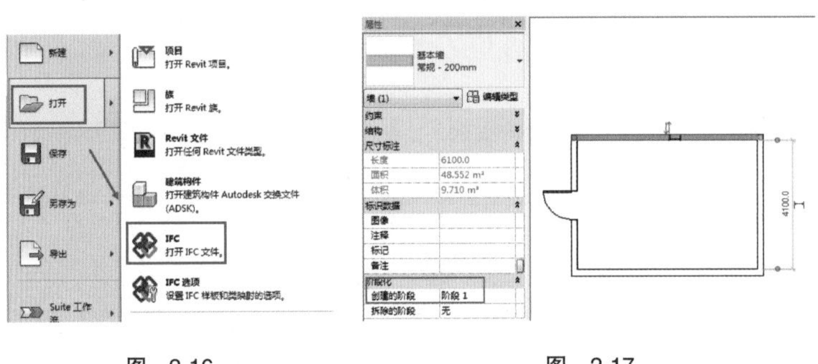

图 2-16　　　　图 2-17

这种情况会导致默认的三维或立面视图构件不显示，因为其他视图默认的相位为“阶段 1”，如图 2-19 所示，这时候需要自己手动调整至与构件阶段属性一致。

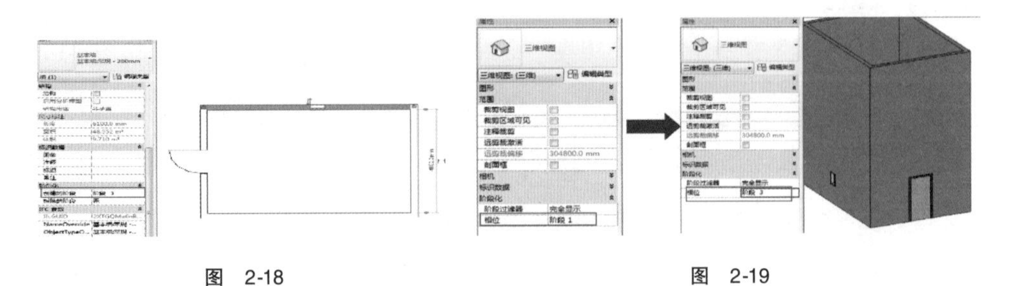

图 2-18　　　　图 2-19

当然，这种方法并不是严格意义上的低版本软件打开高版本模型，这种方式会导致构件的部分信息丢失，但是如果只需要模型的形体或者对构件信息要求不高的时候可以用这种方式解决一下燃眉之急。

2.5 Revit 中测量构件底标高

Revit 进行某项目基础造型深化出图时，需测量标注垫层底部标高，可以通过更改高程标注属性来实现。

进入平面视图，选择高程点标注，如图 2-20 所示。

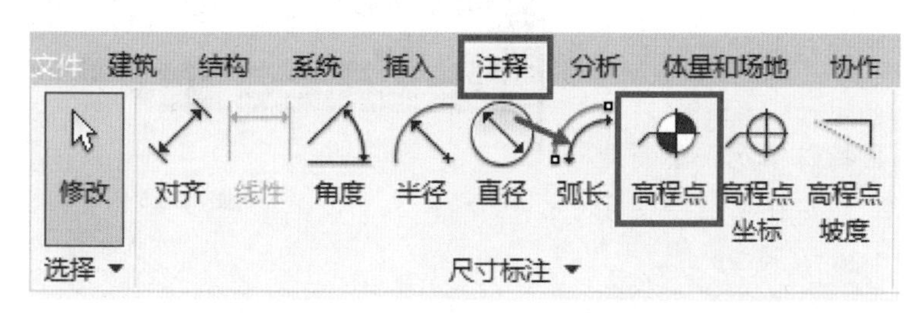

图 2-20

在显示高程选项处，选择需要的高程属性，如“顶部高程和底部高程”，如图 2-21 所示。鼠标指针移动到要标注的垫层位置，顶部和底部高程即为标出，如图 2-22 所示。

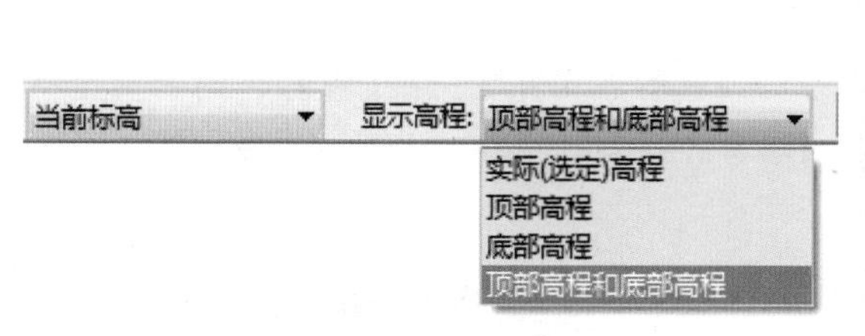

图 2-21

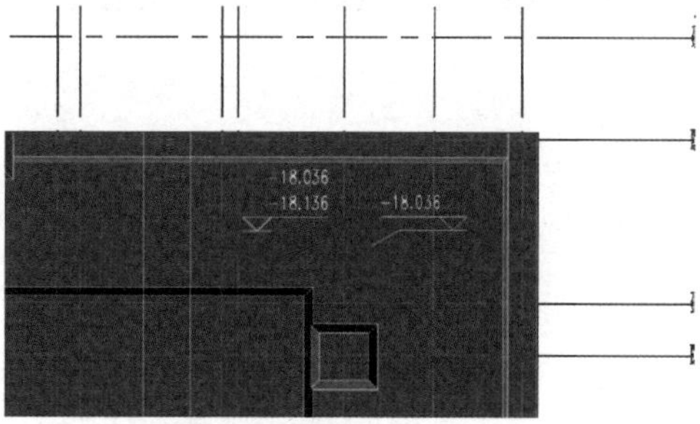

图 2-22

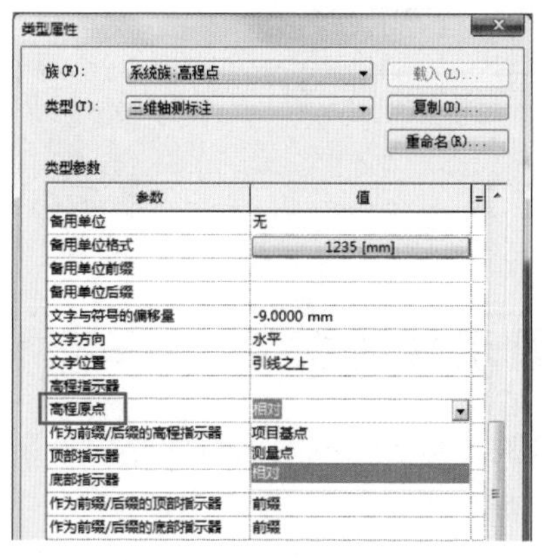

图 2-23

注意：如果标注高程值不是相对于当前层而是相对于零标高（也就是标注的高程值是绝对高程），需要修改高程点标注的类型属性。如图 2-23 所示，在“类型属性”对话框中有一个“高程原点”，将“高程原点”设置为“相对”，这时标注高程就可以选择相对的标高，如图 2-24 所示。

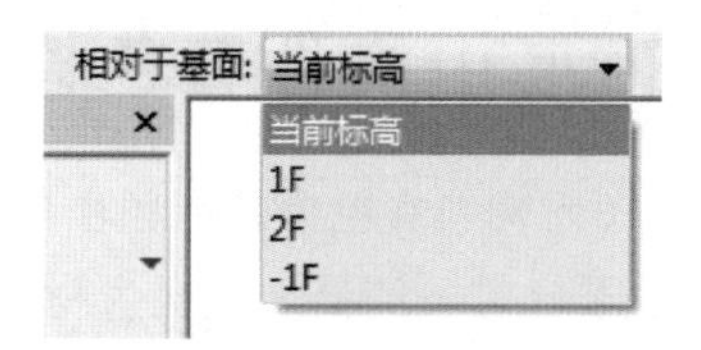

图 2-24

2.6 Revit 中共享参数的整合

共享参数是在处理项目信息的时候常会使用的工具。为了保证数据的同一性，使用共享参数时，必须使用同一个文件；换言之，即使不同共享参数文件中同一个名称的参数也不会被识别为同一个参数。

这种特性很多时候不利于处理项目，管理起来很受限，那么有没有好的解决方法？

其实可以通过 txt 文件的复制对共享参数进行整合。

图 2-25 所示为项目前期建好的“共享参数文件 1”。

后期因为项目特殊情况，重新建了“共享参数文件 2”，并在项目中使用了已建参数，如图 2-26 所示。

```
共享参数文件1 - 记事本
文件(F) 编辑(E) 格式(O) 查看(V) 帮助(H)
# This is a Revit shared parameter file.
# Do not edit manually.
*META	VERSION	MINVERSION
META	2	1
*GROUP	ID	NAME
GROUP	1	运维信息
*PARAM	GUID	NAME	DATATYPE	DATACATEGORY	GROUP	VISIBLE	DESCRIPTION	USERMODIFIABLE
PARAM	aff76e2b-4798-416b-9255-b38e5143710d	维修单位	TEXT		1	1		1
PARAM	7cc9bfc6-915f-4e2f-95d8-5aa5a6964831	品牌	TEXT		1	1		1
PARAM	a905aff5-9728-4d2a-88db-c57fa15a0b14	维修电话	TEXT		1	1		1
```

图 2-25

```
共享参数文件2 - 记事本
文件(F) 编辑(E) 格式(O) 查看(V) 帮助(H)
# This is a Revit shared parameter file.
# Do not edit manually.
*META	VERSION	MINVERSION
META	2	1
*GROUP	ID	NAME
GROUP	1	运维信息
*PARAM	GUID	NAME	DATATYPE	DATACATEGORY	GROUP	VISIBLE	DESCRIPTION	USERMODIFIABLE
PARAM	63f43840-4334-44cb-8518-9c170e80f993	施工日期	TEXT		1	1		1
```

图 2-26

此时如果在“共享参数文件 1”中重新建立“共享参数文件 2”中的参数，两者肯定不会合并。这个时候可以将“共享参数文件 2”中的新参数复制到“共享参数文件 1”中，注意复制的时候要一整行复制，如图 2-27 所示。

```
共享参数文件1 - 记事本
文件(F) 编辑(E) 格式(O) 查看(V) 帮助(H)
# This is a Revit shared parameter file.
# Do not edit manually.
*META	VERSION	MINVERSION
META	2	1
*GROUP	ID	NAME
GROUP	1	运维信息
*PARAM	GUID	NAME	DATATYPE	DATACATEGORY	GROUP	VISIBLE	DESCRIPTION	USERMODIFIABLE
PARAM	aff76e2b-4798-416b-9255-b38e5143710d	维修单位	TEXT		1	1		1
PARAM	7cc9bfc6-915f-4e2f-95d8-5aa5a6964831	品牌	TEXT		1	1		1
PARAM	a905aff5-9728-4d2a-88db-c57fa15a0b14	维修电话	TEXT		1	1		1
PARAM	63f43840-4334-44cb-8518-9c170e80f993	施工日期	TEXT		1	1		1
```

图 2-27

这种方式整合的参数就会维持一致性了。

2.7 Revit 中构件着色模式的颜色显示优先关系

在 Revit 中，图元构件着色模式下颜色显示与许多因素有关，那么它们的显示优先顺序又是怎么样的？现主要比较过滤器及其自身材质对墙体颜色的影响大小。

（1）任意绘制一面墙，在所绘制墙的类型属性中，为墙添加一个材质，如图 2-28 所示。

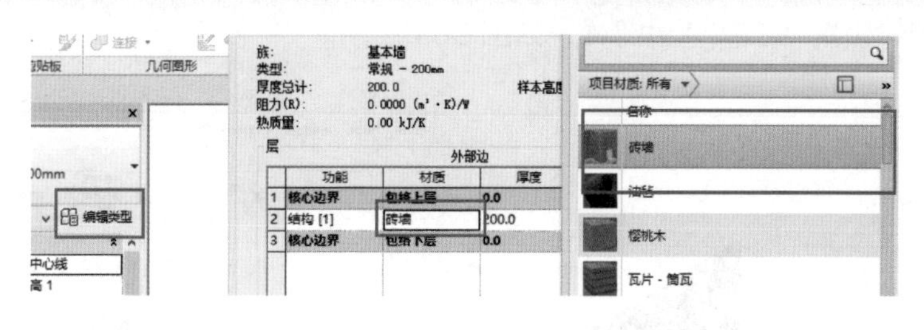

图 2-28

添加材质颜色后，墙体颜色为材质所赋予的颜色，如图 2-29 所示。

（2）选中墙体，在墙体的实例属性中查看创建的阶段，此为现有阶段，如图 2-30 所示。

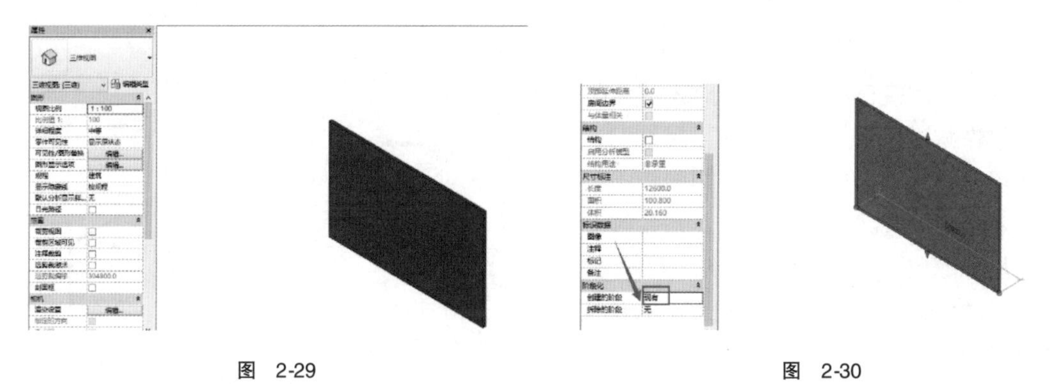

图 2-29　　　　图 2-30

在管理面板下的阶段过滤器中，为现有阶段的构件添加一个过滤颜色，如图 2-31 所示。

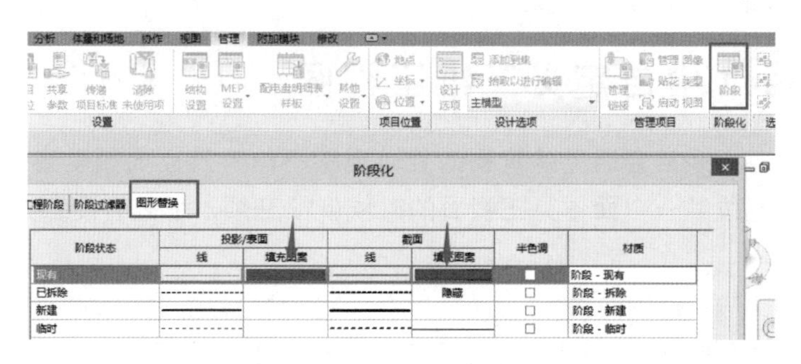

图 2-31

再将阶段过滤器下的完全显示的现有阶段改为已替代，如图 2-32 所示。

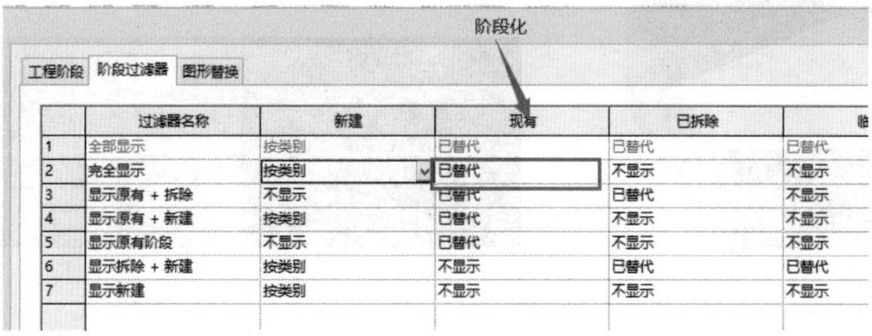

阶段化

工程阶段　阶段过滤器　图形替换

	过滤器名称	新建	现有	已拆除	临
1	全部显示	按类别	已替代	已替代	已替代
2	完全显示	按类别	已替代	不显示	不显示
3	显示原有 + 拆除	不显示	已替代	已替代	不显示
4	显示原有 + 新建	按类别	已替代	不显示	不显示
5	显示原有阶段	不显示	已替代	不显示	不显示
6	显示拆除 + 新建	按类别	不显示	已替代	已替代
7	显示新建	按类别	不显示	不显示	不显示

图 2-32

然后可以看到墙体颜色改成了红色，如图 2-33 所示。

（3）再为墙体设置一个颜色过滤器，如图 2-34 所示。

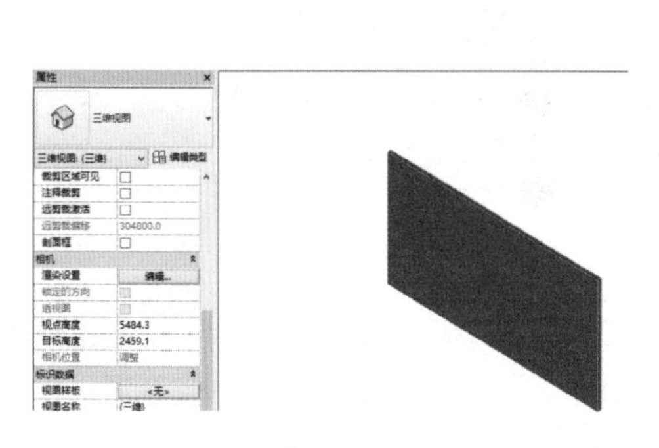

图 2-33

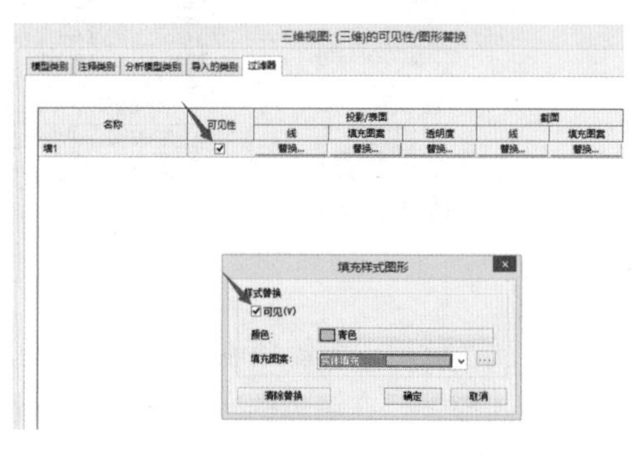

图 2-34

注意：一定要在添加过滤器时将填充样式图形的可见性和过滤器“墙 1”的可见性勾选。若未勾选填充样式图形的可见性，则颜色不会添加上去；若未勾选过滤器的可见性，则会改变过滤出来的墙体颜色，但会被隐藏，并不可见。

此时的墙体颜色为过滤器所添加的颜色，如图 2-35 所示。

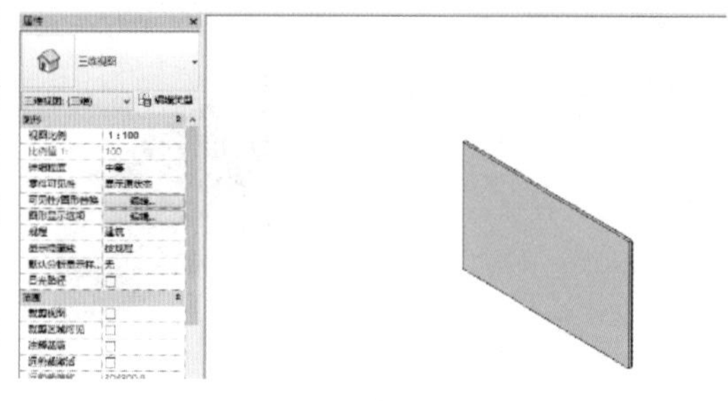

图 2-35

结论：墙体颜色的优先显示为：VV 过滤器颜色 > 阶段颜色 > 构件着色模式颜色。

2.8 Revit 中自定义三维正视图

在做异形项目时，经常会遇见建筑物的立面视图不与建筑立面相垂直，如图 2-36 所示；这样如果想要快速定位某一个面作为正视面的时候就很麻烦，那么有没有办法快速处理这个问题？

下面介绍一种比较快速的方法。

将三维视图定位到默认的左视图，左视图为 C，如图 2-37 所示。

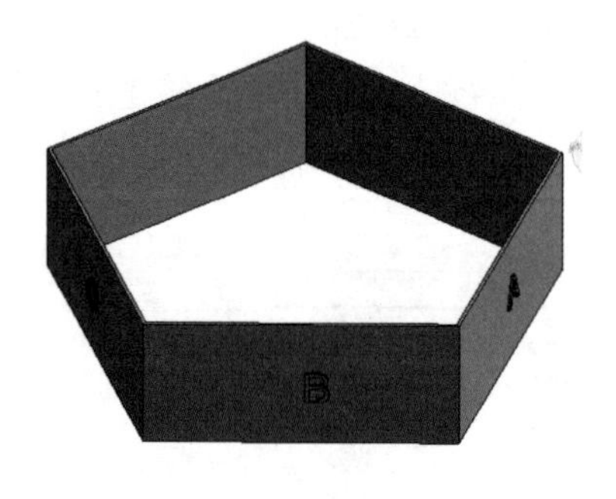

图 2-36

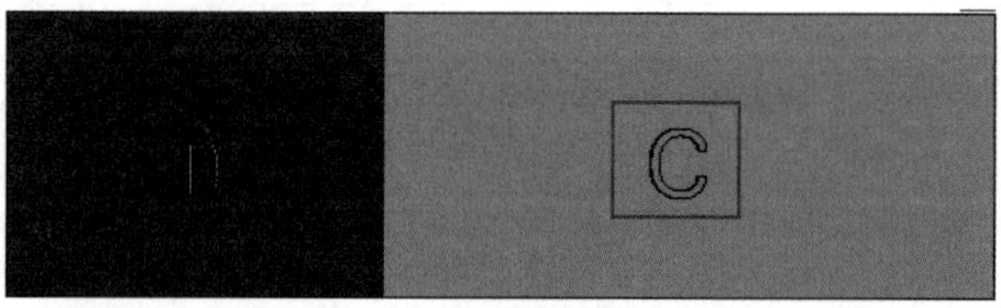

图 2-37

将光标放置在 Viewcube 上，单击右键选择“定向到一个平面”；在弹出的“选择方位平面”对话框中选择“拾取一个平面”，如图 2-38 所示，然后选择字母 C 所在的平面。

光标放置在 Viewcube 上，单击右键选择“将视图设定为前视图”，再次选择“当前视图”；完成后发现字母 C 所在墙变成了前视图，可以单击 上的“前”快速进入正对于字母 C 所在墙的视图，如图 2-39 所示。

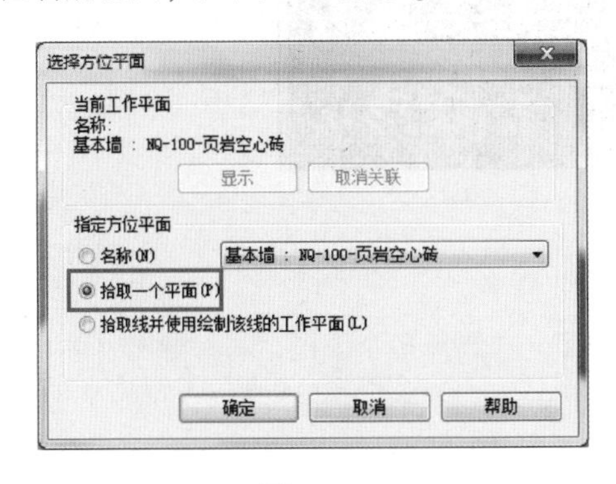

图 2-38

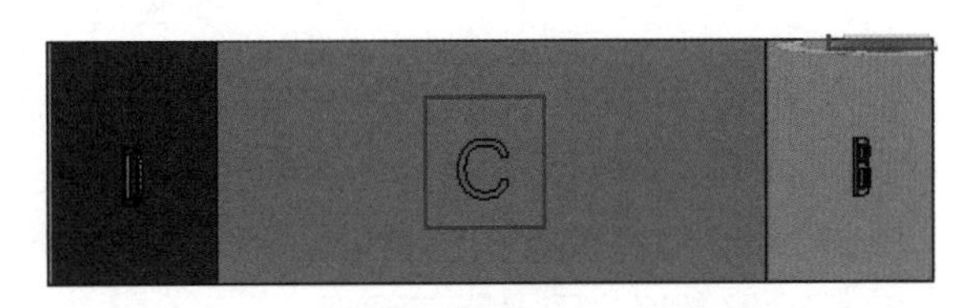

图 2-39

如果要恢复到原始状态，只需要右击 选择“重置为前视图”即可。

2.9 Revit 建模前如何批量处理参照底图

在用 Revit 建模时需要插入 CAD 图形作为参照底图，一般来说，需要拆分图纸，然后再插入到 Revit 中，而设计单位一般会将很多图纸绘制在一个 CAD 图形文件里，这就加大了拆分图纸的工作量……

使用工具：天正建筑文件布图中的备档拆图 备档拆图 整图比对 ，文中所使用的插件为天正 T20。

1. 自定义拆图

文件布图——备档拆图——选择图框——鼠标右键，如图 2-40 所示。

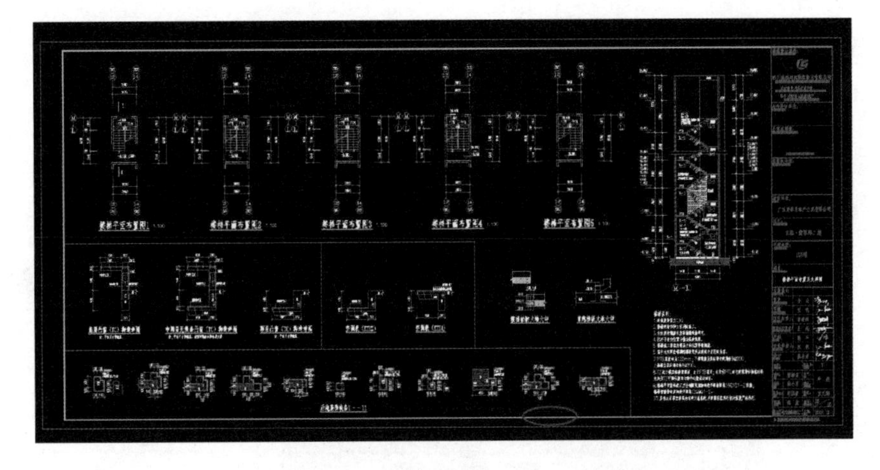

图 2-40

单击图框线任意位置，鼠标右键，如图 2-41 所示。

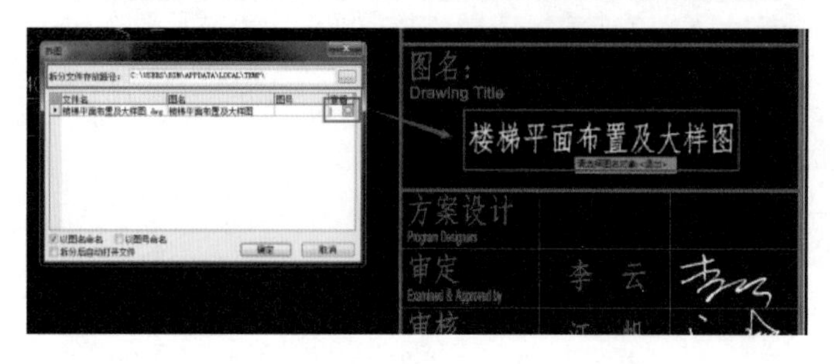

图 2-41

根据弹出的对话框，选择图纸名称，给所保存的图纸命名。

操作很简单，只要打开对话框，按照相关设置即可，可一次选择多个图框，同时导出（注：在选择所拆图纸名称时，如果有些文件是分开的，则选择需要文字，然后合并文字即可）。

2. 同时批量拆分导出所有图纸

文件布图——备档拆图——esc 键（或框选所有图形）——鼠标右键——进行图纸名称识别设置。

是不是很简单，不到 30 秒就完成所有拆图。

2.10 Revit 中通过置换图元创建位移集

通过置换图元分解视图得到位移视图可视化展示并说明模型之间的关系，也可用于模型细化展示。

首先绘制一个简单的建筑形体。转到三维视图进行本次操作如图 2-42 所示。

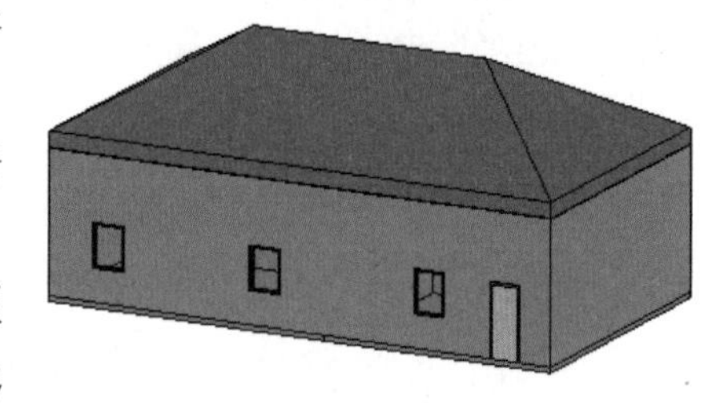

图 2-42

选择构件后，单击“修改”选项卡“视图”面板中的置换图元命令，此时选中的构件会变成“位移集”单体，可以直接拖拽控制柄或者在属性栏中添加数值来操控位移距离，如图 2-43 所示。

可以绘制路径将这些图元连接回原始的模型位置，此操作仅用于三维图元。二维图元，例如注释、标记、尺寸标注是无法进行位移操作的，如图 2-44 所示。

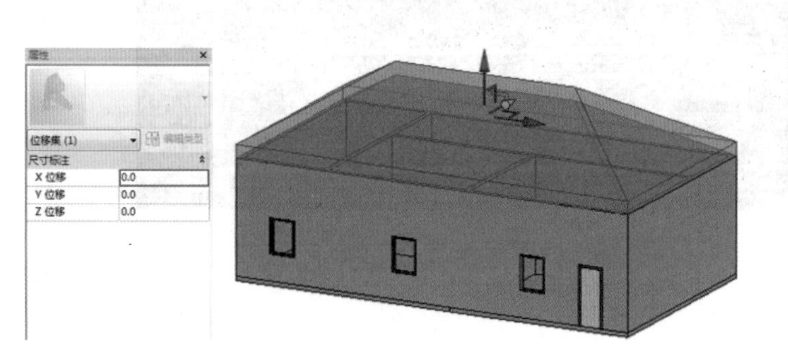

图 2-43

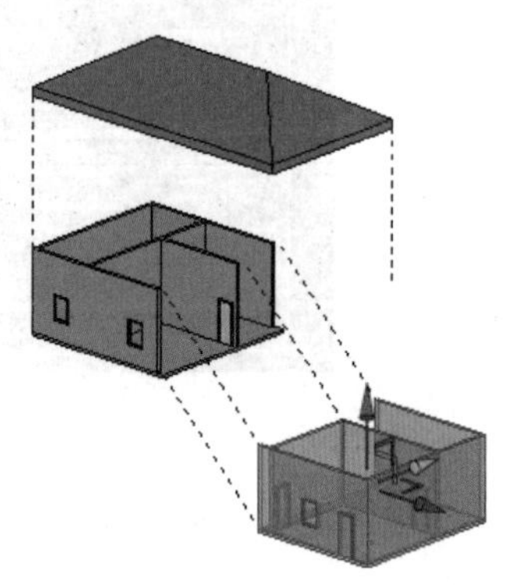

图 2-44

2.11 Revit 在项目中传递明细表

一般在做项目的时候，经常会通过传递项目标准将一个项目中的材质、系统族、过滤器等传递到新的项目中，那么明细表如何传递?

明细表的传递分为导出和导入两部分。

1. 明细表导出

打开需要导出明细表的项目，另存为→库→视图，如图 2-45 所示。

在弹出的“保存视图”对话框中，选择“仅显示明细表和报告”，然后选择需要导出的明细表，如图 2-46 所示。

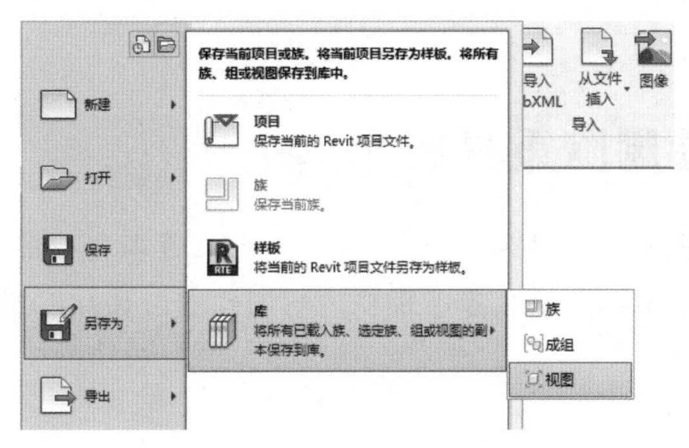

图 2-45

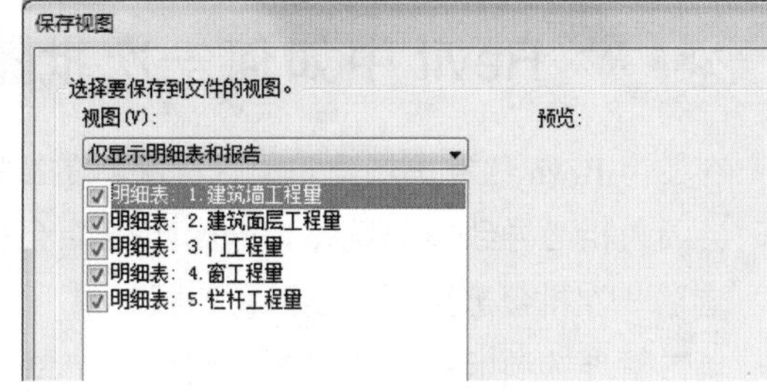

图 2-46

将明细表保存到指定路径，注意保存出来的文件为 . rvt 文件，如图 2-47 所示。

2. 明细表导入

打开需要导入明细表的项目，插入→从文件插入→插入文件中的视图，如图 2-48 所示。

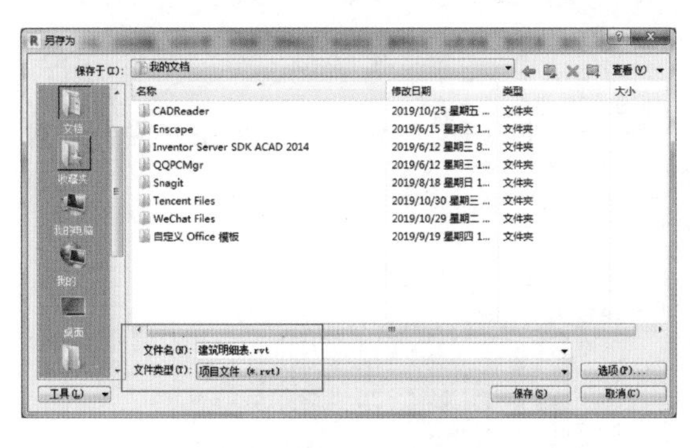

图 2-47

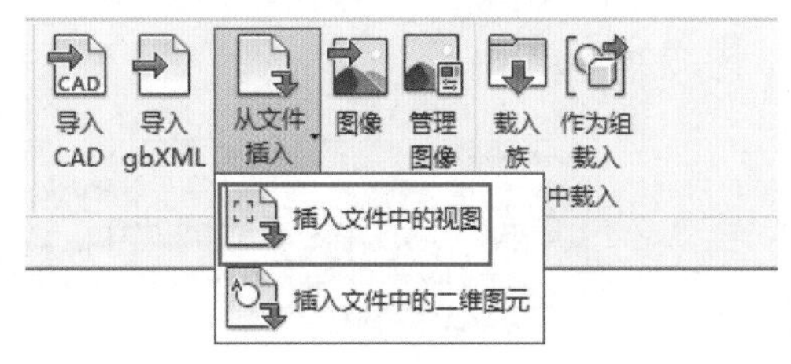

图 2-48

在弹出的“插入视图”对话框中，选择“仅显示明细表和报告”，然后选择需要导入的明细表，如图 2-49 所示。

单击“确定”即可，如图 2-50 所示，展开项目浏览器中明细表选项，所选明细表即导入此项目中。

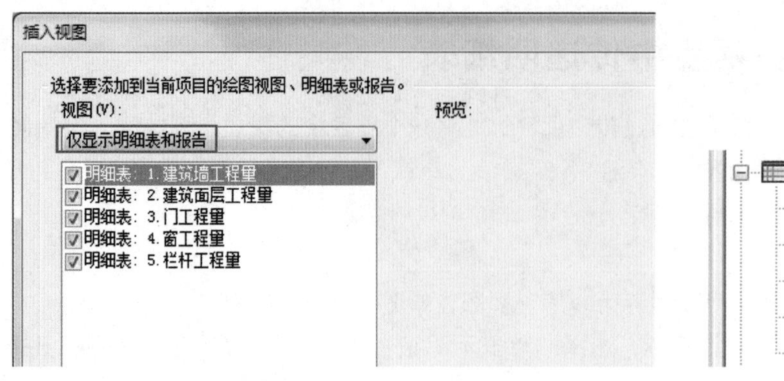

图 2-49

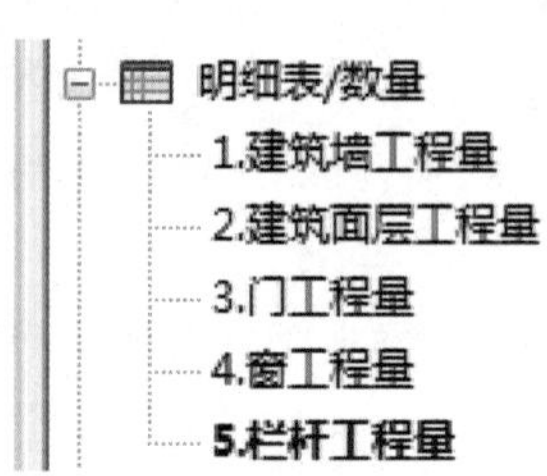

图 2-50

2.12 Revit 中如何一次批量删除重复图元

在使用 Revit 绘制高层建筑时，标准层的绘制一般采用绘制一层后再复制粘贴至其他楼层。有时会因为粗心导致重复粘贴，一个个删除会很麻烦。那么接下来将讲解如何通过使用“警告”选项一次批量删除重复图元，如图 2-51 所示。

单击管理选项卡中的“警告”选项，如图 2-52 所示。

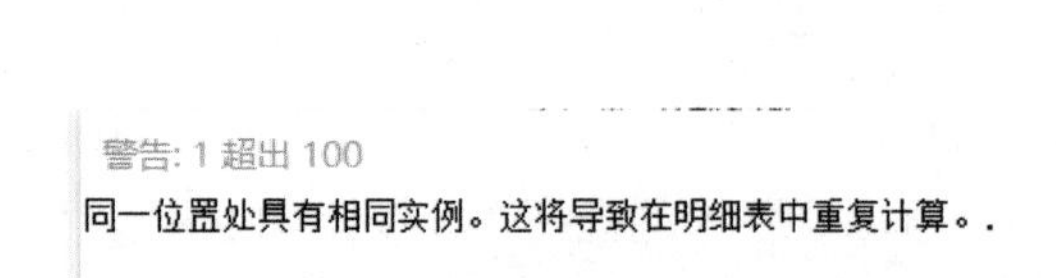

图 2-51

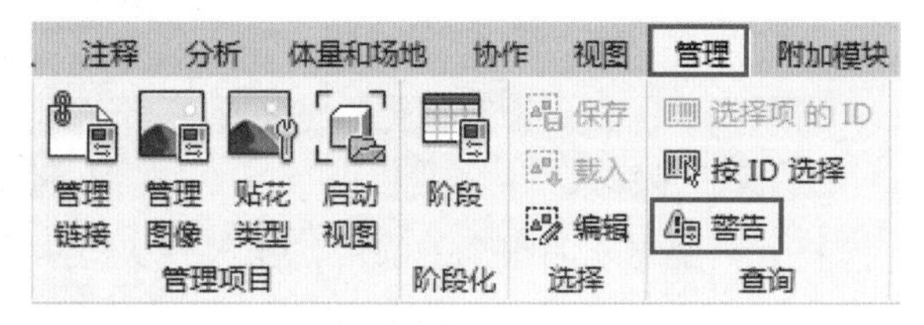

图 2-52

在弹出的警告对话框中，找到“同一位置处具有相同实例。”错误栏，并单击左侧的加号“+”，如图 2-53 所示。

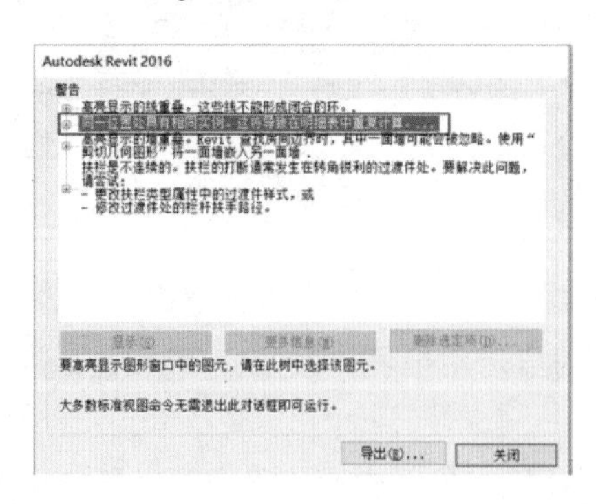

图 2-53

分别单击每一个警告左侧的加号“+”，并在出现的列表中选中要删除的重复图元，如图 2-54所示。

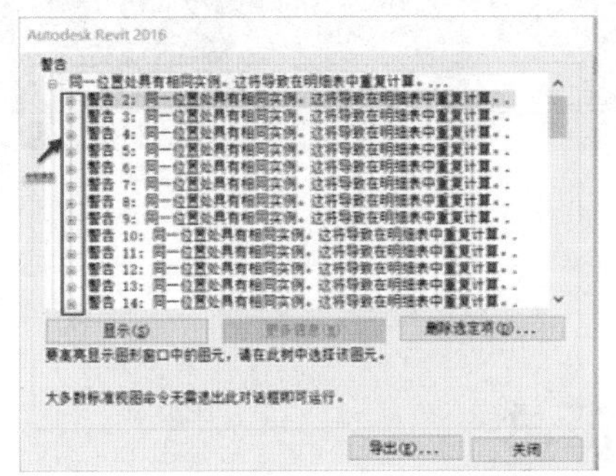

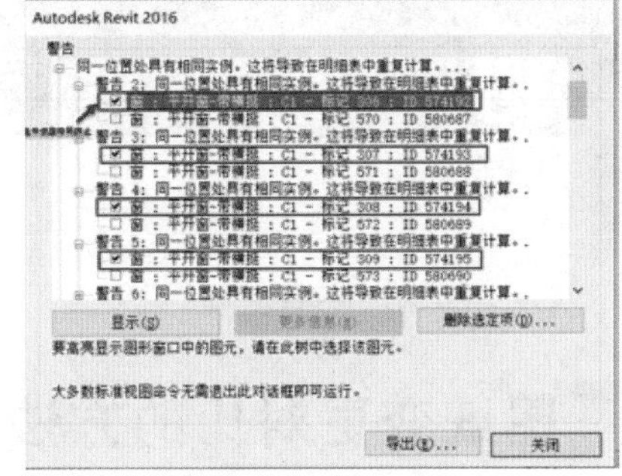

图 2-54

单击“删除选定项”删除选中的重复图元，如图 2-55 所示。

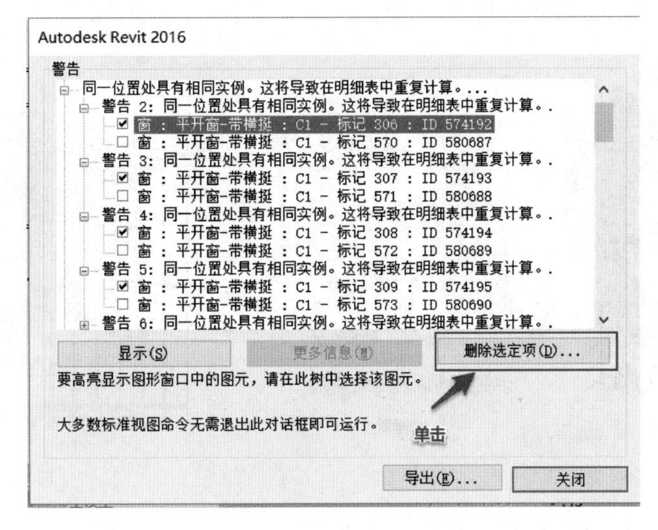

图 2-55

第3章 协同类

3.1 图纸变更对比的方法汇总

以下介绍一下图纸变更后做对比的三种方法。

（1）CAD 中进行图纸对比，新、旧图纸各换一种底色，如图 3-1 所示。然后叠加在一起，如图 3-2 所示，便能很快找出变更前后图纸的不同（图 3-2 云线区域）。

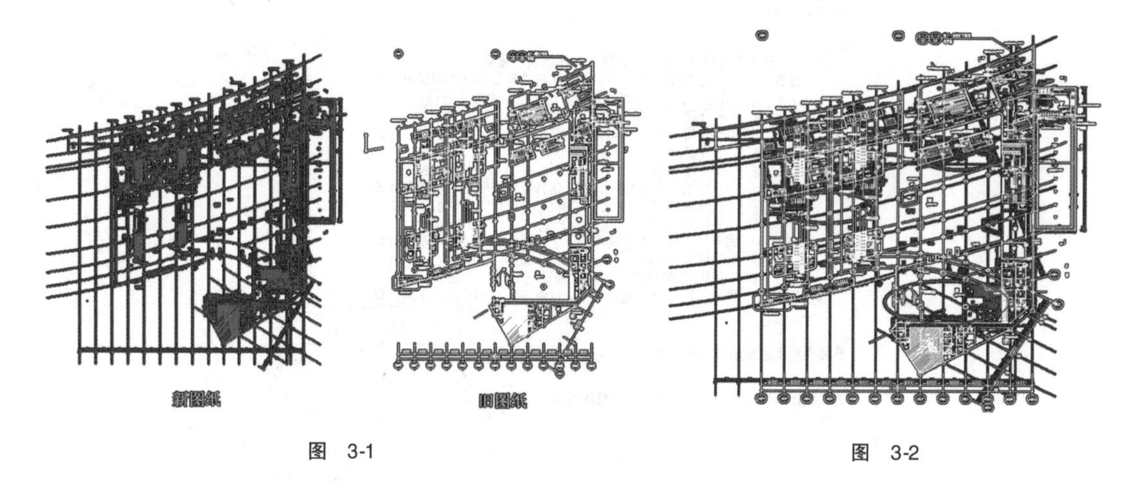

图 3-1　　图 3-2

（2）天正软件里面的图纸比对功能，在 T20 天正菜单中找到文件布图→整图对比，或者直接在命令框里面输入“TZBD”，然后添加文件 1、文件 2，如图 3-3 所示。

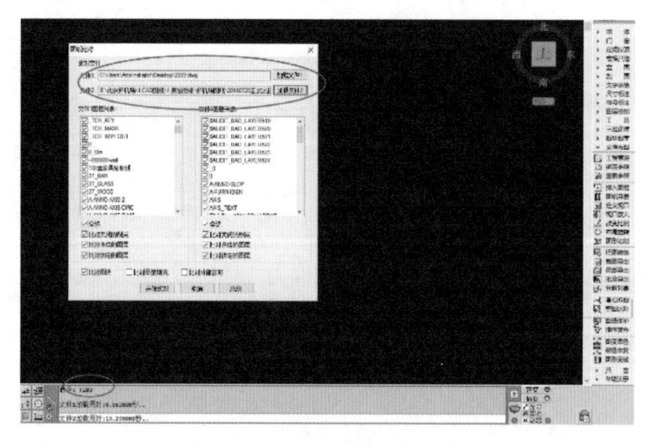

图 3-3

等待程序运行完毕后，会自动处理成两种底色的图纸，如图 3-4 所示，然后用移动命令把两张图纸叠加在一起就可以很快找出变更前后的不同（图 3-5 云线区域）。

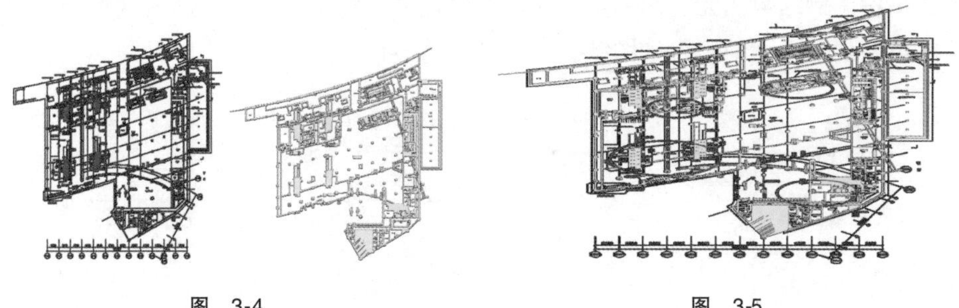

图 3-4　　　　图 3-5

（3）CAD 快看软件 5.9.3.59 版本里面更新的图纸对比功能。打开变更前后的图纸，然后点选工具栏上的图纸对比功能（但是这里需要 CAD 快看的会员账号才能使用），两张图纸不同的地方会高亮显示，如图 3-6、图 3-7 所示。

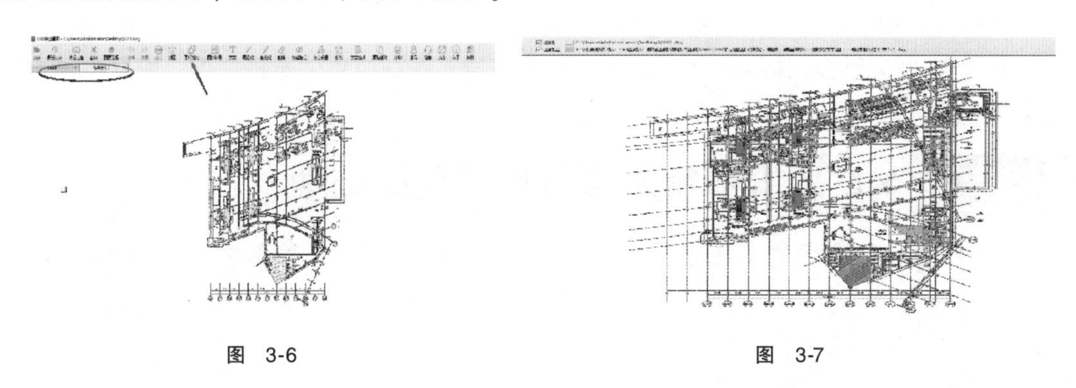

图 3-6　　　　图 3-7

3.2 CAD 图纸导入 Revit 中比例问题的处理

常规建模方法少不了将 CAD 图纸导入 Revit 这一步，而往往这一步会出现很多问题；下面就来讲解比例不对的情况：

在做项目的时候会遇到这么一个问题，CAD 图纸导入到 Revit 里面之后发现比例不对，如图 3-8 所示，图纸大小明显与项目范围不符，这个时候该怎么办?

选中这张图纸，对齐相交的两根轴网，找到一个交点，如图 3-9 所示。

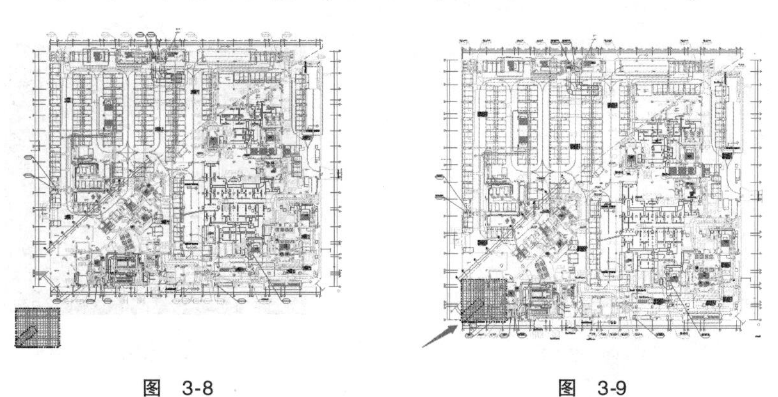

图 3-8　　　　图 3-9

选中图纸，单击上方工具栏中的“缩放”命令，如图 3-10 所示，这个命令可以图形方式或数值方式来按比例缩放图元，然后第一次单击确定原点即轴网交点，后两次单击定义比例矢量，这样就可以调整为我们需要的图纸比例了，如图 3-11 所示。

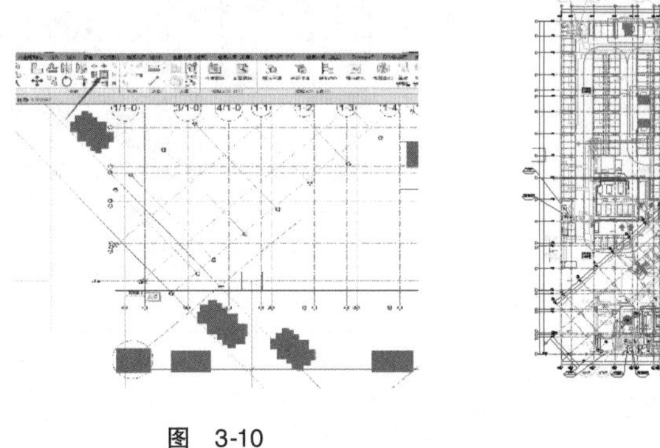

图 3-10　　　　图 3-11

当然，造成图纸导入 Revit 比例不对很有可能是导入图纸时单位选择错误。如果是这一问题重新导入即可；如果不是这一问题，则可以使用上述方式。

3.3 CAD 图纸加密无法写块问题的处理

Revit 模型搭建，总是避不开对 CAD 图纸的处理，在实际项目中总会遇到一些 CAD 图纸的问题。

通过天正 CAD “图纸保护”，可将图纸加密。但无法 “炸开” 图纸（X 命令）分解写块，对导入 Revit 产生影响。该如何处理?

将天正 CAD 加密的图纸用 CAD 打开后，输出生成图元文件（*. wmf）。

具体步骤：打开图纸→文件→输出（WMFOUT 命令）→其他格式→wmf 格式图元，如图 3-12 所示。

新建一个 CAD 图纸，将刚才生成的 wmf 文件插入新图中，则可以 “炸开” （X 命令）编辑图纸。

具体步骤：新建→插入→图元文件→分解。(将 *. wmf 文件拖入 CAD 新图纸)，如图3-13 所示。

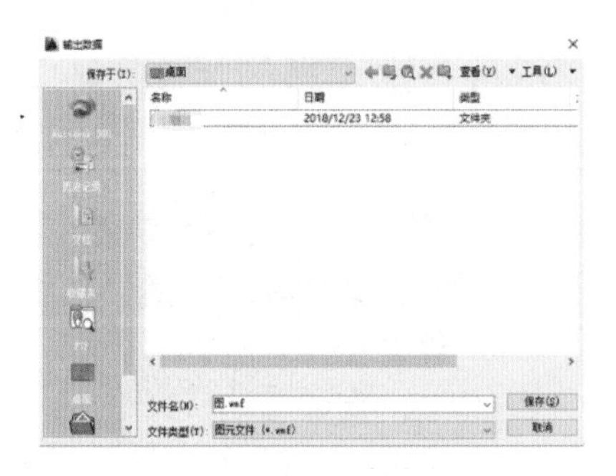

图 3-12

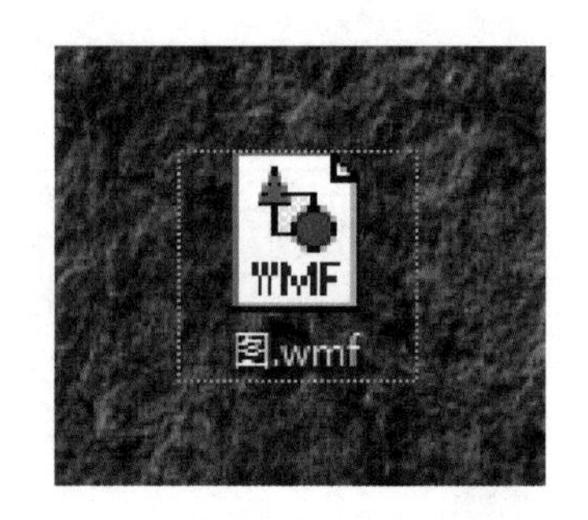

图 3-13

将此图纸保存即可。

3.4 CAD 文件怎么转成 PDF 格式文件

一般建筑图纸有两种格式：dwg 文件和 pdf 文件。它们之间可以互相转化么?

当然可以！下面介绍一种 dwg 文件转化为 pdf 文件的方法。

首先准备一个需要转成 pdf 的 dwg 文件，单击图标，选择打印，进入到打印设置界面，如图 3-14 所示。

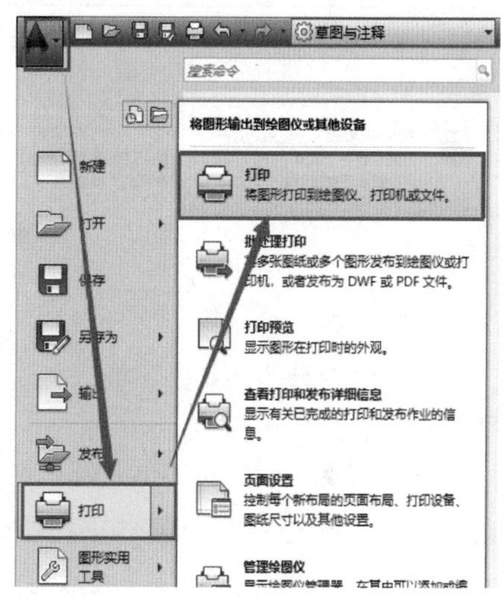

图 3-14

在打印设置界面：选择打印机的名称为“DWG To PDF”，选择图纸的大小“ISO full bleed A2（594.00 × 420.00 毫米）”，在打印区域中，选择“窗口”的方式选取，选择“居中打印”，打印比例为“布满图纸”，然后框选需要打印的区域，按需求选择图形方向（横向），设置完成后，单击“预览”查看效果，如没有问题，单击“确定”输出保存即可，如图 3-15 所示。

转换下一张图纸，选择“上一次打印”即可，如图 3-16 所示。

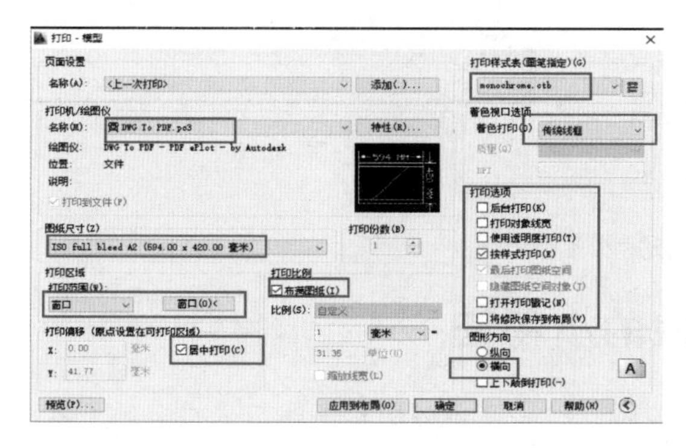

图 3-15

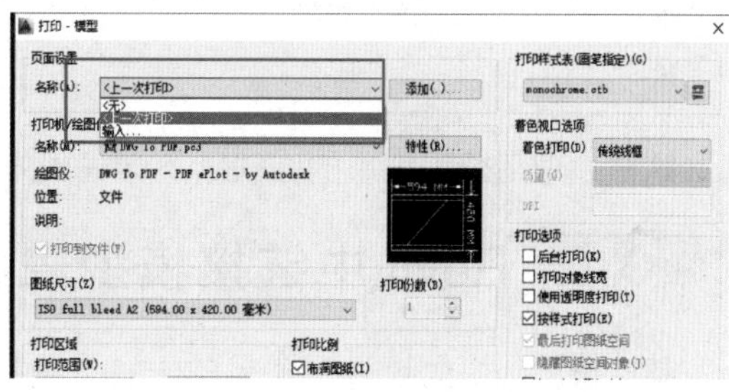

图 3-16

3.5 CAD 中如何绑定外部参照

首先要了解什么叫外部参照。

外部参照是指将一幅图以参照的形式引用到另外一个或多个图形文件中，外部参照的每次改动后的结果都会及时地反映在最后一次被参照的图形中，另外使用外部参照还可以有效地减少图形的容量，因为当用户打开一个含有外部参照的文件时，系统仅会按照记录的路径去搜索外部参照文件，而不会将外部参照作为图形文件的内部资源进行储存。

通过 CAD 把需要的图块分割出来后，然后用 CAD 快看打开，可能会出现这种情况，如图 3-17 所示。

那应该怎么解决?

用 CAD 打开图纸，输入“xref”命令，打开外部参照窗口，如图 3-18 所示。

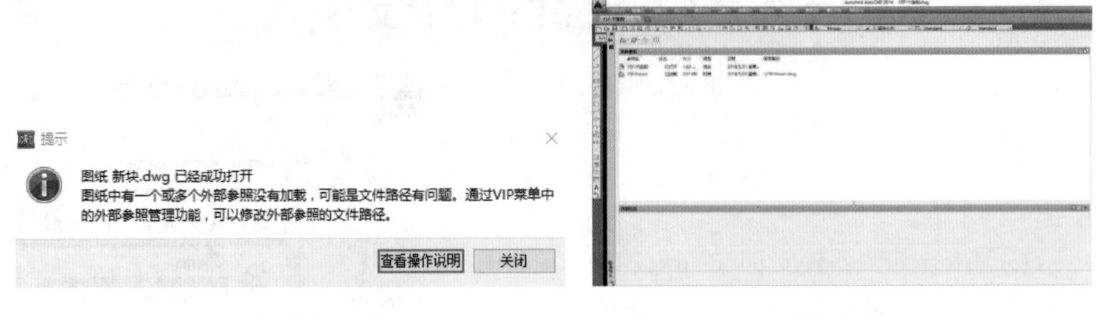

图 3-17

图 3-18

选中需要分割的那张图纸，把保存路径修改为与原路径一样，如图 3-19 所示。

然后再选中需要分割的图纸，单击鼠标右键，选中绑定命令，绑定这张图纸，如图 3-20 所示。

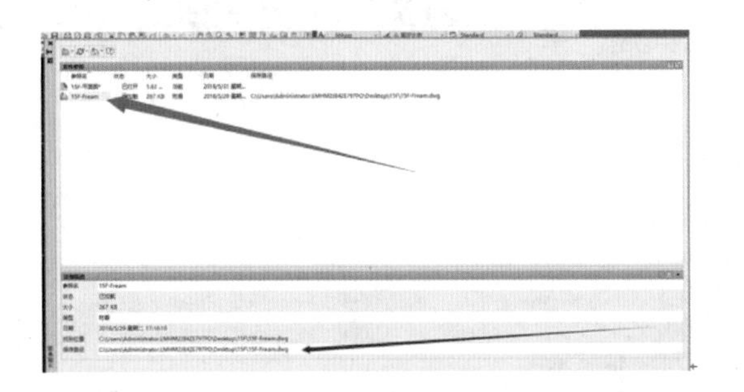

图 3-19

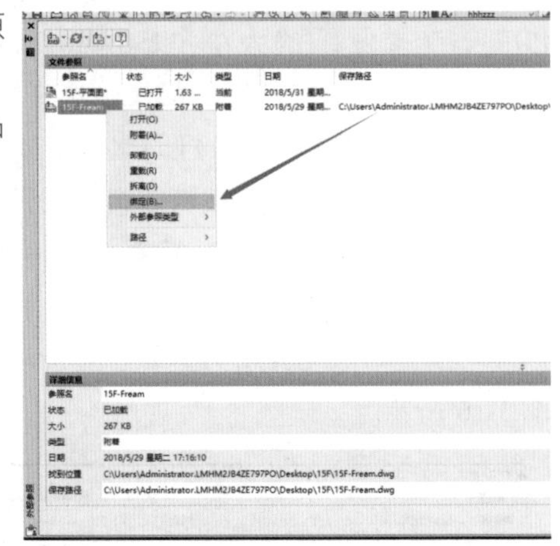

图 3-20

这样处理后分割出来的图块就不会缺少外部参照了。

3.6 Revit 中链接模型隐藏的小秘密

链接模式是协同模式中常见的一种，便捷流畅，因此使用频率稳居榜首。机电模型绘制时，常常需要链接土建模型确定构件放置位置的准确性，初学者使用时经常会发现链接模型不可见，下面就来分析一下链接文件隐藏的几种情况：

第一，也是最重要的一步，确定链接文件没有丢失。也就是说先确定它在然后找它才有意义。如何确定它在不在？很简单，在项目浏览器最下方，找到 “Revit 链接”，展开后找到链接文件，确定链接文件前面是蓝色向下箭头而非红色 “ × ”，如图 3-21 所示。

第二，打开 VV 可见性设置，查看 Revit 链接选项中链接模型可见性是否打开，如图3-22 所示。

图 3-21

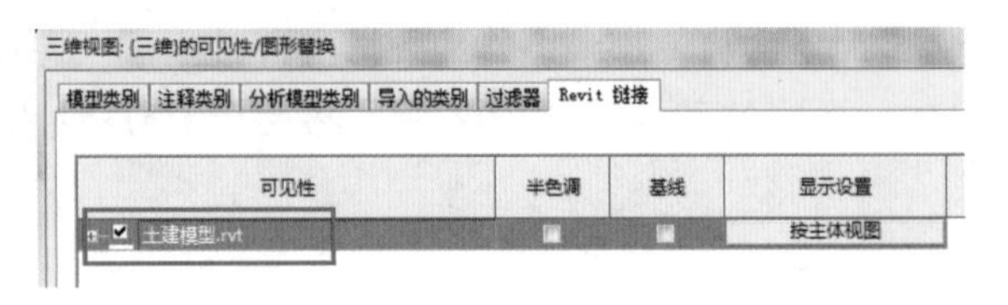

图 3-22

第三，VV 可见性设置“模型类别”选项，确定是否某些类别可见性关闭，如图 3-23 所示。

第四，打开永久隐藏的小灯泡，检查是否将链接模型永久隐藏，如图 3-24 所示。

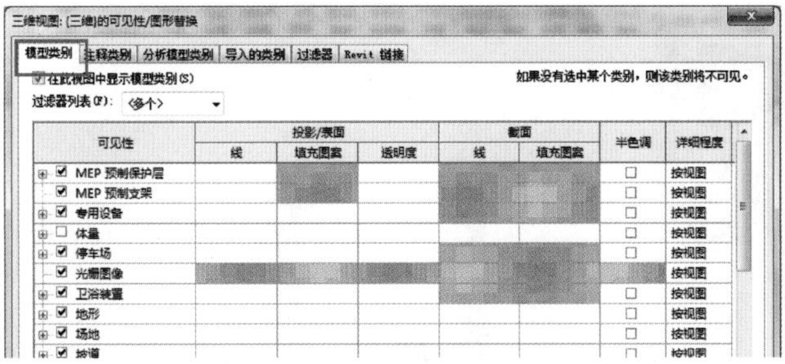

图 3-23

图 3-24

第五，视图范围检查，一般来说针对链接模型此选项应该不受什么影响，但是对于链接的土建模型有可能受影响。土建中柱、墙、门、窗均为可剖切构件，如果剖切面超出其范围，即使视图顶与底足够大，这些构件同样不可见，如图 3-25 所示。

图 3-25

上述说明了几种链接文件不可见可能的原因，那么反过来问，如果想隐藏链接文件中的个别构件是否可以？

当然可以，但是只能是永久隐藏命令，而不是临时隐藏命令。首先选择需要隐藏的图元(要用 Tab 键切换选择，不能直接单击选择)，鼠标右键单击“在视图中隐藏”→“图元”，如图 3-26 所示；或者在修改选项卡下选择“隐藏图元”命令，如图 3-27 所示。

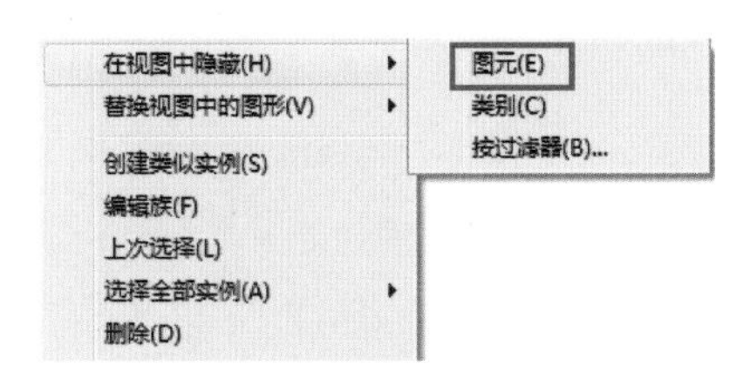

图 3-26

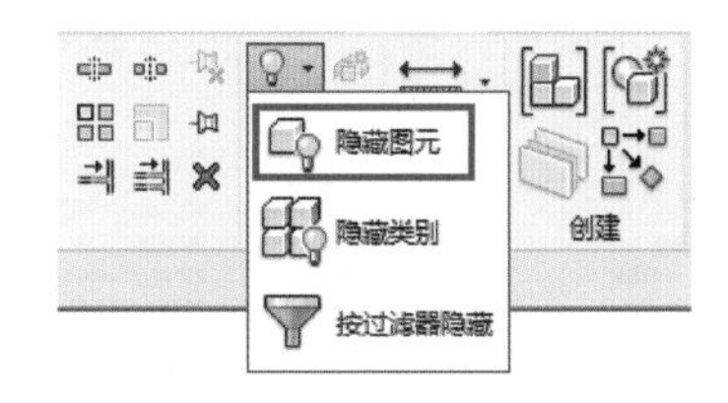

图 3-27

3.7 Revit 中另类组合族——组

在建模型时，很多构件都是成组出现的，水泵的进水管上都有橡胶软接、Y 形过滤器、阀门等，如图 3-28 所示。

考虑到复用性，这类标配组件可以作为组单独保存，下次使用时可以直接调用，方便快捷。

如图 3-29 所示，将需要组合的构件成组；这时候在项目浏览器中，组列表下就有了刚刚创建的组，如图 3-30 所示。

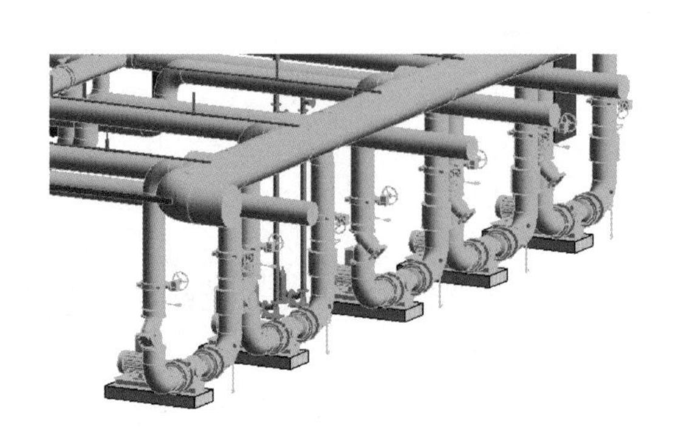

图　3-28

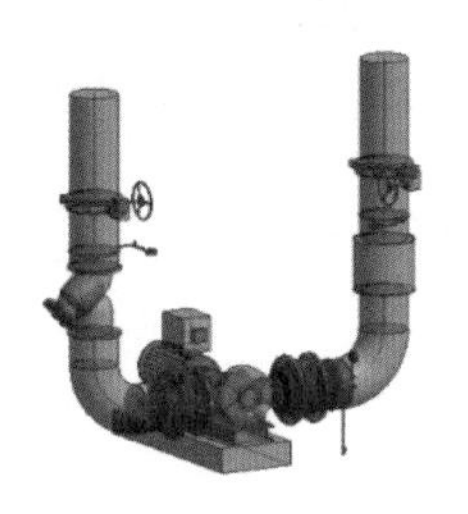

图　3-29

然后，另存为→库→成组，如图 3-31 所示。

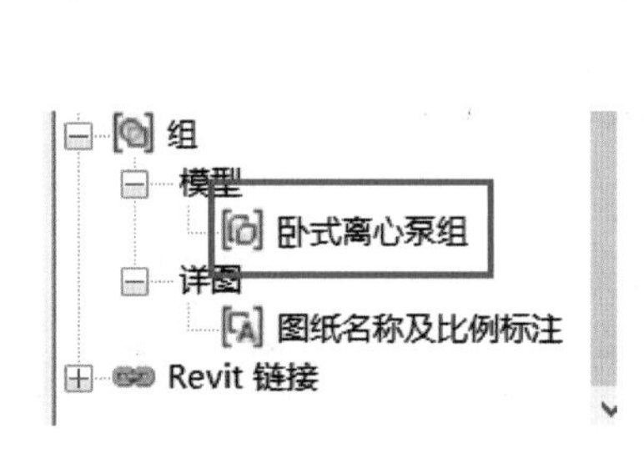

图　3-30

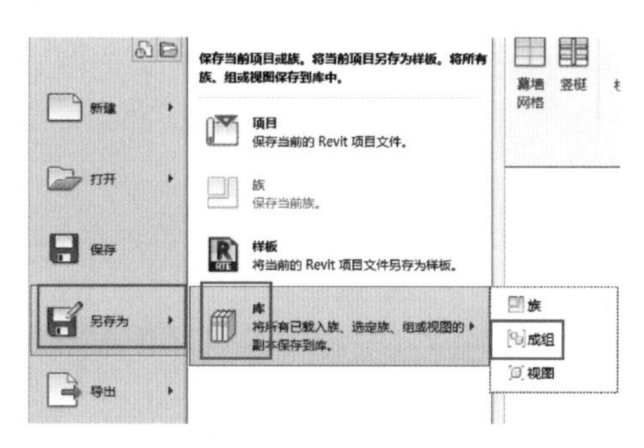

图　3-31

注意在弹出的保存组对话框中选择需要保存的组，如图 3-32 所示；保存组时，只能逐个保存，不能整体保存多个。

打开另一个项目，插入→作为组载入，如图 3-33 所示。

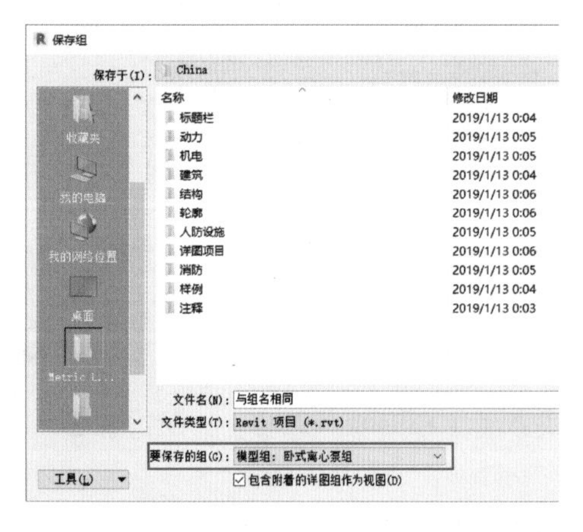

图　3-32

图　3-33

载入之后，在项目浏览器组列表中就有了刚刚载入的组，拖到操作界面就可以使用了，如图 3-34 所示。

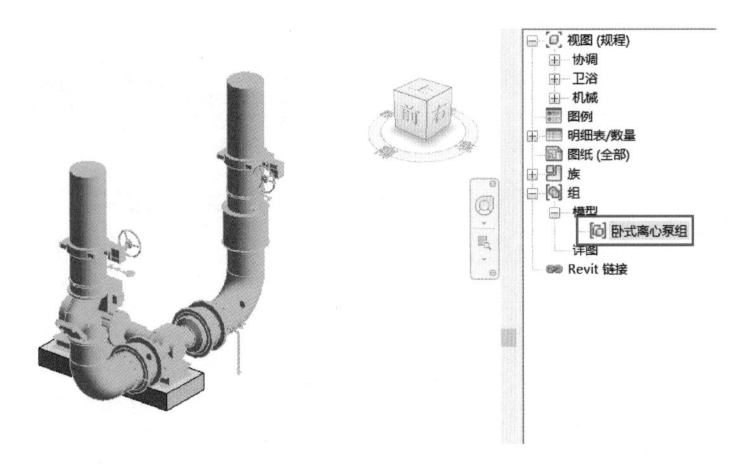

图 3-34

3.8 Revit 中子链接文件如何跟随主体项目

单体项目因为体量问题，往往按专业将模型拆分；模型整体展示时，需要将模型各个专业链接在一起；同理，如果多栋单体模型做整体展示时，需要将所有单体模型链接在一起。

默认情况下，单体土建模型链接了本单体机电模型后，再被链接到整体模型的时候，机电模型并不会显示。

解决这种情况有两种方案：

方案一：重复链接，也就是说总模型重复链接单体的所有专业模型；这种方式要重复一部分工作，而且如果单体比较多的话，链接文件数量也会特别多。

方案二：修改子链接模型的参照类型；修改单体文件中的子链接文件（如机电模型）的参照类型，默认为“覆盖”，将其设置为“附着”，如图 3-35 所示。

当单体项目（如项目 1）被链接到总项目中时，子链接项目就会一起进来，这时候在项目浏览器中的 Revit 链接选项，可以看到项目 2 会作为一个子项出现在项目 1 下方，如图 3-36 所示。

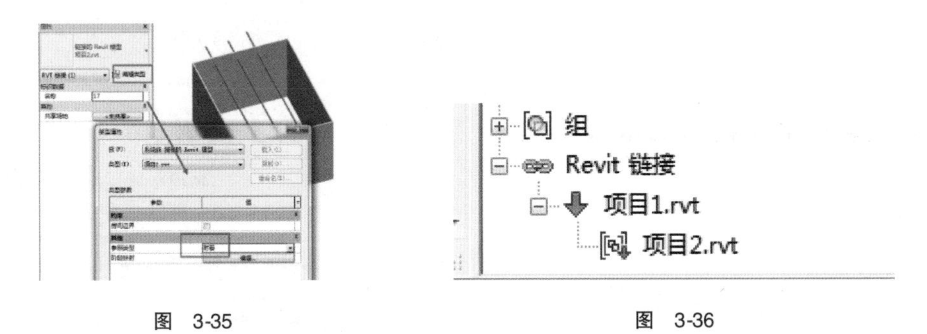

图 3-35　　图 3-36

3.9 Revit 中如何防止中心文件误操作

打开中心文件后的提示操作。

问题提出：当某些项目需要用到中心文件的时候，设计人员、甲方、施工方在打开中心文件时，总会遇到类似图 3-37 所示的问题。

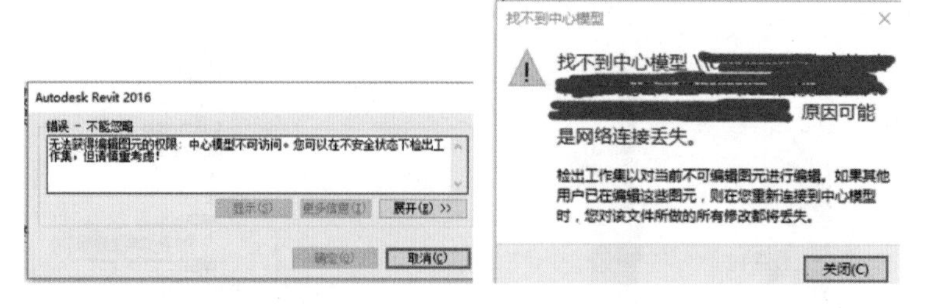

图 3-37

为了使各参与方在打开中心文件的时候有一个明确的步骤，可以在每次打开 Revit 文件的时候，做一个启动页的图纸来提示各参与方，使每次打开文件的时候都会默认显示该视图，如图 3-38 所示。

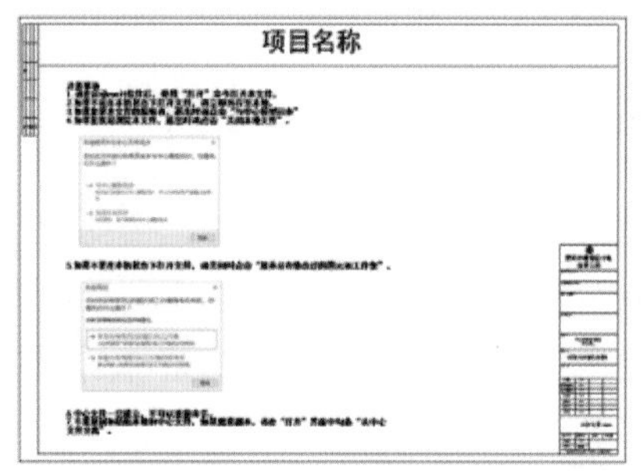

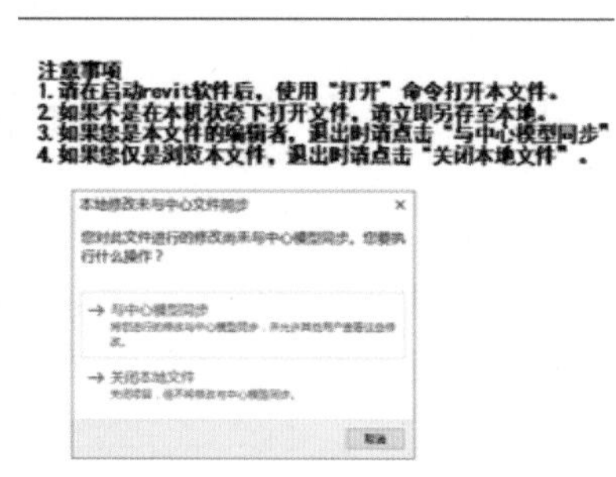

图 3-38

启动页内容分解如图 3-39 所示。

启动页设置说明：

打开应用程序菜单→选项→用户界面，勾选启动时启用“最近使用的文件”页面，如图 3-40 所示。

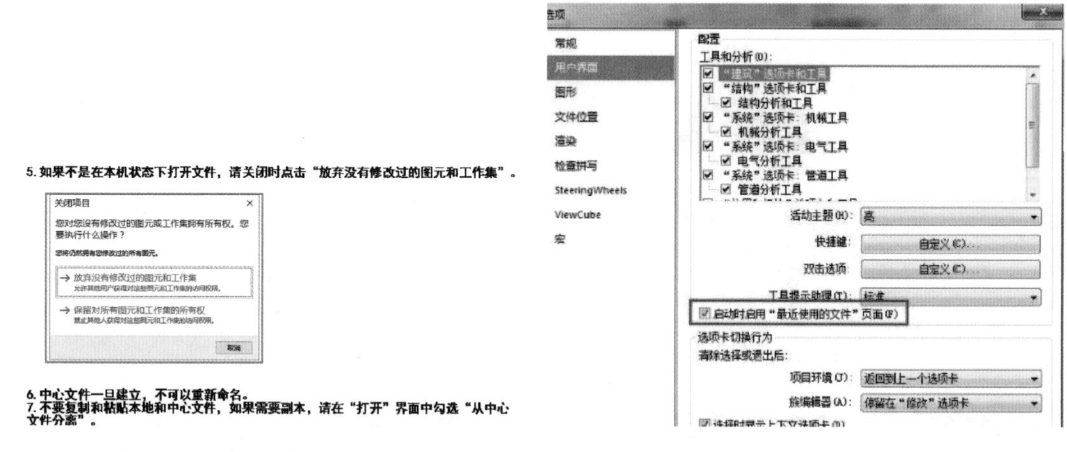

图 3-39　　图 3-40

在项目图纸中新建一个“启动页”的图纸，如图 3-41 所示。

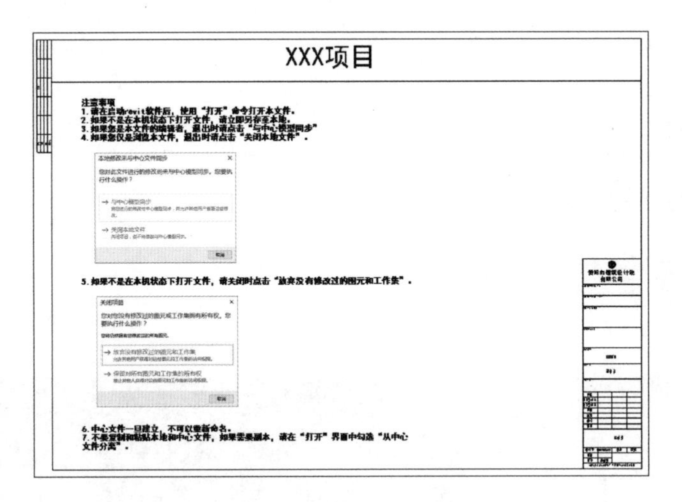

图 3-41

在该页面下，单击管理面板中的“启动视图”，选择图纸（启动页）→确认，如图 3-42 所示。

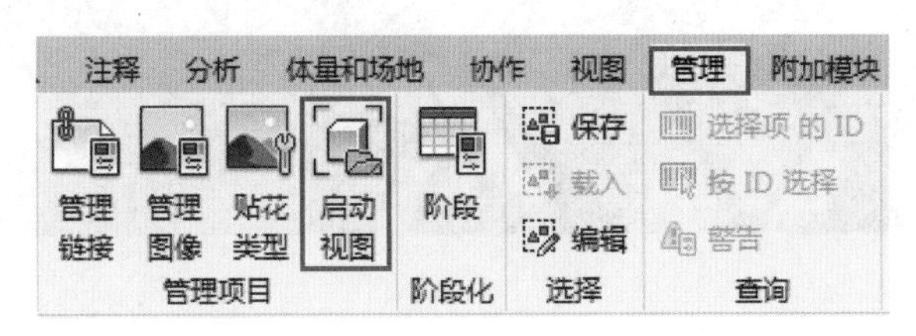

图 3-42

第2篇
土建篇

第4章 土建模型搭建类

4.1 Revit 中结构构件间的小联系

结构模型大家都不陌生，模型搭建过程中会有很多自动规则，如自动连接；那么大家有没有好奇这些自动规则是什么样的，实现条件又是什么？

下面就来介绍结构构件之间的扣剪问题。

1. 自动扣剪的条件

在 Revit 中，结构构件柱、梁、墙、板有时会自动扣剪，而有时不会。如图 4-1 所示，框架梁与结构柱之间并没有自动扣剪。关于自动扣剪的条件分以下两部分来说明。

（1）系统族构件。系统族构件（结构板、结构墙等）必须具有结构属性。所谓结构属性就是构件属性栏中结构参数是勾选的，如图 4-2 所示。没有在结构选项卡下拉命令建立的结构模型，默认没有结构属性，模型绘制时就会导致不能自动扣剪。

图 4-1

与体量相关	☐
结构	
结构	☑
启用分析模型	☐
结构用途	承重
钢筋保护层 - 外部面	钢筋保护层 1 <25 mm>
钢筋保护层 - 内部面	钢筋保护层 1 <25 mm>
钢筋保护层 - 其他面	钢筋保护层 1 <25 mm>

图 4-2

（2）可载入族。可载入族（框架梁、结构柱等）中“用于模型行为的材质”属性必须选择混凝土，如图 4-3 所示。

结构	
横断面形状	矩形
用于模型行为的材质	混凝土
始终导出为几何图形	
平面中的梁缩进	
标识数据	
代码名称	
OmniClass 编号	

钢 / 混凝土 / 预制混凝土 / 木材 / 其他

图 4-3

2. 自动扣剪的规则

Revit 默认的扣剪规则是板剪柱剪梁。但是这个规则跟计价规范里的规则是冲突的，如图 4-4 所示《建设工程工程量清单计价规范》（GB 50500—2013）中关于柱的扣剪规则。

这时候需要将结构构件切换正确的连接顺序，使结构构件的扣剪规则符合规范的扣剪规则，如图 4-5 所示。

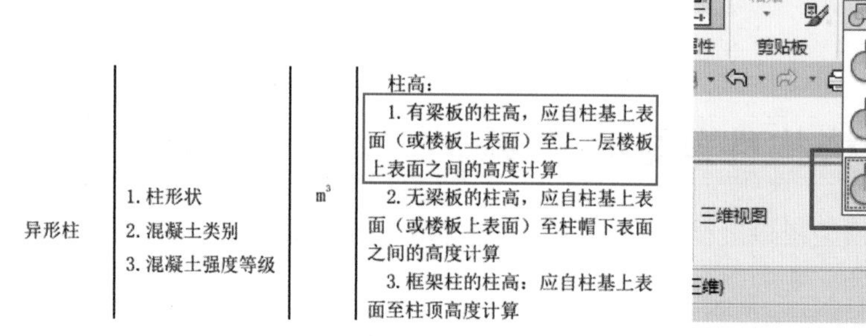

异形柱	1. 柱形状 2. 混凝土类别 3. 混凝土强度等级	m^3	柱高： 1. 有梁板的柱高，应自柱基上表面（或楼板上表面）至上一层楼板上表面之间的高度计算 2. 无梁板的柱高，应自柱基上表面（或楼板上表面）至柱帽下表面之间的高度计算 3. 框架柱的柱高：应自柱基上表面至柱顶高度计算

图 4-4

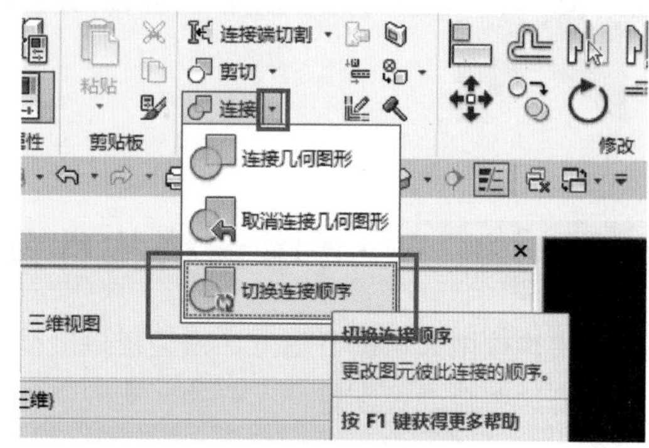

图 4-5

正确的扣剪规则是深化模型应用的前提条件，需要在建立模型的过程中引起重视。

这里特别需要说明的是，切换连接顺序前提为构件之间是连接状态，本身没有连接就谈不上切换连接顺序了。

4.2 Revit 中快速确定坡道处梁标高

在 Revit 中绘制地下室汽车坡道时，柱顶和梁顶标高的调整往往需要根据楼板标高一一进行，比较费时。那么有没有快速且便捷的方法解决这个问题?

介绍一种利用自带的梁柱附着功能的方法。

绘制一块楼板，通过“修改子图元”命令将此楼板修改为坡道，保证坡道各处标高无误，然后在对应位置绘制上柱、梁，如图 4-6 所示。

选中其中一道梁，调整其附着类型，将梁的“起点附着类型”和“终点附着类型”调整为“距离”，如图 4-7、图 4-8 所示。

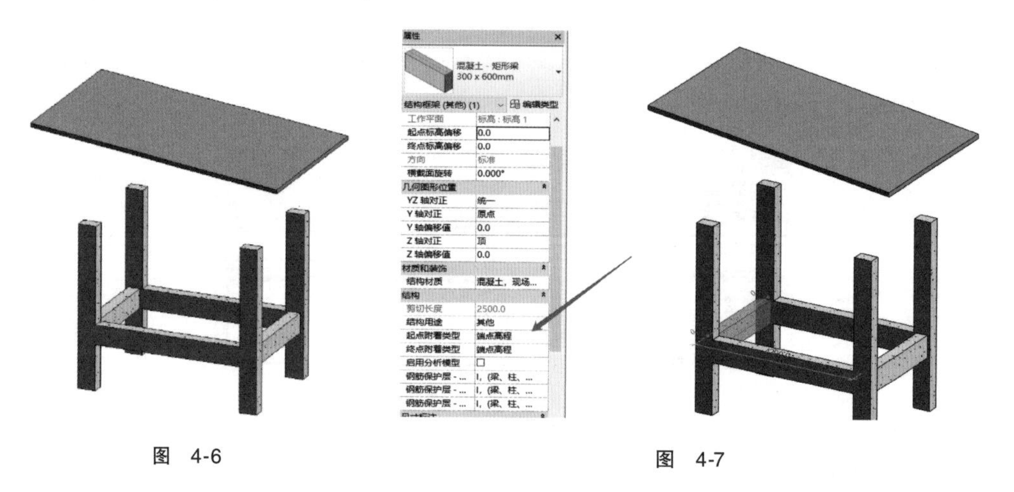

图 4-6　　图 4-7

将梁的“起点附着距离”和“终点附着距离”都修改为“0”，使其附着于柱顶，如图 4-9、图 4-10 所示。

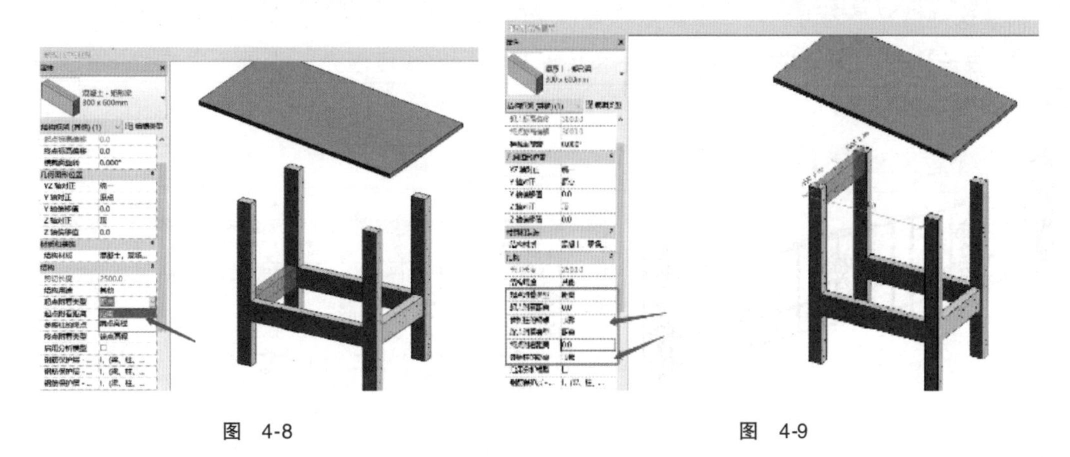

图 4-8　　　　图 4-9

选择绘制的所有柱，使用“修改/结构柱”选项卡下“附着顶部/底部”命令，将柱顶附着于板底，如图 4-11 所示。

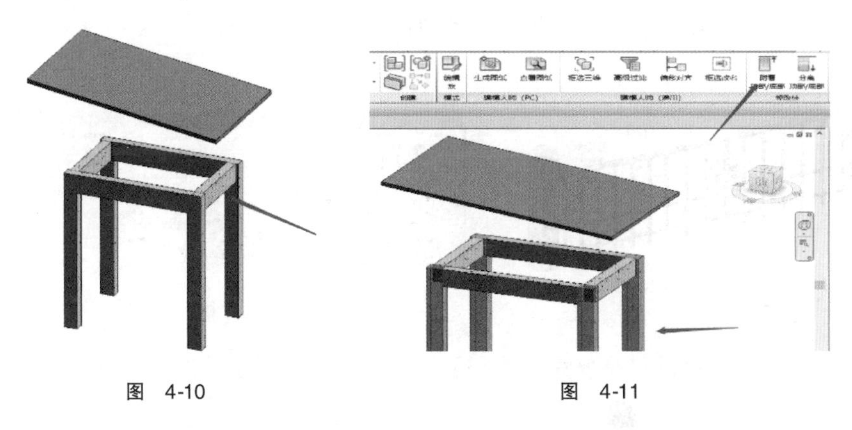

图 4-10　　　　图 4-11

梁高度会随着柱子的高度相应地做出变动，如图 4-12、图 4-13 所示。

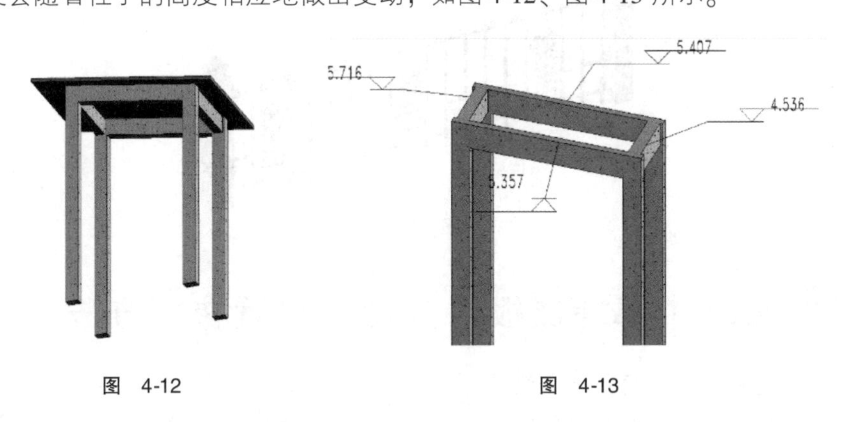

图 4-12　　　　图 4-13

4.3 Revit 中栏杆扶手样式的自动匹配

栏杆扶手是建筑中比较常见的构件，作为系统族，栏杆扶手的控制方式复杂而多变；比如，绘制栏杆扶手时可能会出现如图 4-14 所示状况，前面部分栏杆排布完好，在结尾部分却出现空缺的情况。

出现这种情况是因为后面一段距离不够一个区间循环，形不成一个完成的主样式。

【方法一】在“编辑栏杆位置”对话框中，将“超出长度填充”设置为主样式中的某一种栏杆，如图 4-15 所示。

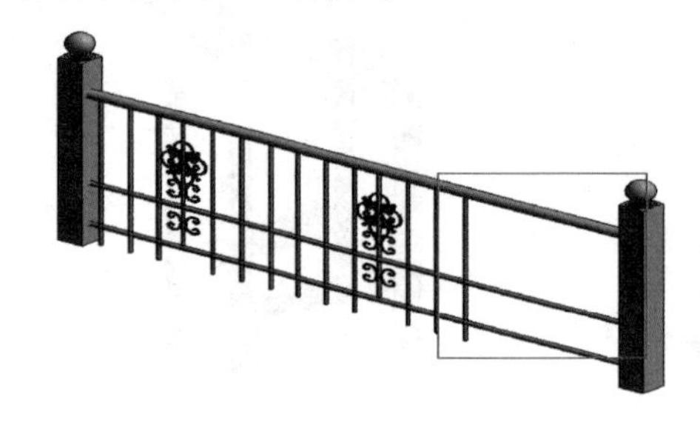

图 4-14

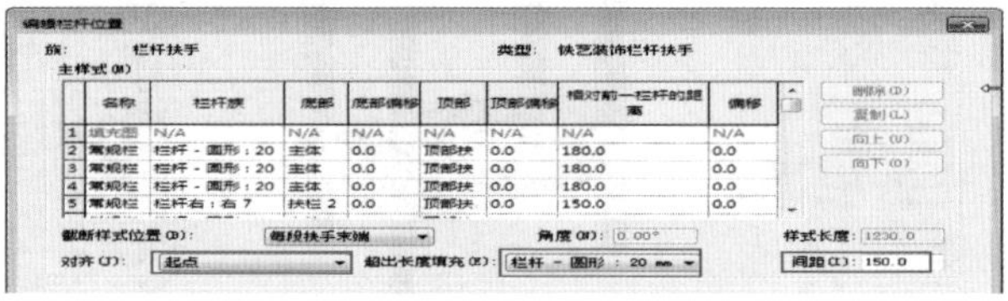

图 4-15

完成后应用此样式，栏杆扶手变成了如图 4-16 所示的样式。

这样的样式并不是很合适，后面一段看着会很不协调，下面介绍一种调整方法。

【方法二】将“对齐”设置为“展开样式以匹配”，如图 4-17 所示。

图 4-16

图 4-17

完成后，对应有造型的栏杆扶手，这种匹配方式要协调多了，如图 4-18 所示。

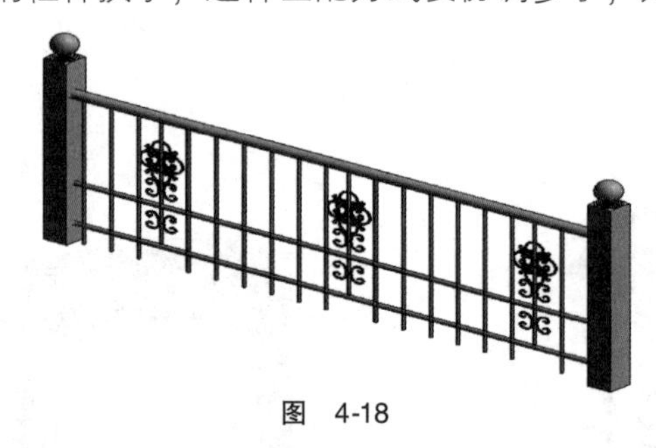

图 4-18

4.4 Revit 中幕墙嵌板门（窗）放置快捷方法

一般替换幕墙嵌板门（窗）时，需要先使用幕墙网格将门窗的位置分割出来，然后替换嵌板。但是当这种门窗特别多时，用这种方法会显得过于烦琐，下面介绍一种便捷的方法。

新建一道幕墙，用幕墙网格进行分割，如图 4-19 所示。

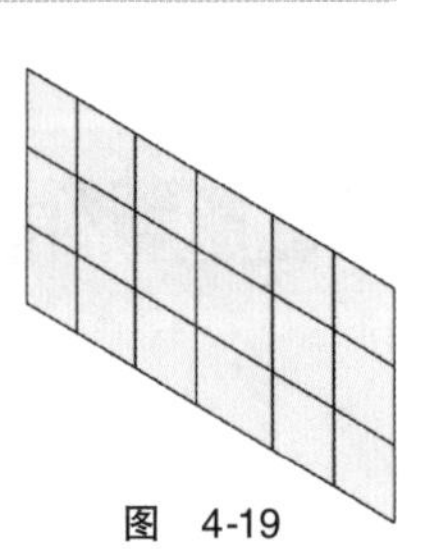

图 4-19

在幕墙中使用 Tab 键选择需要进行门放置的嵌板，用常规墙将其替换，如图 4-20 所示。

效果如图 4-21 所示。

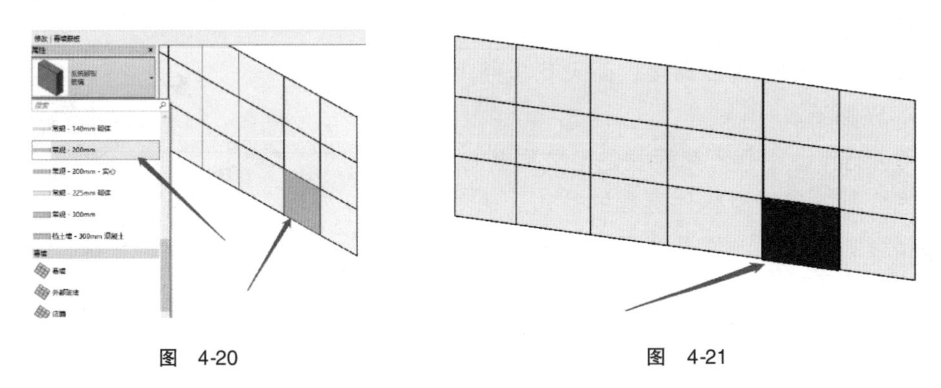

图 4-20　　图 4-21

在平面视图中用普通门的窗族进行放置，如图 4-22 所示。

平面图如图 4-23 所示；三维图如图 4-24 所示。

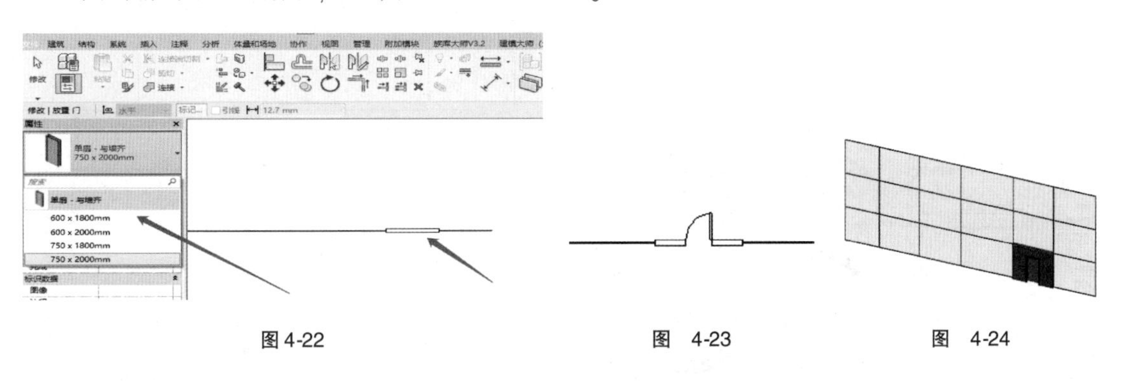

图 4-22　　图 4-23　　图 4-24

4.5 Revit 中区分楼板与天花板做顶棚

精装修模型中常常会有一些平板顶棚，如硅酸钙板顶棚。目前平板顶棚常用的两种创建方式是楼板绘制与天花板绘制，两者各有什么优势？下面就来盘点一下。

首先，两者都可以通过绘制一个或多个轮廓创建需要的顶棚，同时可以设置顶棚厚度（基本天花板除外），便于自适应一些特殊情况，天花板绘制如图 4-25 所示，楼板绘制如图 4-26 所示。

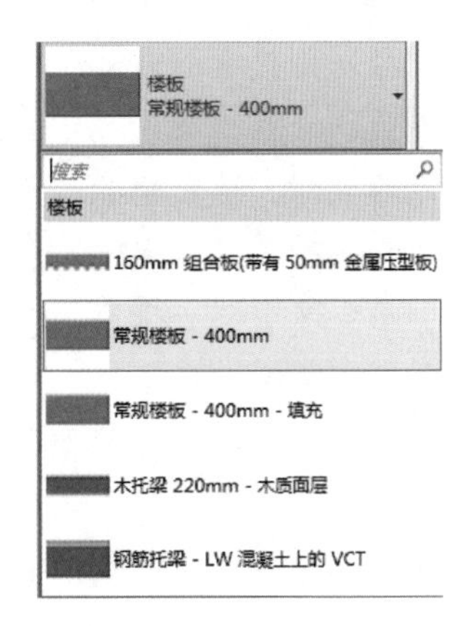

图 4-25　　图 4-26

至于区别笔者认为主要体现在如下两方面：

1. 标高问题

楼板设置的标高为板顶高度，而天花板则为板底高度，如图 4-27 所示。

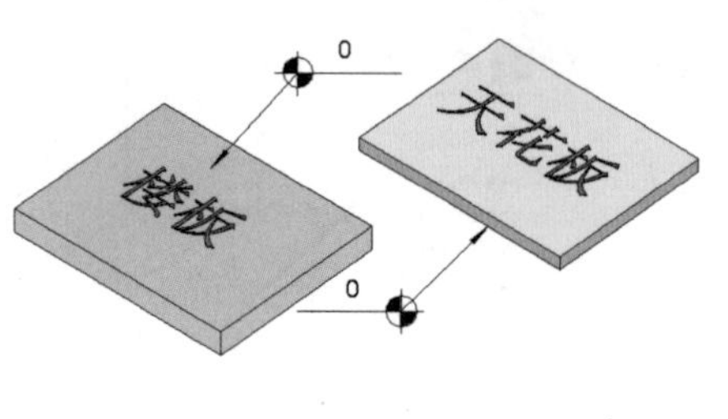

图 4-27

其实可以理解，本身天花板就是定义顶棚完成面的。这种差异性会影响建模时构件高程的输入。举个例子来说，一般精装图上会标注顶棚高度，这个顶棚高度指的是顶棚完成面的高度；如果用天花板绘制顶棚，直接输入相等的高程即可；如果用楼板绘制，需要增加楼板的厚度才能符合实际要求，如图 4-28 所示。

2. 楼板边缘的应用

楼板命令下有一个很重要的命令：楼板边。这个功能用来处理一些边缘大样是非常有效的，如图 4-29 所示。但是楼板边不识别天花板边缘，无法处理。

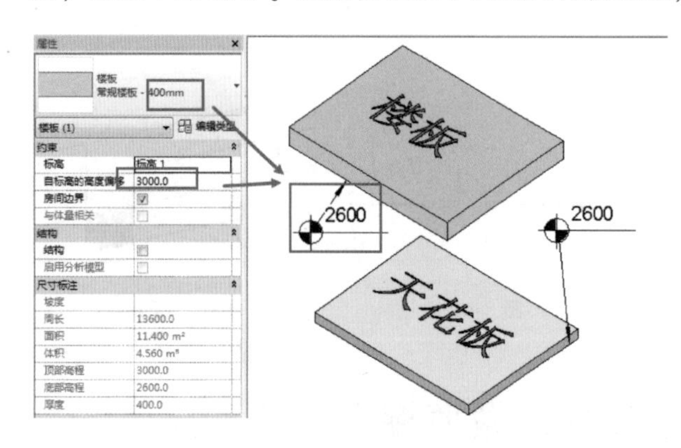

图 4-28

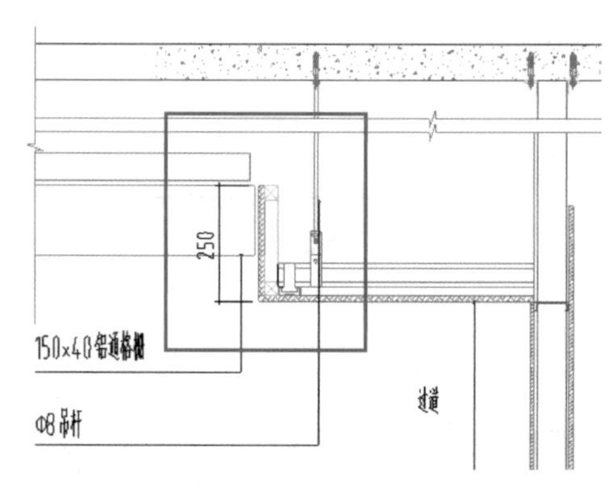

图 4-29

4.6 Revit 中如何处理幕墙转角处嵌板自动连接

在绘制装修模型时，涉及需要分割的墙体，一般都会采用幕墙的方式绘制，以便于墙体自动分割。

如果连续绘制幕墙时，在转角的地方会出现瑕疵：转角的地方幕墙嵌板中心点对齐，但不会像墙体一样自动融合连接，如图 4-30、图 4-31 所示。

图 4-30

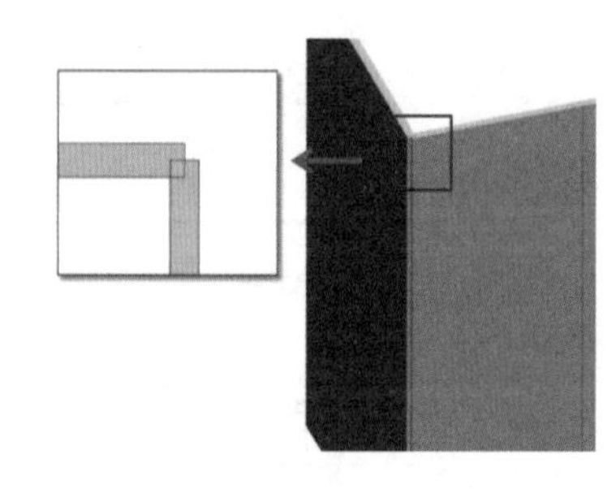

图 4-31

下面提供一种便捷的解决方案：用墙替换幕墙嵌板。

如图 4-32 所示，设置一个墙类型，墙的厚度及材质与原始幕墙嵌板一致。

图 4-32

重新设置幕墙，将幕墙嵌板设置为“基本墙：彩钢板”，如图 4-33 所示。

然后重新绘制幕墙，就会发现转角处自动融合，如图 4-34 所示。

图 4-33　　图 4-34

4.7 Revit 中竖向分层墙体绘制

一般砌筑墙体的时候，考虑到防水问题，会在墙体最底层铺设一定高度的红砖；如果墙体高度过高，中间会增加圈梁，如图 4-35 所示。那么这种类型的墙体如何快速在模型中绘制？下面介绍一种比较便捷的方式。

考虑到墙体的分层，采用叠层墙来创建类似墙体。以图 4-36 所示墙体来举例说明。

图 4-35

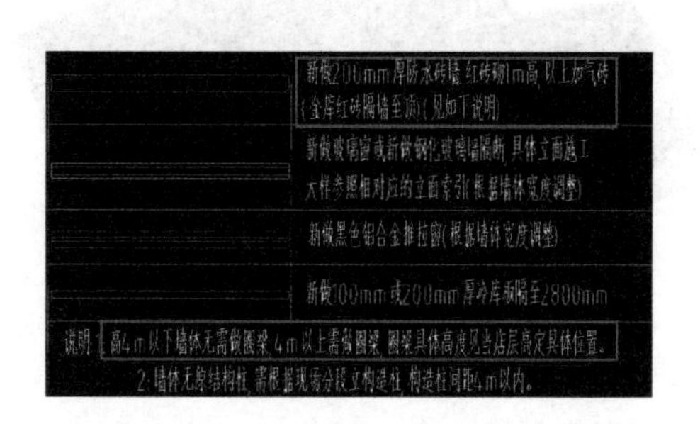

图 4-36

叠层墙是由多个基本墙在高度方向拼接而成，首先根据需要，创建需要的基本墙，然后按照要求排布顺序、设置高度即可，如图 4-37 所示。

这种方式绘制的墙体，红砖层、加气砖层、圈梁层都是可以单独统计工程量的。

设置时注意墙体方向，下方为底部，上方为顶部；除此之外还需要注意，绘制墙体时，墙体高度需要大于除可变层以外的其他层的高度总和。如图 4-37 所示墙体，高度要大于 4200mm 才能生成。

编辑部件

族：叠层墙

类型：无防水砖墙-200

偏移：核心层中心线　　样本高度(S)：6850.0

类型

顶部

	名称	高度	偏移	顶	底部	翻转
1	加气砖-200	可变	0.0	0.0	0.0	
2	C30-200	200.0	0.0	0.0	0.0	
3	加气砖-200	3500.0	0.0	0.0	0.0	
4	红砖-200	500.0	0.0	0.0	0.0	

底部

可变(V)　插入(I)　删除(D)　向上(U)　向下(O)

图 4-37

4.8 Revit 中相交屋顶的交接处处理方法

在古建筑中，经常会有如图 4-38 所示屋顶的存在。

因为古建筑屋顶的两个坡面都不是直的坡面，是有弧度的坡面，如图 4-39 所示。

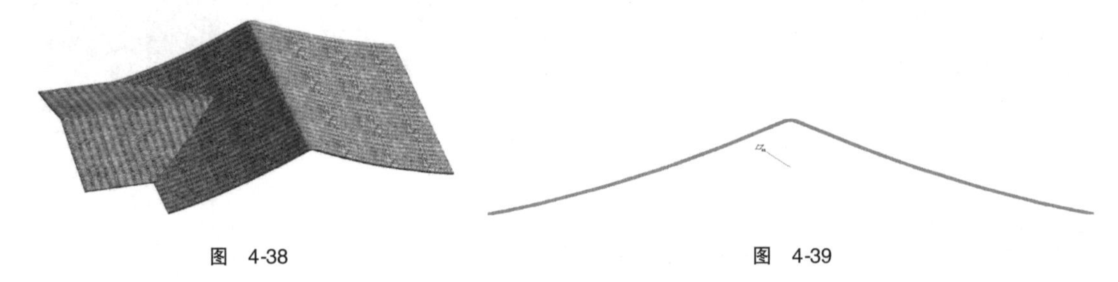

图 4-38　　图 4-39

所以古建筑屋顶需要用拉伸屋顶或者内建模型来绘制，当使用拉伸屋顶来绘制的时候，就会出现如图 4-40 所示的情况。

针对这种问题，可以通过选择屋顶后用修改面板下的垂直命令来解决，如图 4-41 ~ 图 4-43 所示。

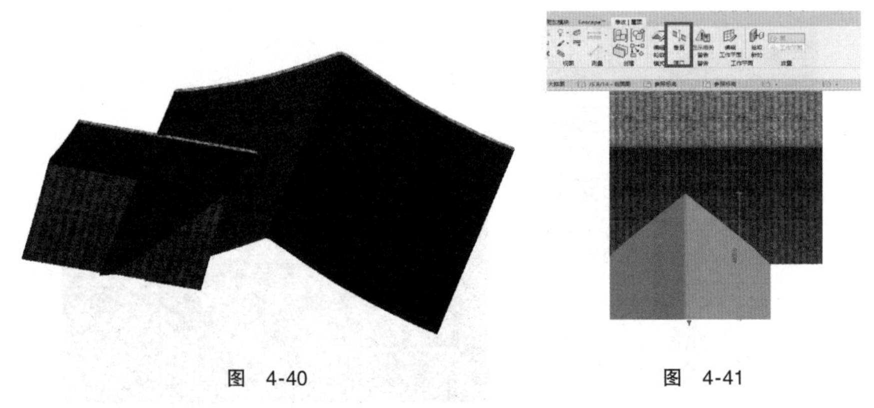

图 4-40　　图 4-41

可以分别将两个屋顶的多余部分剪切掉，效果如图 4-44 所示。

图 4-42

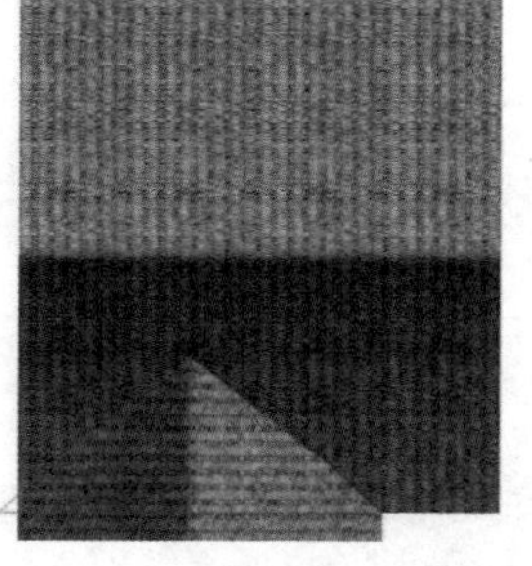

图 4-43

图 4-44

这样就可以实现完美的底部效果。

4.9 Revit 中斜板下方垂直集水坑的绘制

集水坑是地下室常见的一种构件，一般为了便于放置并实现自动扣剪，会把集水坑设置为基于面或基于楼板的族；但是当遇到倾斜的楼板时，基于面的族默认是垂直于楼板的，如图 4-45所示。

众所周知，这种方式肯定是不正确的，不管楼板怎么倾斜，集水坑肯定是竖直方向的，那么有没有便捷的办法处理这种问题?

其实很简单，打开族进入族编辑界面，在属性栏中勾选“总是垂直”，如图 4-46 所示。

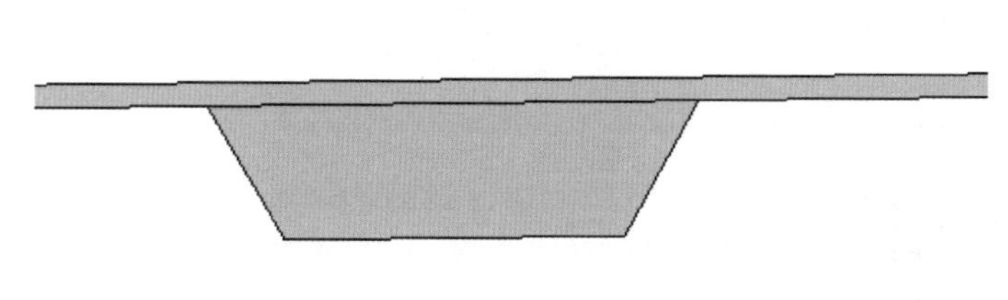

图 4-45

图 4-46

放置到项目中之后如图 4-47 所示，对比前后差别，左侧集水坑是竖直方向，右侧集水坑是垂直于楼板方向。

需要注意的是，勾选了“总是垂直”之后，集水坑与楼板顶部连接不会很平整，如图 4-48 所示。

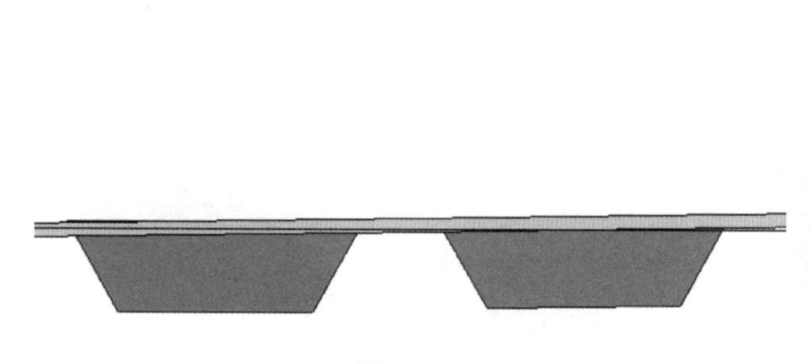

图 4-47

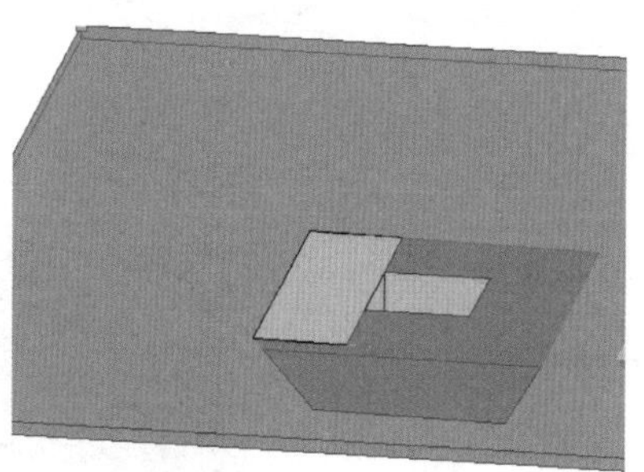

图 4-48

但是一般来说，楼板坡度不大，不会有影响；如果要求精细，只能单独处理，如使用内建模型绘制，或者再做一个内建空心，把突出来的部分剪掉。

4.10 Revit 中如何在斜墙上绘制栏杆

在实际项目中，经常会遇到如图 4-49a 所示的情况，遇到这种需要在墙上绘制栏杆的情况该怎么处理？

遇到这种情况可以根据图纸，编辑墙体轮廓，得到需要的轮廓造型。绘制如图 4-49b 所示的一面墙。

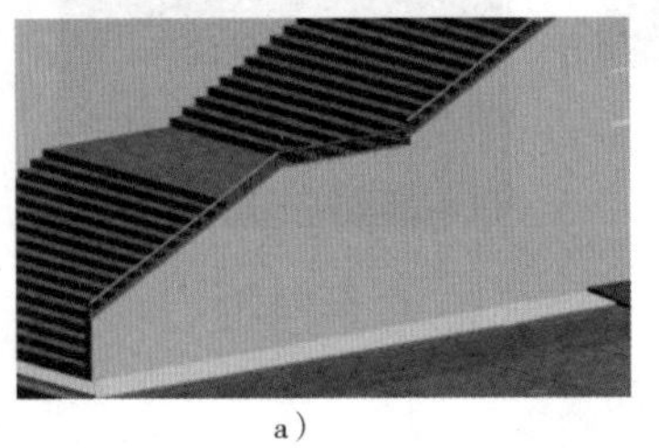

a）

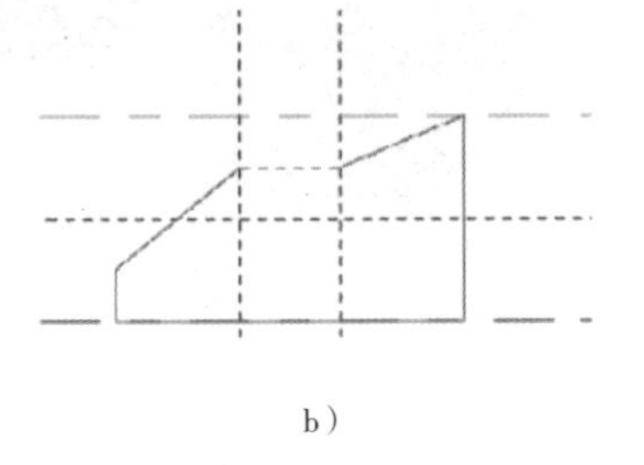

b）

图 4-49

然后进入平面选择坡道命令，测量好两段斜墙的高差及长度，在属性栏里面确定好坡道 1 的标高及宽度，单击“编辑类型”，里面把“最大斜坡长度”改为第一段斜墙的长度，把“坡道最大坡度”改为坡道 1 长度/斜墙 1 的高差的值，如图 4-50 所示。

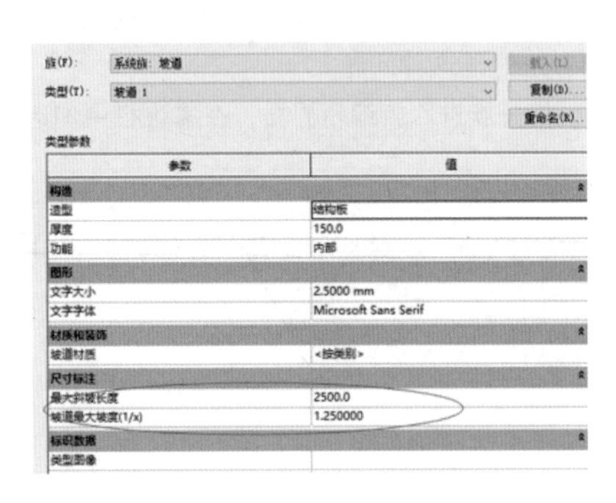

图 4-50

然后绘制第一段坡道，绘制完成后删除坡道上面的一边栏杆，把剩下的一边替换成自己想要的栏杆类型，并且移动到墙的中间，如图 4-51 所示。

按照绘制第一段坡道的方法绘制第二段坡道，但是第二段坡道需要复制一个类型，因为斜坡长度和坡道最大坡度是不相同的，如图 4-52 所示。

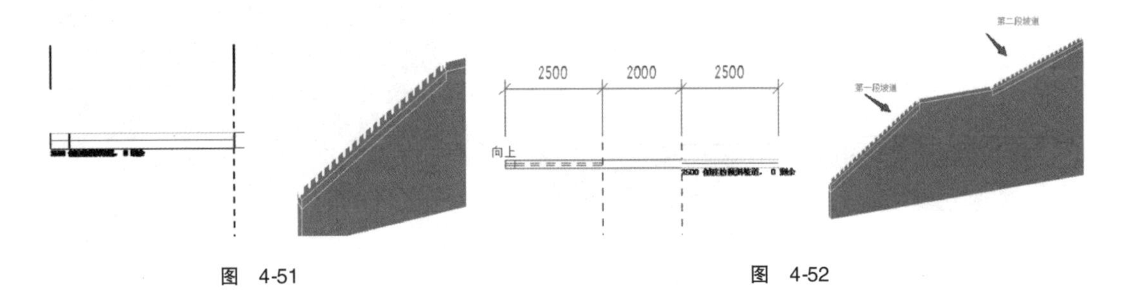

图 4-51

图 4-52

最后绘制中间段的栏杆，使用普通的绘制栏杆扶手命令绘制路径就可以了，注意调好标高。绘制完成后把两个坡道永久隐藏，如图 4-53 所示。

注意：这里绘制栏杆的道理就是在斜墙上面绘制一段坡道，因为栏杆扶手只能随着楼梯或者坡道倾斜，实际项目中绘制的时候需要确定好斜墙的高差及长度。

Revit 2018 版本之后栏杆扶手功能有了很大提升，包括可以绘制带有坡度的栏杆扶手，读者可以自行研究，而此方法虽然笨拙但也不失为一种可选用的方式。

图 4-53

4.11 Revit 中屋顶开洞的几种简单方法

【方法一】绘制屋顶的时候直接利用绘制命令在屋顶上开洞（与墙开洞类似），如图 4-54 所示。

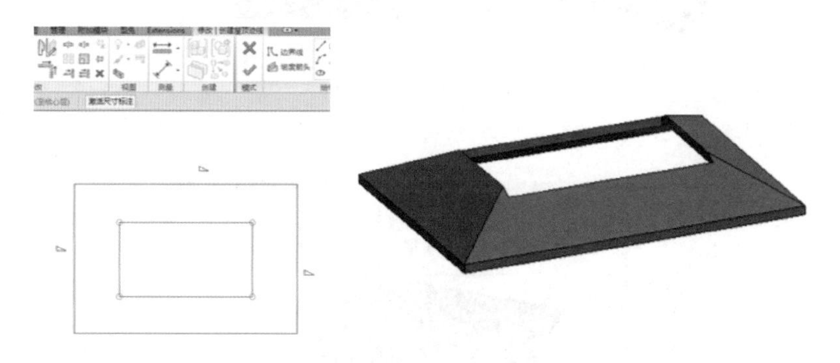

图 4-54

【方法二】绘制完屋顶，利用“建筑”→“洞口”→“按面”进行屋顶开洞，如图 4-55 所示。

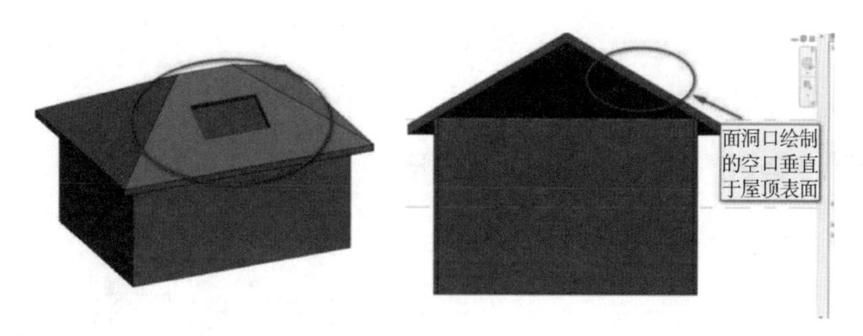

图 4-55

【方法三】绘制完屋顶，利用“建筑”→“洞口”→“竖井”进行屋顶开洞，如图 4-56 所示。

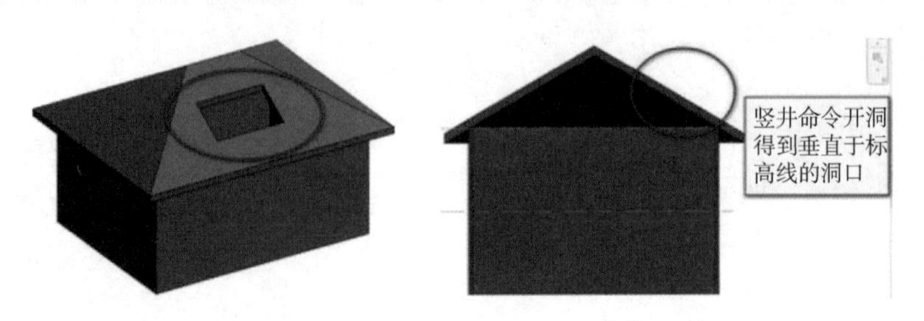

图 4-56

【方法四】绘制完屋顶，利用“建筑”→“洞口”→“垂直”进行屋顶开洞，如图 4-57 所示。

图 4-57

【方法五】绘制完屋顶，利用“建筑”→“洞口”→“老虎窗”进行屋顶开洞，如图 4-58 所示。

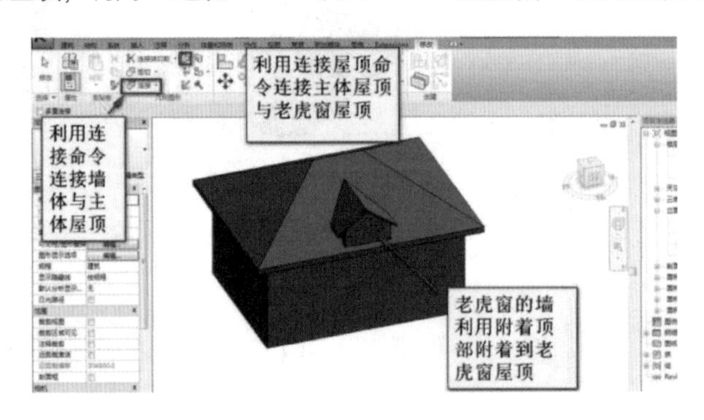

图 4-58

以上是几种简单的开洞方式，在实际项目中可灵活应用。

4.12 Revit 中坡道命令解析

创建坡道，单击“建筑”选项卡→“楼梯坡道”面板→（坡道），如图 4-59 所示。

单击“创建坡道草图”选项卡→“工具”面板→“栏杆扶手类型”。在“扶手栏杆”对话框中根据实际需要设置，单击“默认”，可选择栏杆扶手种类，选择踏板时扶栏落在踏板上，选择楼梯边梁则扶栏为悬空状态。

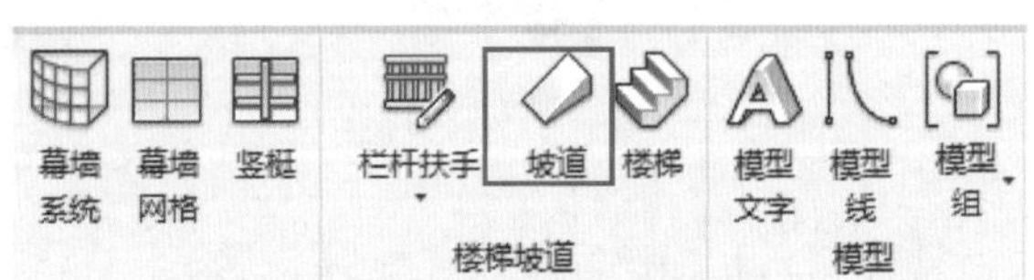

图 4-59

“坡道”属性对话框中坡道高度为底部与顶部之间的距离，“文字向上（或向下）”是指定文字为向上（或向下），“向上（或向下）标签”是指向上（或向下）的文字是否显示。“在所有视图中显示向上箭头”选择箭头方向是否向上，宽度为坡道宽度。如图 4-60 所示。

“类型属性”对话框，如图 4-61 所示。

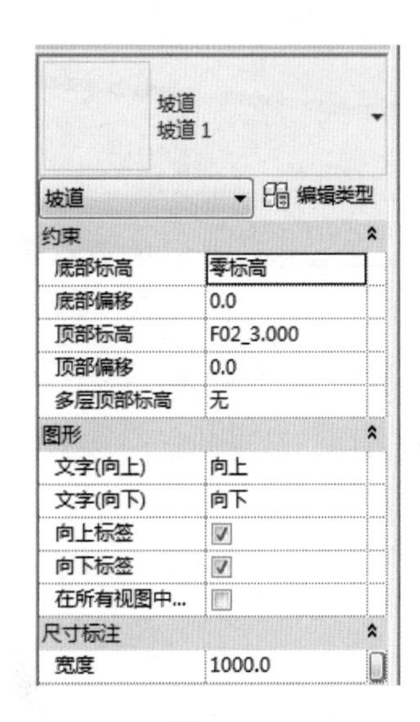

图 4-60

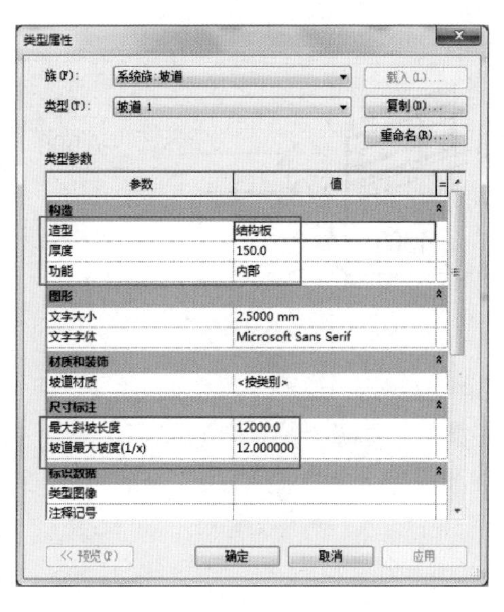

图 4-61

“类型属性”对话框中，“厚度”为坡道的结构板厚度。“最大斜坡长度”为斜坡投影长度，设置范围。

坡道影响因素为最大斜坡长度（$1/X$）和坡道最大坡度。坡道最大坡度理解如图 4-62 所示，值为 X。

理论关系：$H=$ 室内标高 − 室外标高

$$\tan\theta = H/L = 1/X$$

$$X = L/H$$

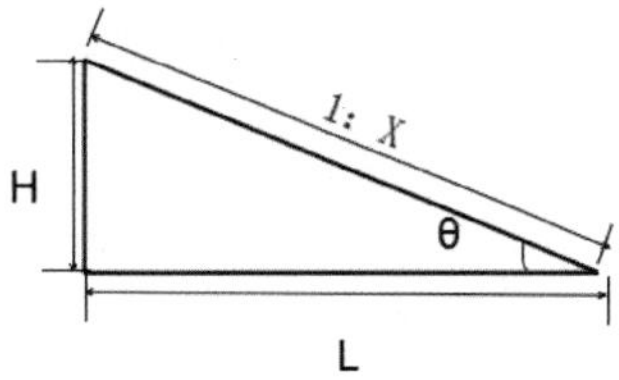

图 4-62

示例：当最大斜坡（$1/X$）中的“X”为 3，结构厚度为 150mm，室内外高差 500mm，宽度为 1000mm，则根据公式可得长度 L 为 1200mm，如图 4-63、图 4-64 所示。

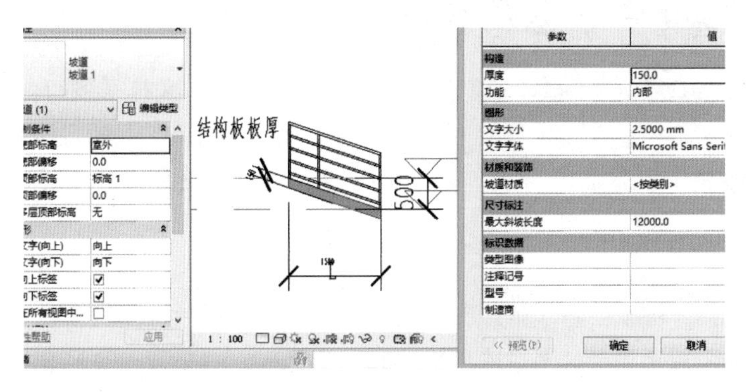

图 4-63

扩展：同样条件下要改变坡道的长度是通过线条的拉动和拖拽，此时不满足公式，同时会提示剩余多少 mm。

造型中可选择结构板和实体，实体为完全填充状态，“结构板”的板厚由“厚度”决定，如图 4-65 所示。

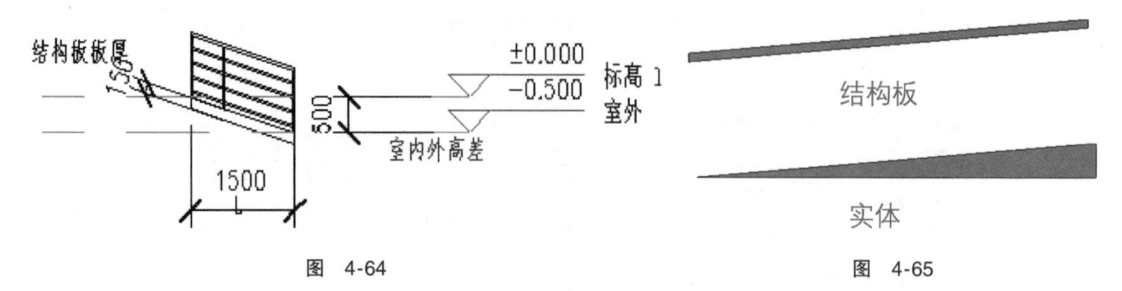

图 4-64　　图 4-65

坡道草图组成部分：边界（绿色）、踢面（黑色）、坡道中心线（蓝色），如图 4-66 所示。

按上述设置好，选择“梯段”制即可。

绘制直线和曲线组合的坡道方法，如图 4-67 所示。

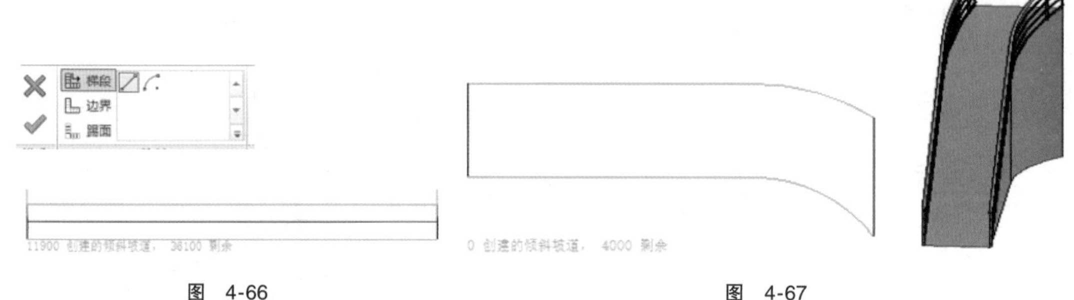

图 4-66　　图 4-67

绘制方法：单击边界线，用“直线”和“起点-终点-半径弧”绘制，点击拾取线，偏移所需的宽度，再用两段踢面线形成封闭轮廓，完成草图。

注意：绘制这类坡道不用再设置属性栏中的宽度，偏移宽度取代了宽度，即宽度与实际宽度值不一定相同。

4.13 Revit 中坡道及其坡道梁的绘制

当我刚开始接触到坡道的时候，感觉无处下手，知道是什么样子的可是就是不懂怎么绘制，请教了某一前辈，前辈传授了“楼板—修改子图元”的方法，我暂且按此方法操作，可是事后细想那个命令觉得不是最佳方法，因为系统有“坡道”命令，这个更为便捷。绘制步骤如下：

1. 坡道板绘制

首先找到一套图，图纸中含坡道板图、坡道剖面图和坡道大样图，如图 4-68 所示。

根据坡道大样图算出每节坡道的底部标高和顶部标高，具体算法是高差 = 坡度/100% × 距离，知道其中一个标高就可以求出来另外一个标高了。

根据算出的标高绘制坡道，完成后如图 4-69 所示。

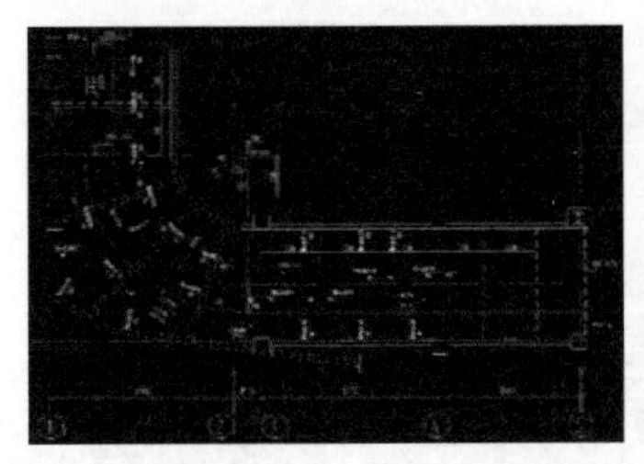
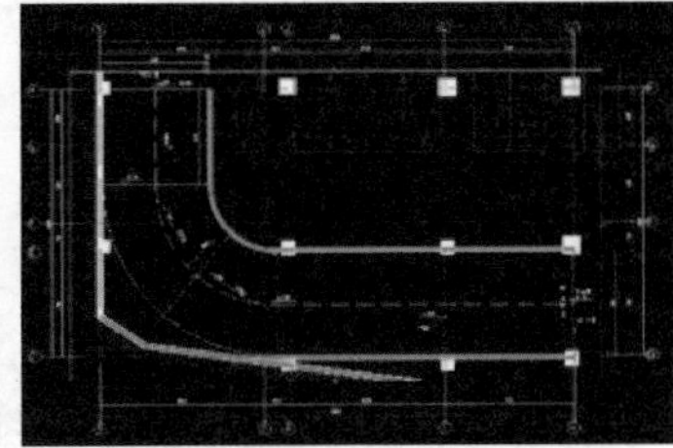
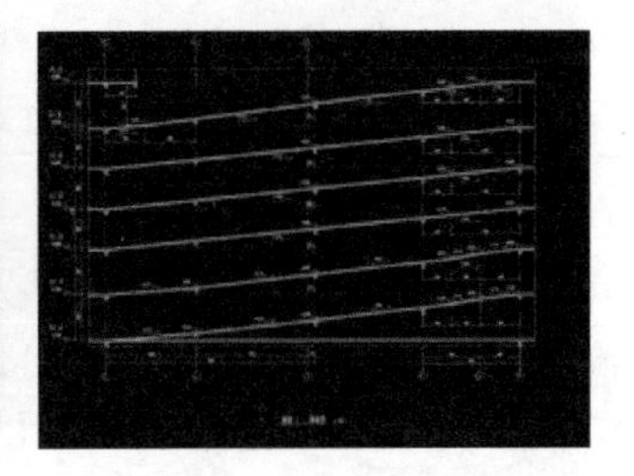

图 4-68

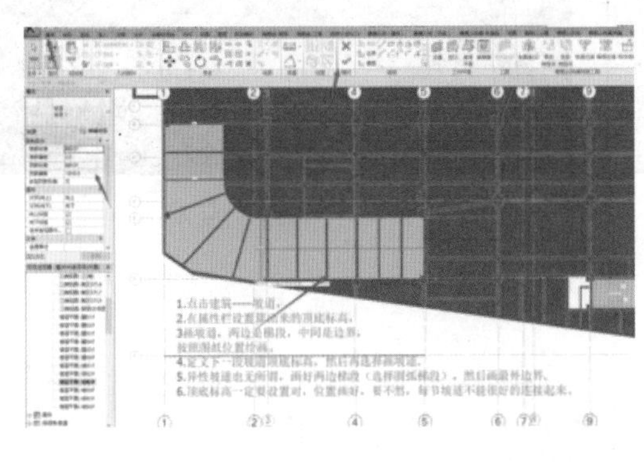
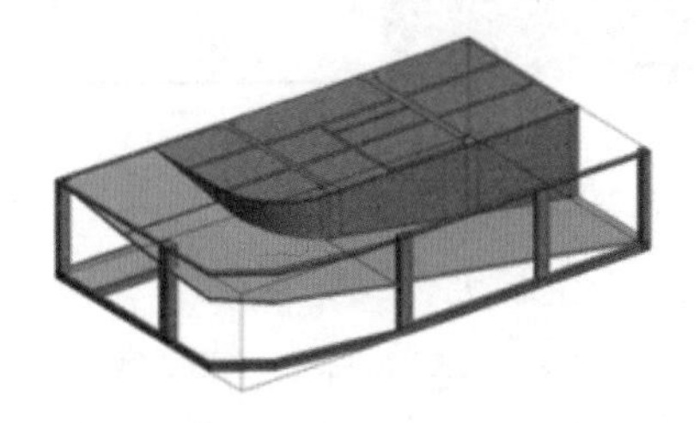

图 4-69

2. 坡道梁的绘制

将梁图处理并导入项目中，如图 4-70 所示。

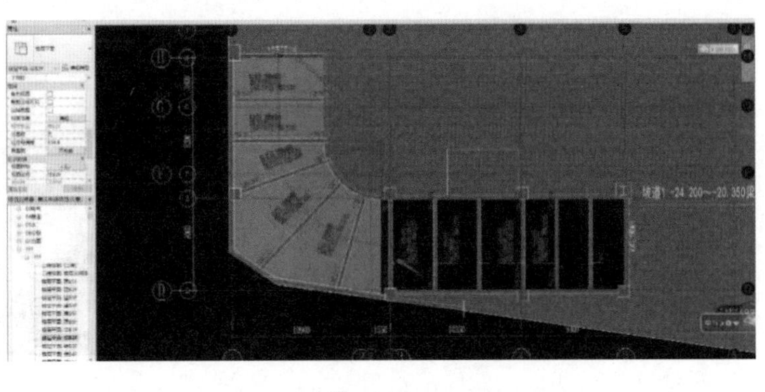

图 4-70

3. 快速高效绘制梁的方法（讲述的插件均不免费，但可以试用）

【方法一】红瓦科技的建模大师插件——“梁转化”，如图 4-71 所示。

最后单击生成构件。那个没有高度的梁是因为图纸中有楼层梁，所以才会产生这样的原因，到时候删除即可。

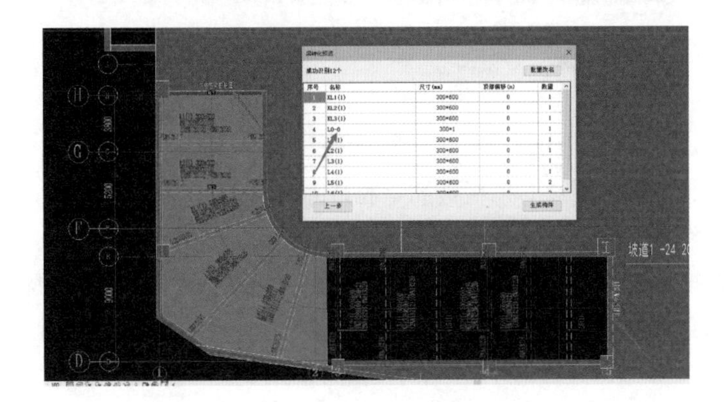

图 4-71

【方法二】上海比程的 isbim 模术师——“图纸生梁”命令，如图 4-72 所示。

对比发现 isbim 的准确性还是稍差一些，有些信息捕捉错误，不过它的优势在于直接就可以设置梁标高，方便快捷。

梁绘制完成，如图 4-73 所示。

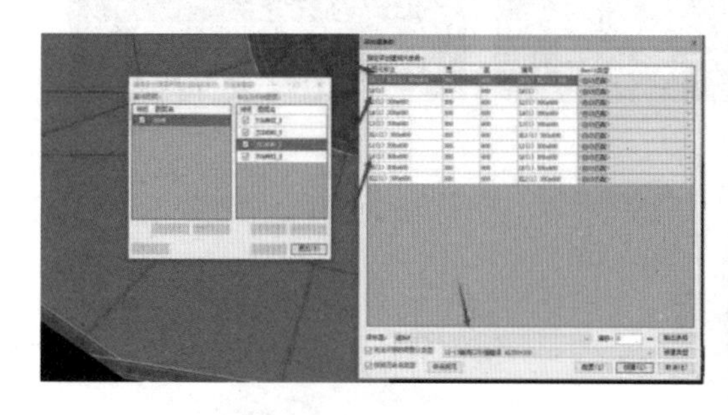

图 4-72

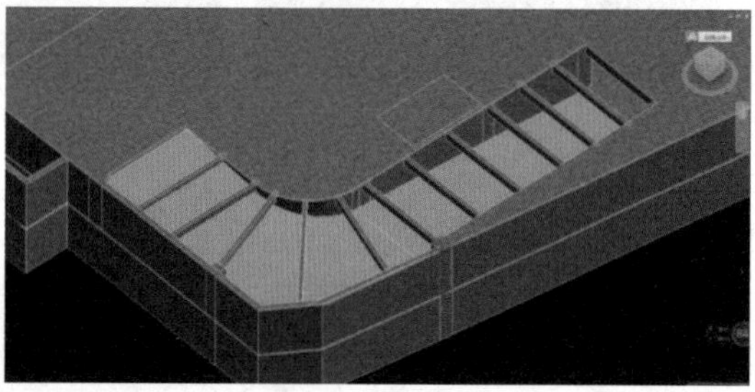

图 4-73

4. 将梁平齐梁顶

【方法一】普通传统算法：

根据图纸知晓梁顶标高，然后根据给的距离去算高度差，这样就可算出下一道梁的梁顶标高了，异形同理，先测出弧长然后算高度差，这样一个个书写，如图 4-74 所示。

【方法二】橄榄山免费版——“梁齐斜板”命令，选择多块板或者一块板，按照指示去进行操作，如图 4-75 所示。

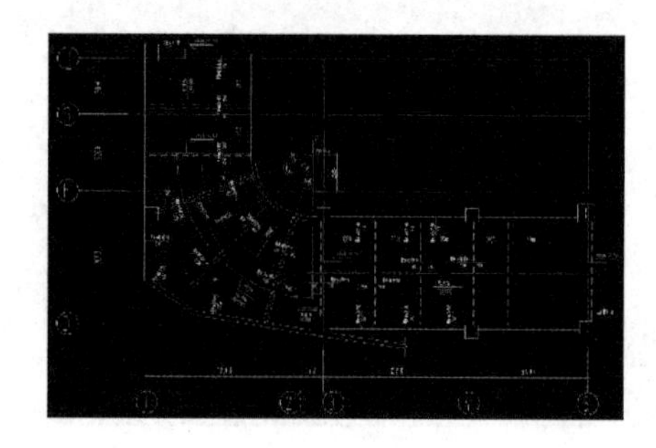

图 4-74

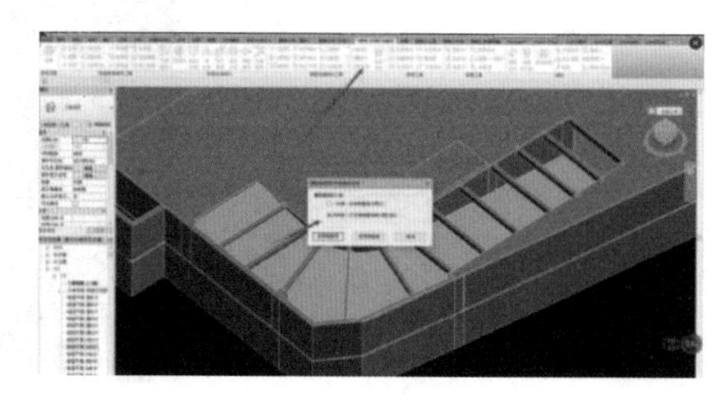

图 4-75

【方法三】isbim 土建——“梁齐板顶（底）”命令，如图 4-76 所示。

图 4-76

需要注意的是后两种方法均必须在板的平面范围内，否则就会失败，如图 4-77 所示。

而且这两个插件暂时都不支持异形坡道。

综上所述本书推荐选橄榄山的那个免费版插件，利用该插件大家都可以快速高效地建模。

最后效果如图 4-78 所示。

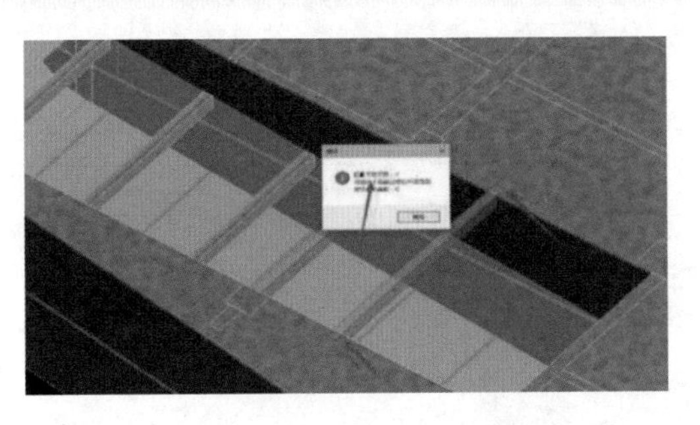

图 4-77

图 4-78

4.14 Revit 栏杆扶手中关于顶部扶栏的路径编辑

在进行栏杆扶手的绘制时，有时会遇到顶部扶栏出现端部延伸的情况，如图 4-79 所示。

遇到这种情况应该怎么处理？选中栏杆扶手，按 Tab 键切换选中顶部扶栏，然后选择任务栏中的“编辑扶栏”命令，如图 4-80 所示。

选中“编辑路径”，这样就可以绘制自己想要的扶栏末端了，如图 4-81 所示。

图 4-79

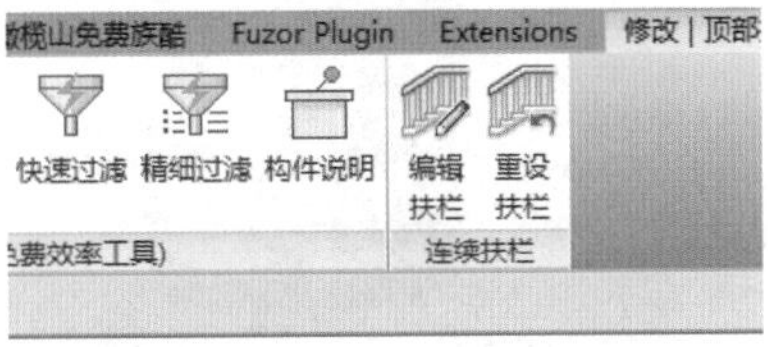

图 4-80

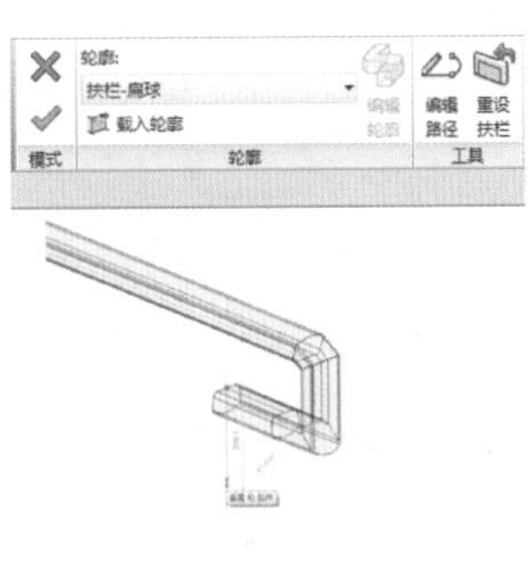

图 4-81

4.15 创建体量模型该选择模型线还是参照线

首先不管使用模型线还是参照线都能创建出体量模型，区别在于：

【区别一】绘制的参照线有三个互相垂直的工作平面，模型线不存在工作平面，如图 4-82 所示。

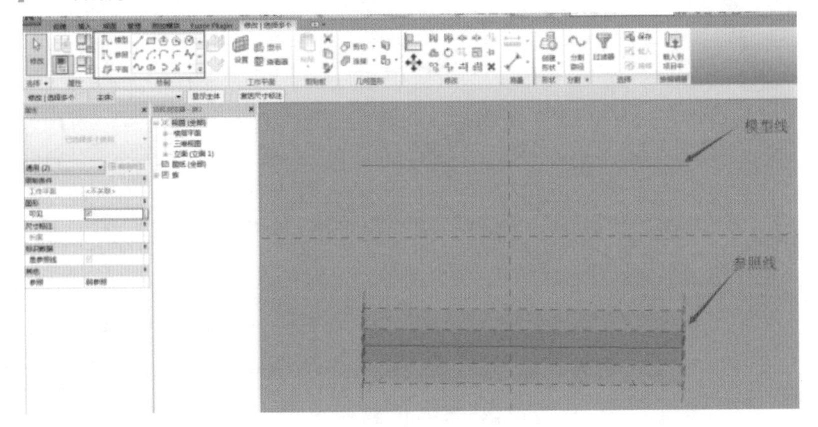

图 4-82

【区别二】生成体量模型后参照线还会存在并能控制整个形体，模型线生成体量后会自动消失，也不能对整个形态进行控制，如图 4-83 所示。

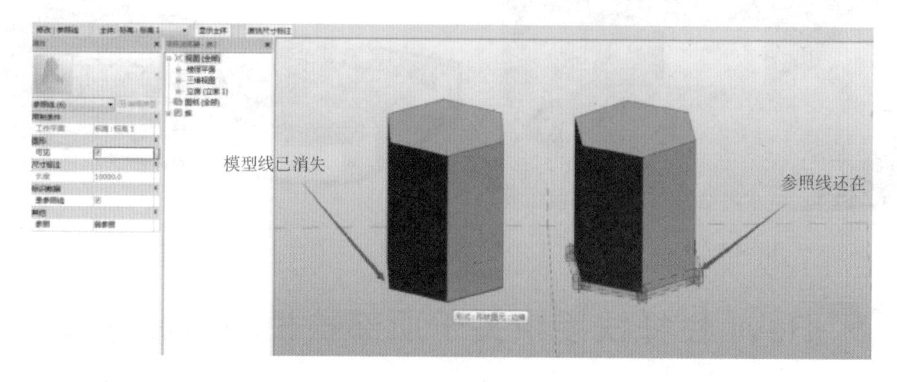

图 4-83

【区别三】模型线生成的形体会形成一个自由编辑的点，更方便对形体进行修改，但参照线生成的形体形成的点很难控制，只能拖拽改变形状，如图 4-84 所示。

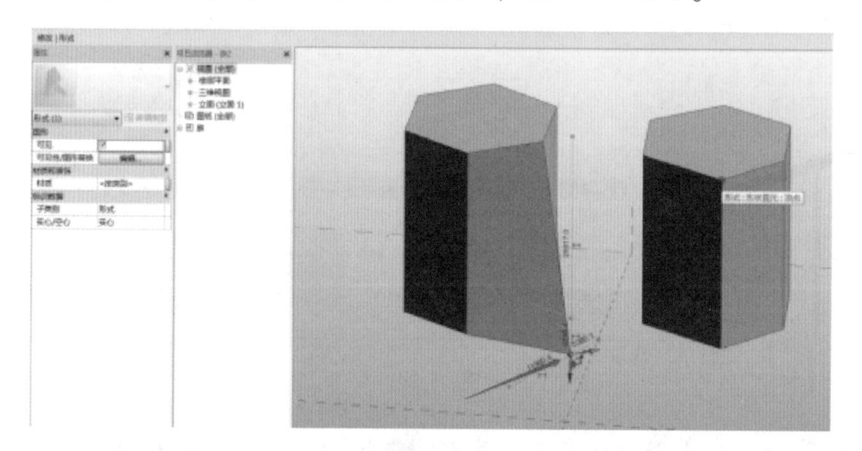

图 4-84

【区别四】当绘制闭合的几何图形创建形状时，参照线可以创建实体或者平面，模型线只能创建出实体，如图 4-85 所示。

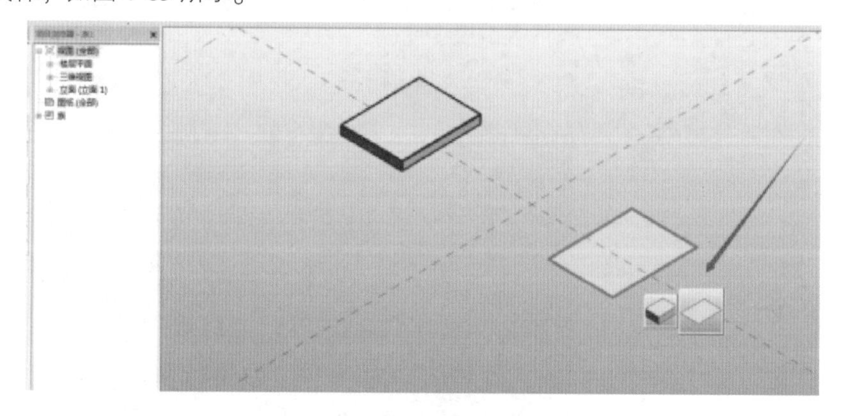

图 4-85

【区别五】如果只是绘制模型线或者参照线不创建形状，载入到项目中，模型线可以在任何视图中显示，参照线不会显示，如图 4-86 所示。

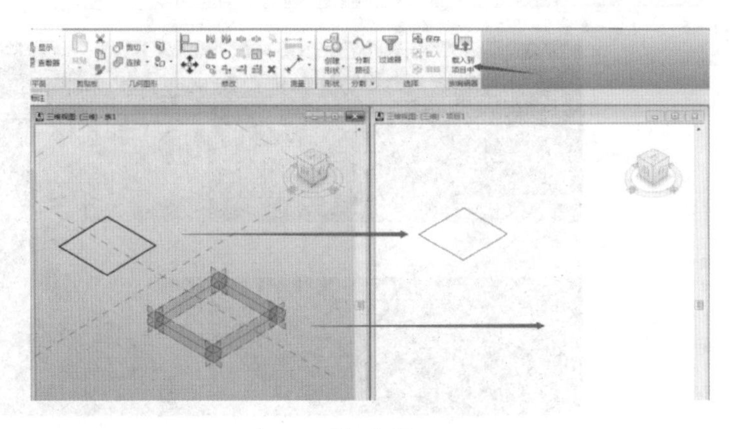

图 4-86

4.16 Revit 中关于墙连接问题

在实际项目中，由于墙连接方式多元化，需要编辑不同的墙连接。具体如下：

找到需要处理的墙连接，修改选项卡，如图 4-87 所示。

图 4-87

单击墙连接处，出现如图 4-88 所示小方框。

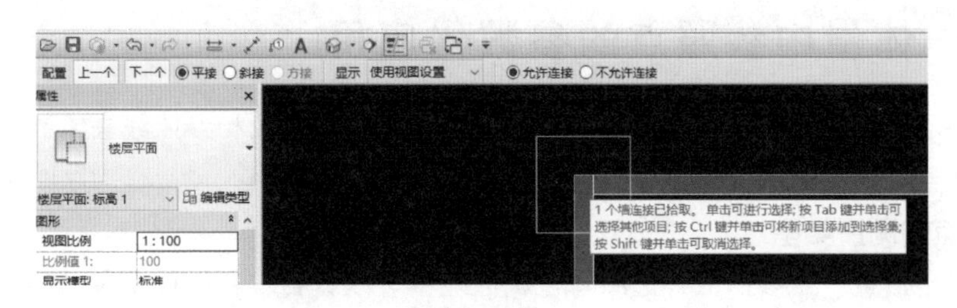

图 4-88

切换连接方式，如图 4-89 所示。

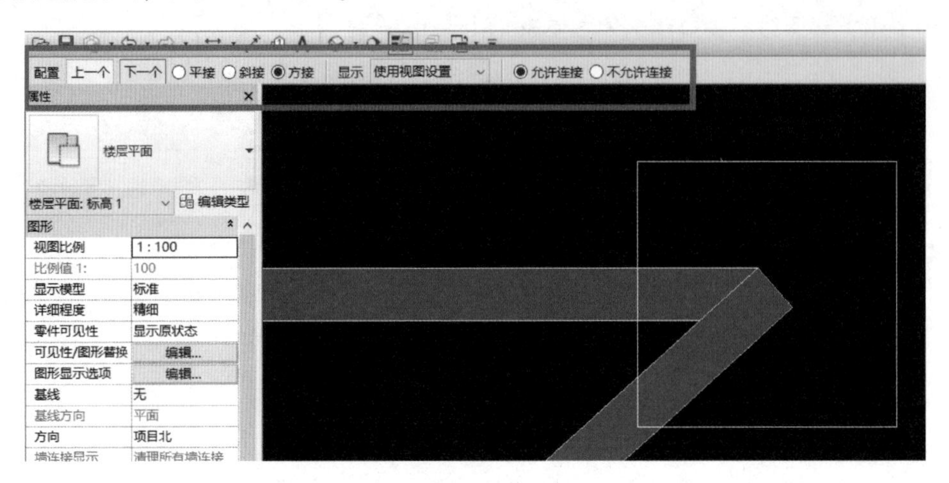

图 4-89

平接的两种方式，如图 4-90 所示。

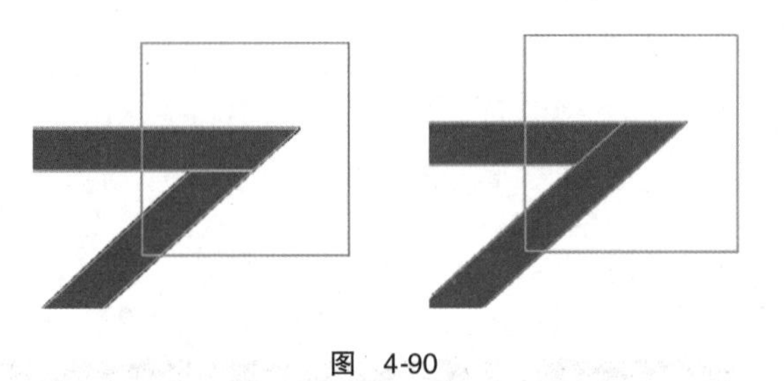

图 4-90

方接的两种方式，如图 4-91 所示。

斜接方式，如图 4-92 所示。

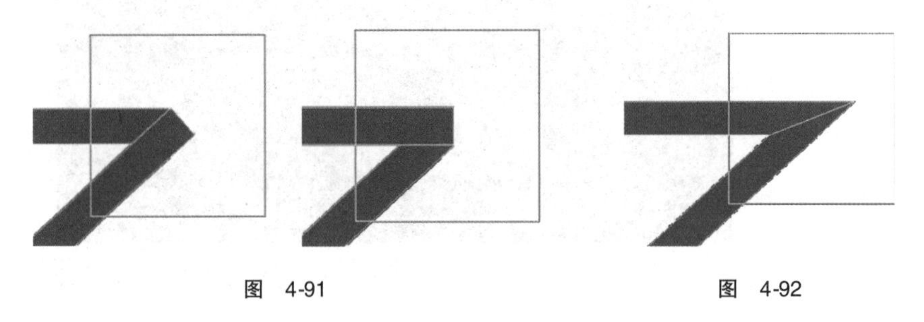

图 4-91　　图 4-92

4.17 体量中参照点的参数化应用

在新建基于公制幕墙嵌板填充图案等族时，会运用到参照点和参照线去绘制一些轮廓，以下介绍一些关于参照点的小知识。

1. 参照点的测量类型

在参照线上放置一个参照点，选中它在属性栏中可以看到它有五种测量类型，最常用的就是“规格化曲线参数”，它表示点到起始点的距离占所在线段的比例，如图 4-93 所示。

还可以为其添加参数，将其他点添加上同样的参数，它们离起始点的距离将会互相关联，随着某一个点的移动而移动，如图 4-94、图 4-95 所示。

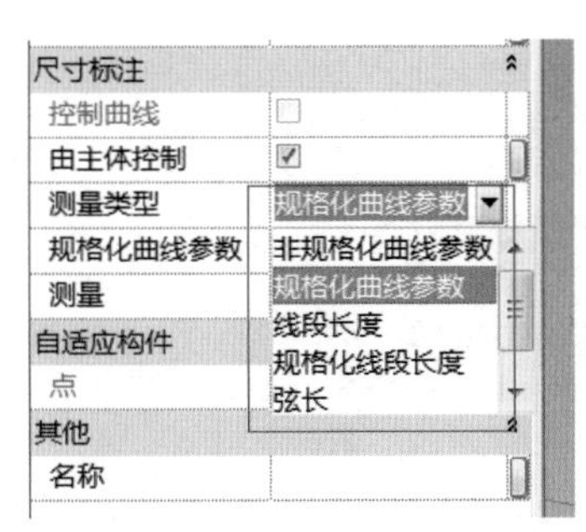

图 4-93

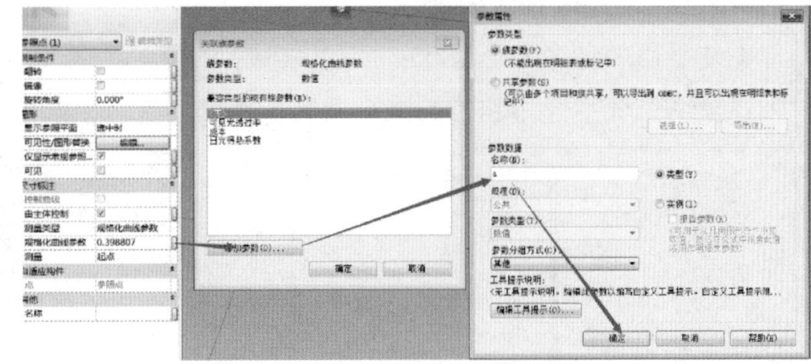

图 4-94

2. 线的交点捕捉

如果要在图 4-95 中参照线的交点放置一个点，先在线段相交处出现“交点”时放置，看看会发生什么，如图 4-96 所示。

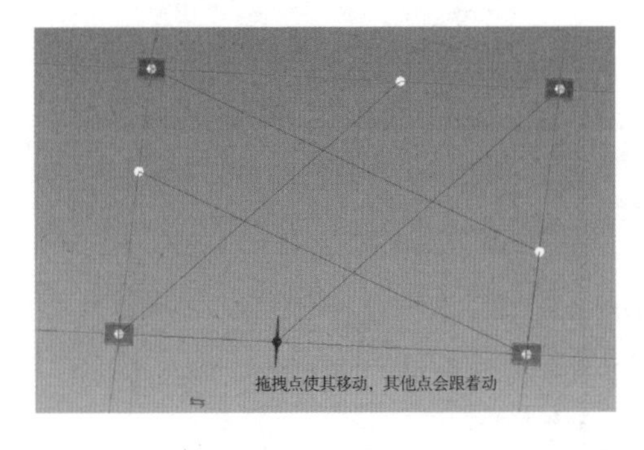

图 4-95

图 4-96

可以发现当移动参照线时，交点位置就发生了变化，之前的交点不再是交点。选中刚才的交点，单击“点以交点为主体”，再选择与所在线相交的参照线，将会自动捕捉到两条线的交点，并且随着参照线的移动而移动，如图 4-97 所示。

通过交点的参照线（模型线不可以）绘制出来的形状，会随着点的移动而均匀地变化形状，如图 4-98 所示。

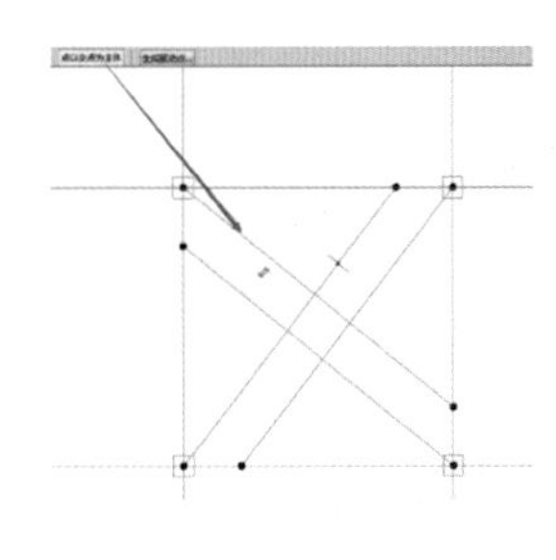

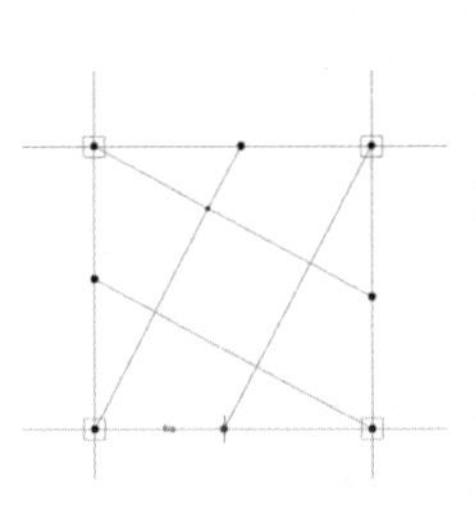

图 4-97

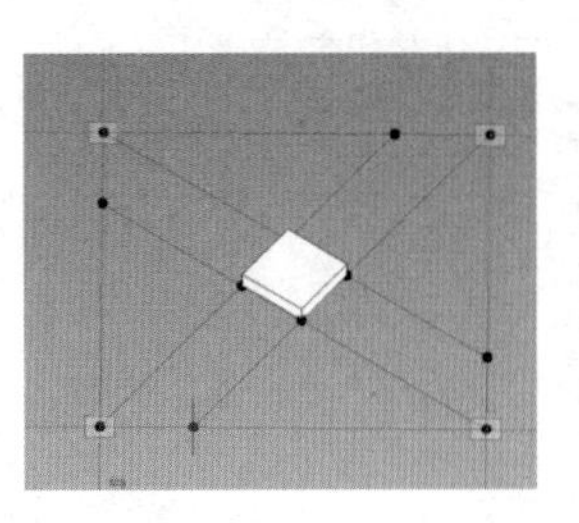

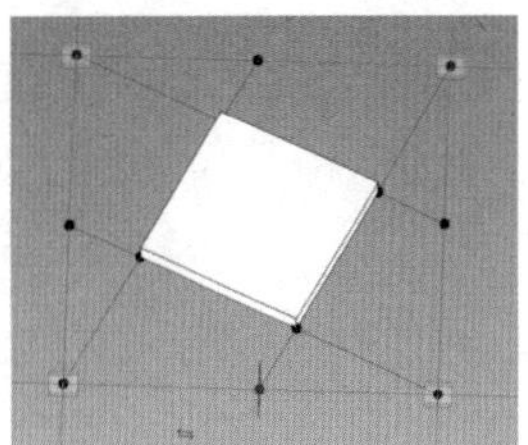

图 4-98

4.18 Revit 中明细表计算窗面积的两种方法

【方法一】明细表计算窗面积。

首先在平面中创建 8 个 2000mm × 2000mm 的窗，如图 4-99 所示。

创建窗明细表字段中包含类型、宽度、高度、合计，如图 4-100 ~ 图 4-102 所示。

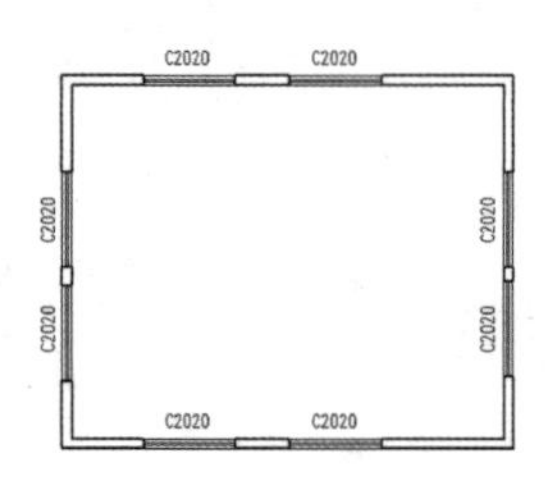

图 4-99

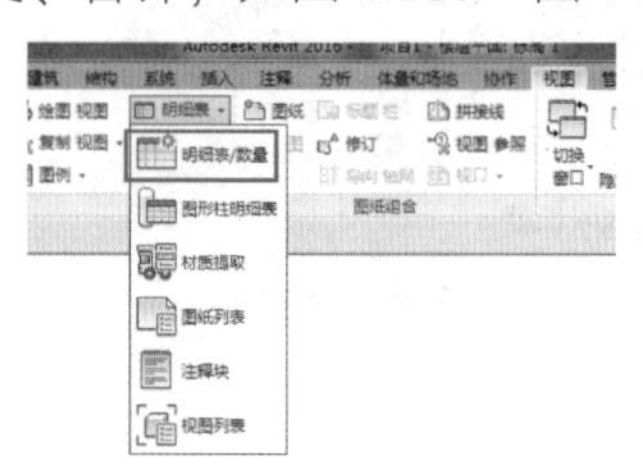

图 4-100

图 4-101

图 4-102

编辑“字段”添加参数“面积”，填写名称（注意：参数类型修改成“面积”），如图 4-103、图 4-104 所示。

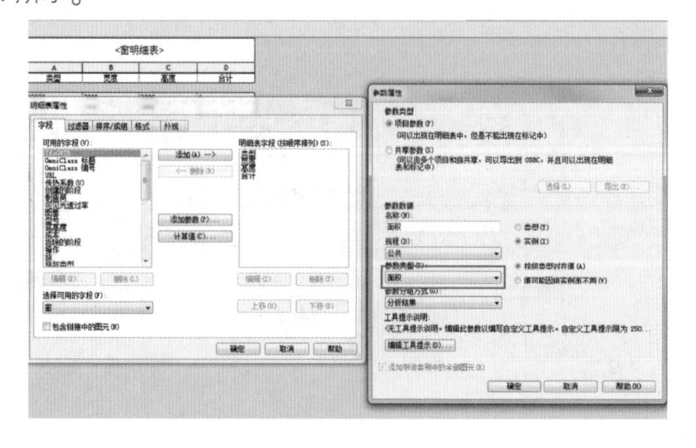

图 4-103

在明细表面积中添加公式，计算值中的类型选择面积，公式在箭头所指处添加名称，“ * ”即乘号，如图 4-105 所示。

图 4-104

图 4-105

面积单位自动为平方米，如图 4-106 所示。

【方法二】明细表计算窗面积。

编辑窗族，打开族类型添加“共享参数”，如图 4-107 所示。

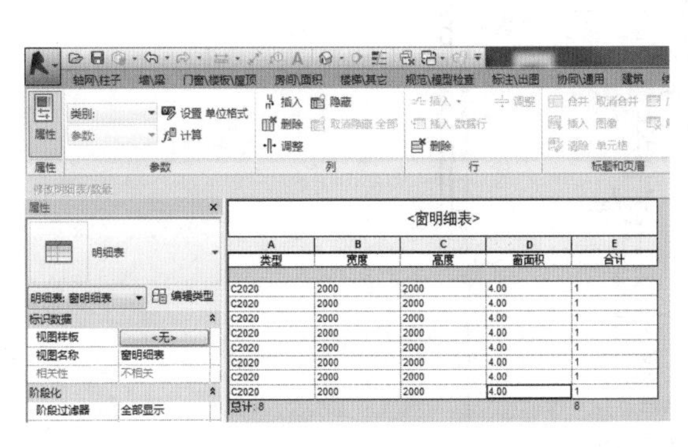

图 4-106

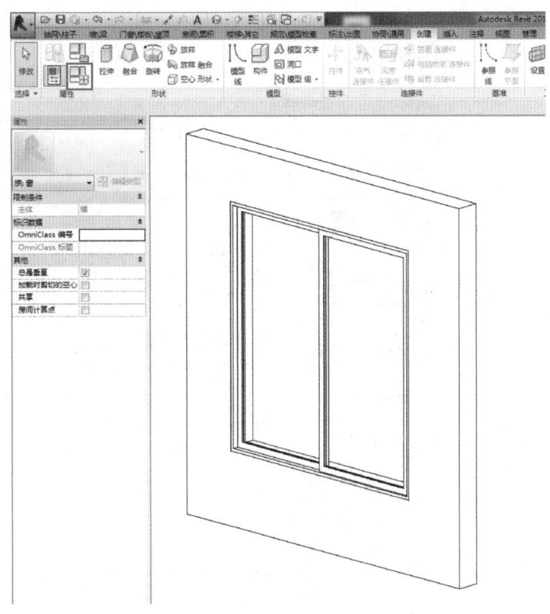

图 4-107

添加“共享参数”，参数类型改为“面积”，共享参数文件是 TXT 格式，可再次导入使用，如图4-108所示。

添加窗面积公式即：高度 × 宽度，如图 4-109 所示。

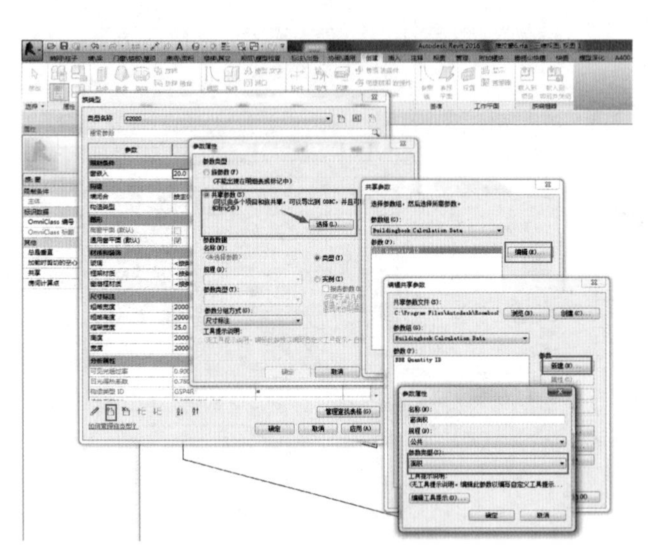

图 4-108

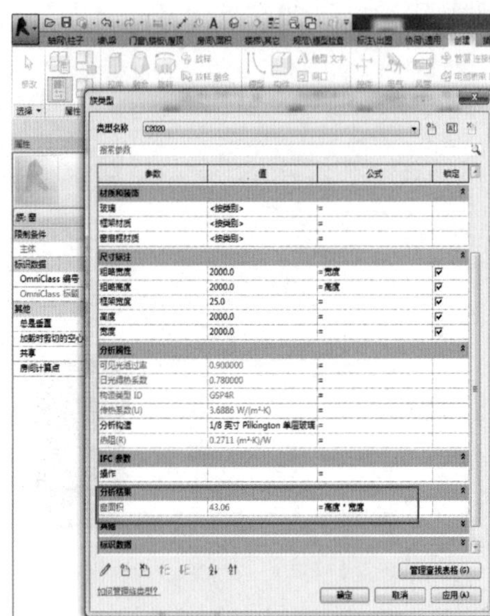

图 4-109

在“管理”选项卡中添加项目参数，“参数属性”中选择“共享参数”，如图 4-110 所示。

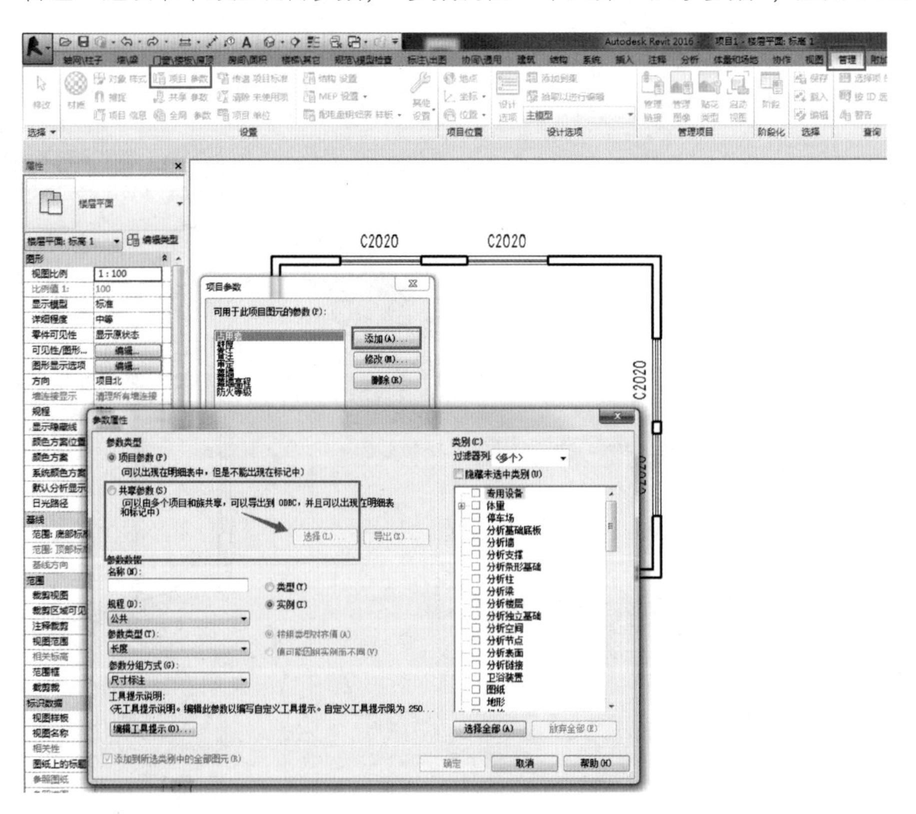

图 4-110

选择刚才所添加的共享参数“窗面积”，如图 4-111 所示。

在类别中勾选“窗”类别，如图 4-112 所示。

图 4-111

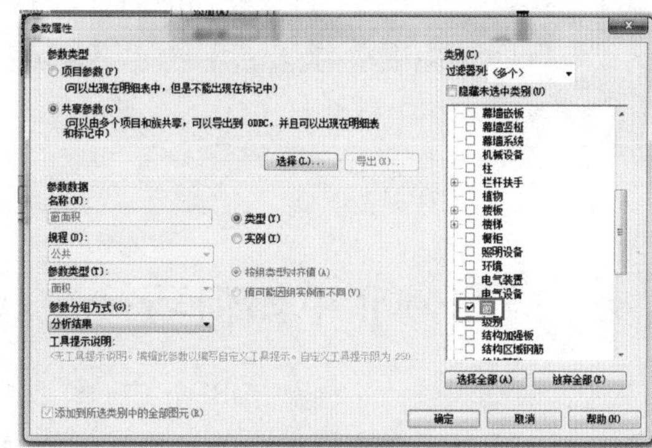

图 4-112

重新回到窗明细表中，会出现“窗面积”，添加到字段中完成，如图 4-113 所示。

【总结】本书推荐使用方法二，在族中创建参数起到了共享作用以后使用不需要重复操作，便于族库管理，如图 4-114 所示。

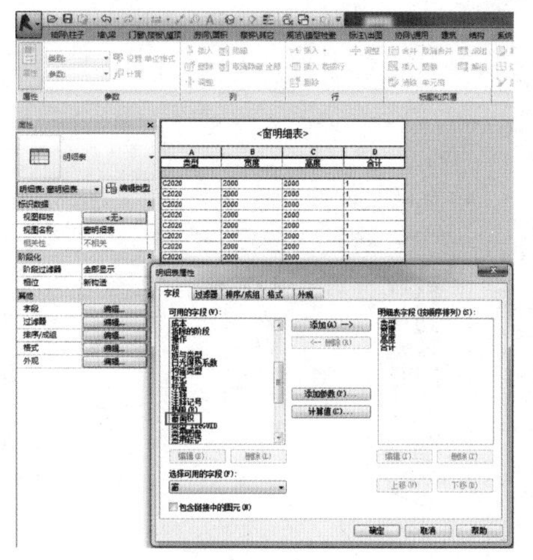

图 4-113

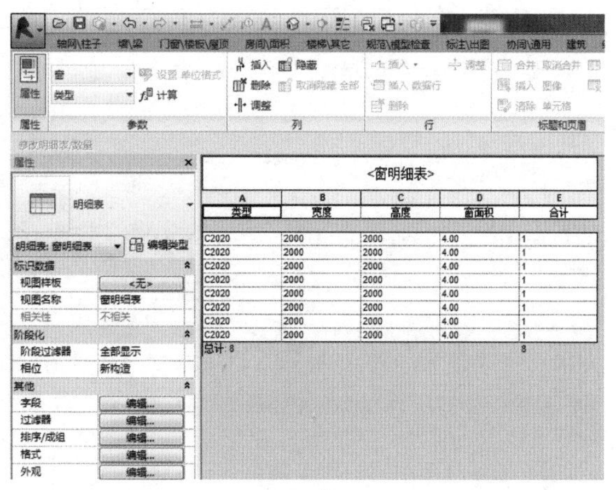

图 4-114

第5章 土建深化应用类

5.1 Revit中如何巧妙统计楼梯的体积

通过明细表统计工程量是Revit中一个比较实用的功能，但是在创建楼梯明细表的时候会发现，楼梯明细表可用字段中并没有“体积”，如图5-1所示，那怎样来统计楼梯的体积。

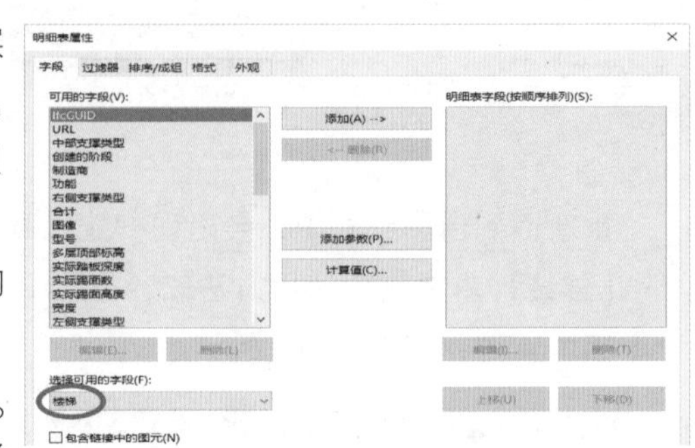

图 5-1

其实可以用材质提取明细表来提取楼梯的体积。

首先确保楼梯是有材质信息的，如图5-2所示。

然后新建一个材质提取明细表，类别选择“楼梯”，如图5-3所示。

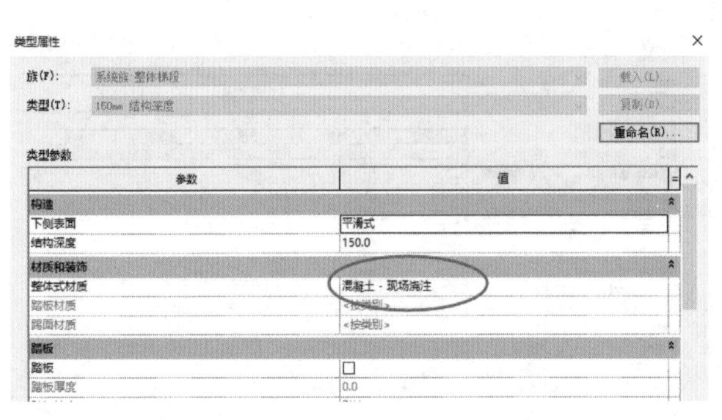

图 5-2

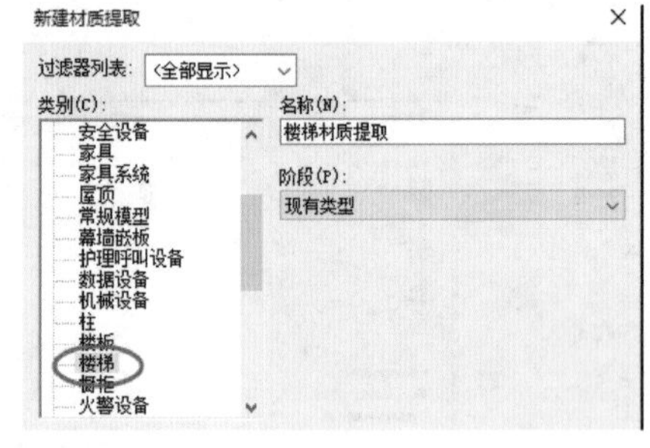

图 5-3

然后使用明细表里的材质提取明细表，选择材质提取里的“材质：名称”和“材质：体积”字段，如图5-4所示。

这样就可以利用材质的体积而巧妙地统计出楼梯的体积了，如图5-5所示。

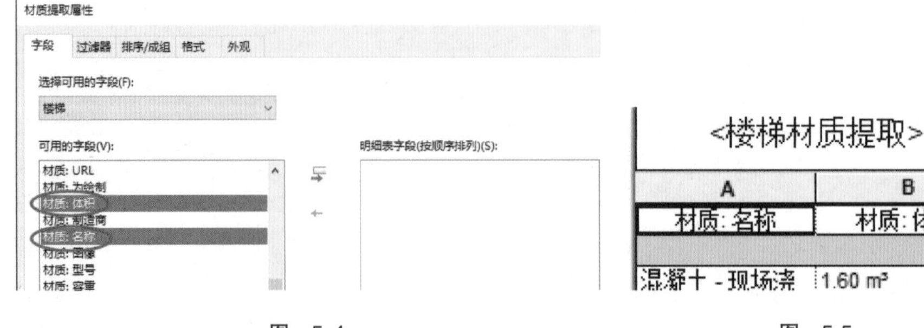

图 5-4　　图 5-5

注意：在统计的时候一定要注意材质的运用，在具体项目中相同材质的不同构件会引起计算的重复。

5.2 Revit 中运用部件功能创建大样图

在 Revit 中使用剖面的方法出大样图的时候，需要对其他不需要的项目进行隐藏处理，当视图中其他项目过于繁多，就会很麻烦。大样图标注好后，如果在项目中添加了其他的项目，需要再重新点到视图中对不需要的项目进行隐藏，更麻烦。

下面给大家介绍一种使用部件工具来处理大样图的方法。

以空调位大样图为例，选中需要做空调位大样图所需要显示的各个部位，然后单击修改面板中的创建部件工具，如图 5-6 所示。

在弹出来的对话框中输入类型名称，如空调位大样图；选择类别，单击确定。如图 5-7 所示。

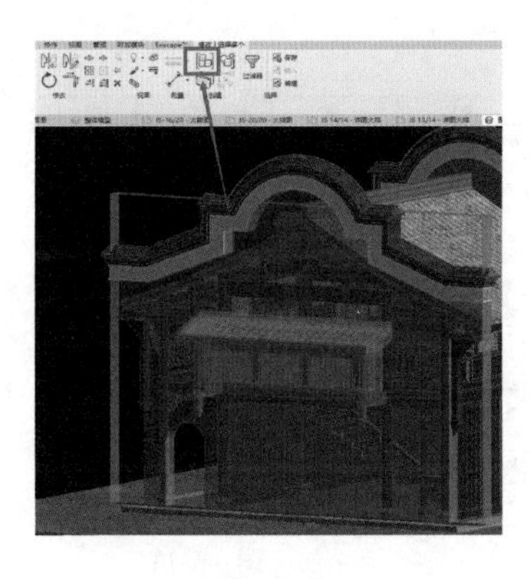

图 5-6

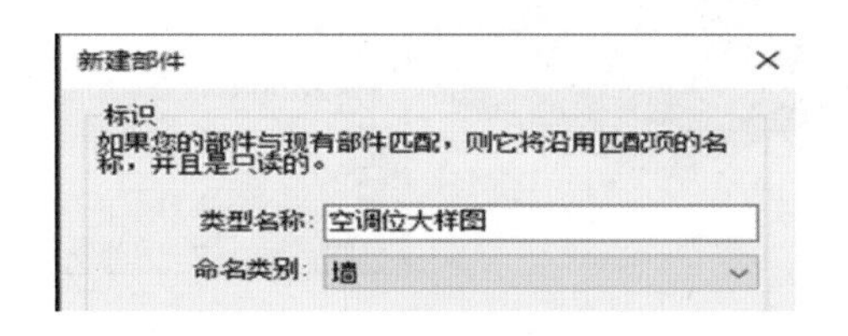

图 5-7

在项目浏览器面板中的部件栏中会有创建好的部件，单击右键→“创建部件视图”，可为选中的部件创建出各个视图，只会包含选择好的部件，然后就可以对各个视图进行标注，出大样图，如图 5-8、图 5-9 所示。

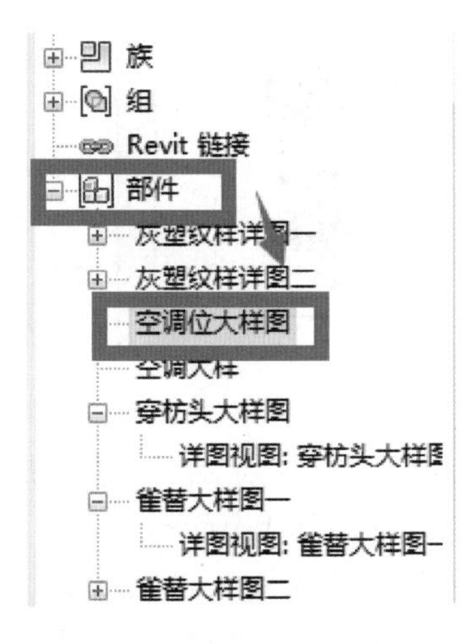

图 5-8

图 5-9

5.3 基于 Revit 的单格水池整体抗浮验算方法

水浮力的计算是地下构件设计的关键。实际工程设计当中，结构设计人员经常忽视水浮力对地下构件的影响，存在整体抗浮不足或局部抗浮不够等现象，下面给大家介绍下如何基于 Revit 软件实现整体抗浮验算。

准备矩形单格无盖水池（集水坑）构件族，主要参数为：覆土厚度、水池长度、水池底板外挑长度、水池底板厚度、水池宽度、水池侧壁高度、水池侧壁厚度、回填材料厚度，如图 5-10 所示。

补充相关材料容重参数：混凝土容重、水容重、土容重（共享参数），注意：参数类型为容重。如图 5-11 所示。

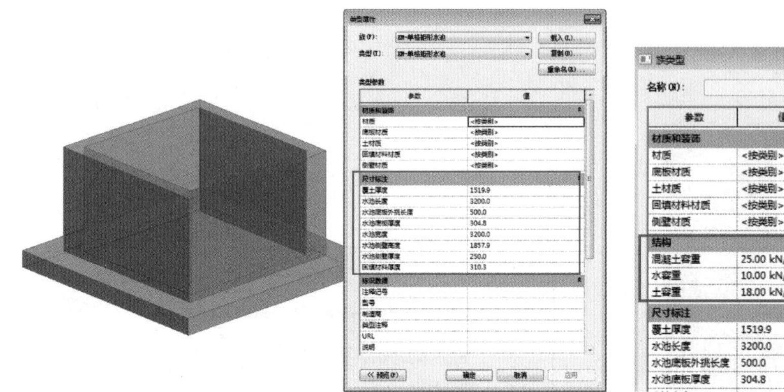

图 5-10

图 5-11

采用 Revit 软件明细表功能对各计算所需参数进行统计，如图 5-12 所示。

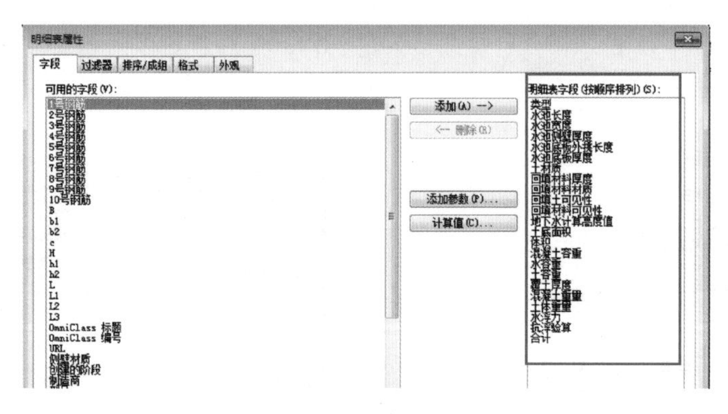

图 5-12

国家相关规范要求，自重（恒载）/水浮力≥1.05 表示抗浮满足要求，添加抗浮验算公式参数“（混凝土重量 + 土体重量）/水浮力 = 抗浮验算”，如图 5-13 所示。

设置抗浮验算结果采用显色颜色进行显示，红色表示计算不满足，如图 5-14 所示。

计算结果的查看，通过明细表可查询当前单格水池是否满足整体抗浮设计要求，如图 5-15 所示。

【区别五】如果只是绘制模型线或者参照线不创建形状，载入到项目中，模型线可以在任何视图中显示，参照线不会显示，如图 4-86 所示。

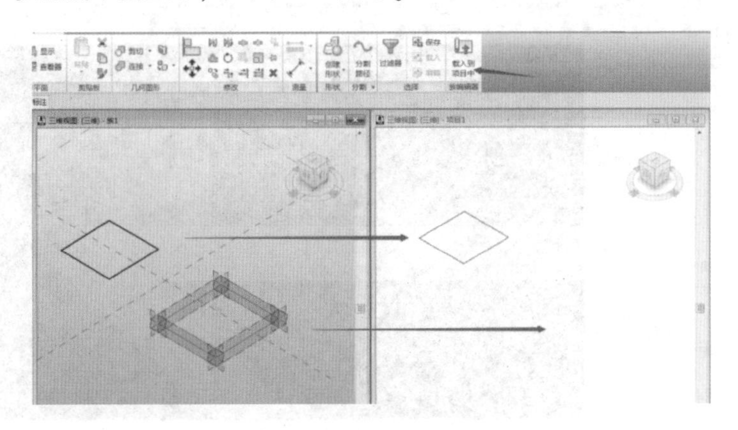

图 4-86

4.16 Revit 中关于墙连接问题

在实际项目中，由于墙连接方式多元化，需要编辑不同的墙连接。具体如下：

找到需要处理的墙连接，修改选项卡，如图 4-87 所示。

图 4-87

单击墙连接处，出现如图 4-88 所示小方框。

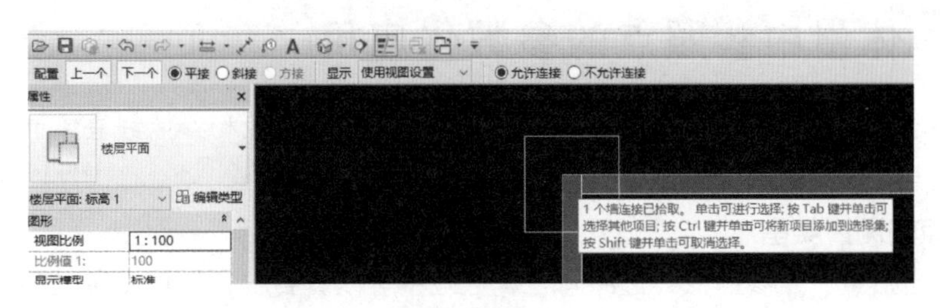

图 4-88

切换连接方式，如图 4-89 所示。

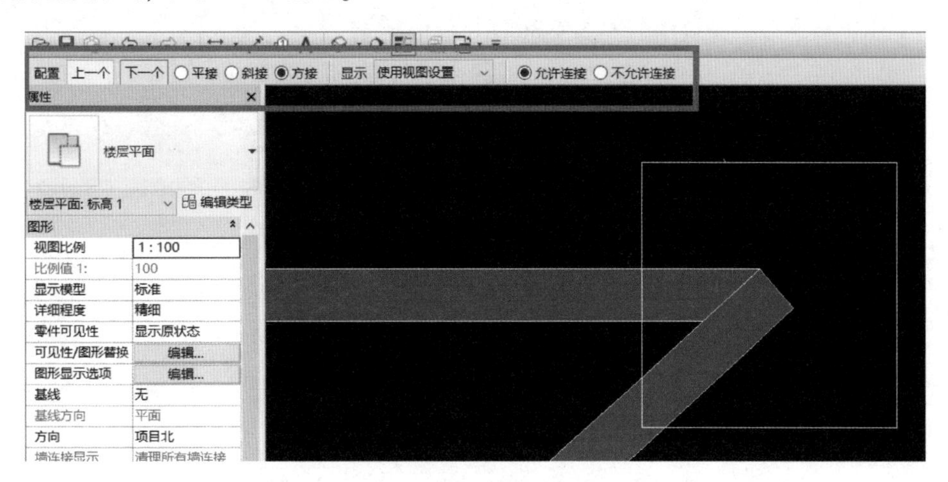

图 4-89

平接的两种方式，如图 4-90 所示。

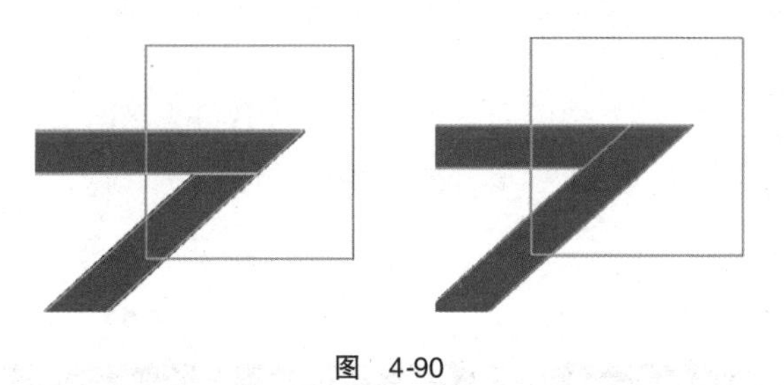

图 4-90

方接的两种方式，如图 4-91 所示。

斜接方式，如图 4-92 所示。

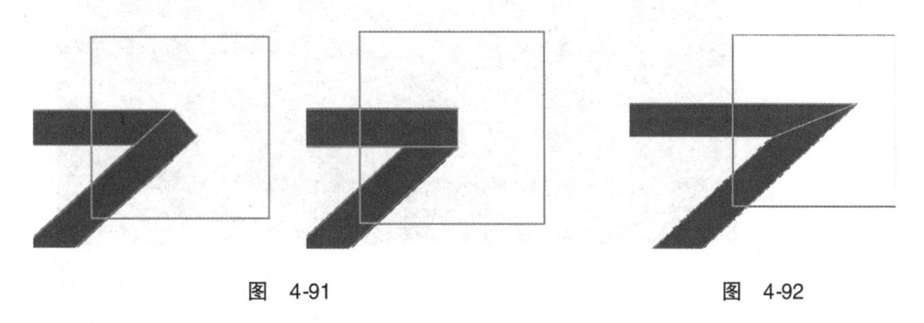

图 4-91　　　　图 4-92

4.17 体量中参照点的参数化应用

在新建基于公制幕墙嵌板填充图案等族时，会运用到参照点和参照线去绘制一些轮廓，以下介绍一些关于参照点的小知识。

1. 参照点的测量类型

在参照线上放置一个参照点，选中它在属性栏中可以看到它有五种测量类型，最常用的就是“规格化曲线参数”，它表示点到起始点的距离占所在线段的比例，如图 4-93 所示。

如图 5-23 所示；设置测量类型为“规格化曲线参数”，并设置初值，如图 5-24 所示。

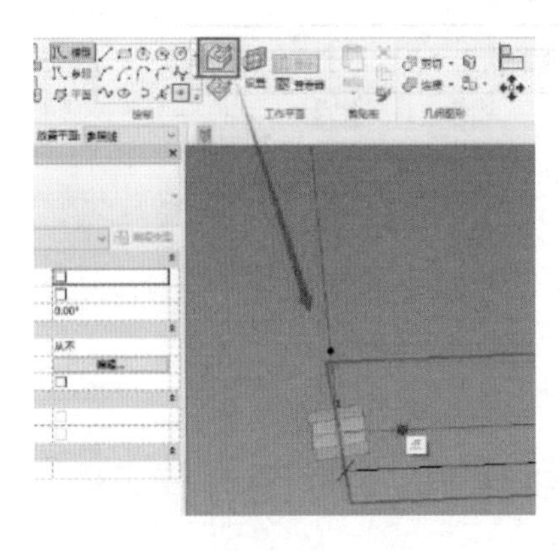

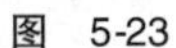

图 5-23

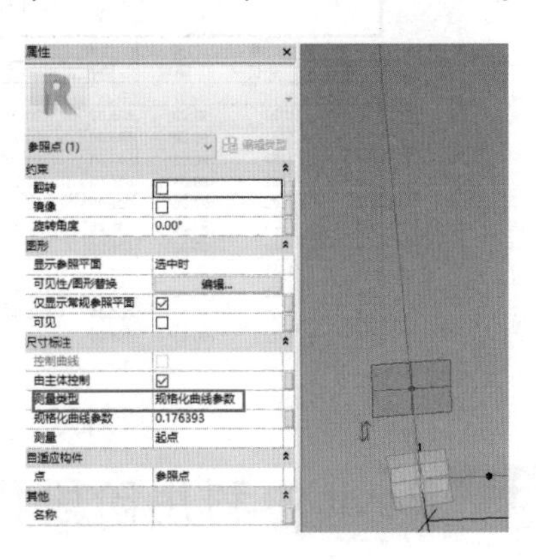

图 5-24

参照线上两点与顶点，分别两两生成参照线，选择三边生成面，如图 5-25、图 5-26 所示。

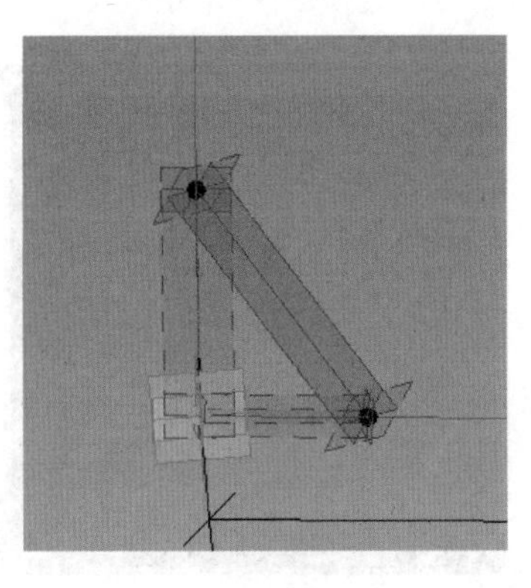

图 5-25

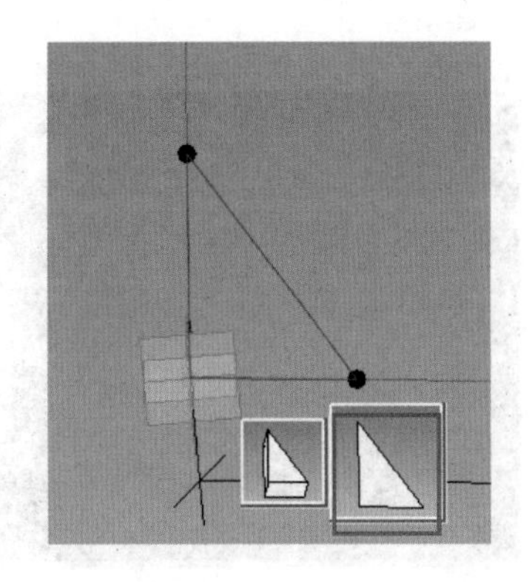

图 5-26

设置工作平面为该三边生成的面，添加角度标注并关联参数，如图 5-27、图 5-28 所示。

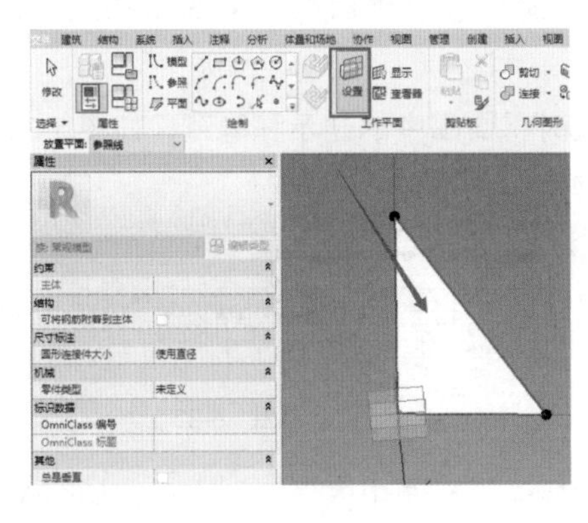

图 5-27

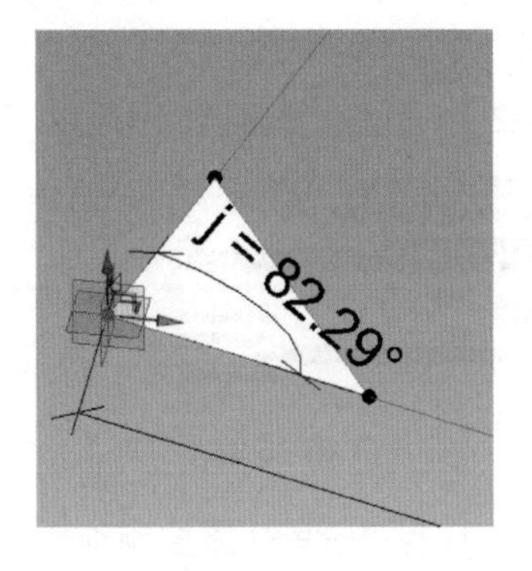

图 5-28

【总结】不在同一条直线上的三点确定一个平面，其中另外两个点又在边上，所以在该工作平面的角度标注，将始终标注该夹角。

新建明细表，添加需要的字段，最终下料表如图 5-29 所示。

<非标幕墙嵌板下料单>								
A	B	C	D	E	F	G	H	I
编号	边长一	角12	边长二	角23	边长三	角34	边长四	合计
1-A	1221	90.00°	605.00	90.00°	1241	88.05°	605.35	1
1-B	1241	90.00°	605.00	90.00°	1262	88.05°	605.35	1
2-A	1262	90.00°	605.00	90.00°	1282	88.05°	605.35	1
2-B	1282	90.00°	605.00	90.00°	1303	88.05°	605.35	1
3-A	1303	90.00°	605.00	90.00°	1324	88.05°	605.35	1
3-B	1324	90.00°	605.00	90.00°	1344	88.05°	605.35	1
4-A	1344	90.00°	605.00	90.00°	1365	88.05°	605.35	1
4-B	1365	90.00°	605.00	90.00°	1385	88.05°	605.35	1
5-A	1385	90.00°	605.00	90.00°	1406	88.05°	605.35	1
5-B	1406	90.00°	605.00	90.00°	1427	88.05°	605.35	1
6-A	1427	90.00°	605.00	90.00°	1447	88.05°	605.35	1

图 5-29

5.5 Revit 中利用阶段化绘制建施战时图

【问题】利用阶段化绘制建施战时图问题提出：施工图阶段人防战时平面图与平时平面图位于同一楼层，但是图纸在同一位置表达内容有不同（图 5-30），在 BIM 的同一模型中就涉及构件的拆除与新建。

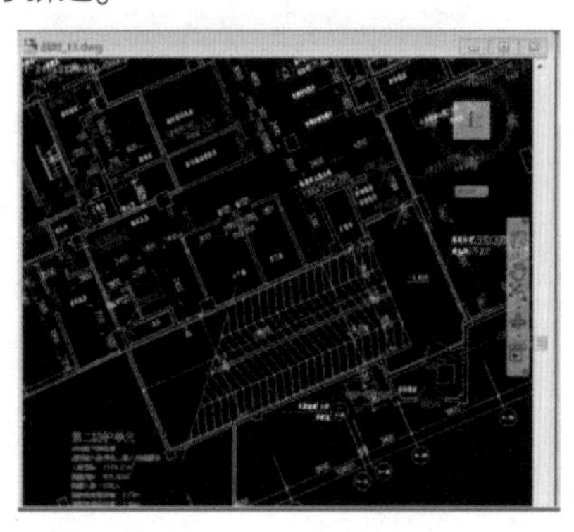

图 5-30

【问题解决】

【思路一】通过工作集来批量控制构件在平时和战时平面图中的显示和隐藏，如图 5-31 所示。

【思路二】通过过滤器控制构件在平时和战时平面图中的显示和隐藏，如图 5-32 所示。

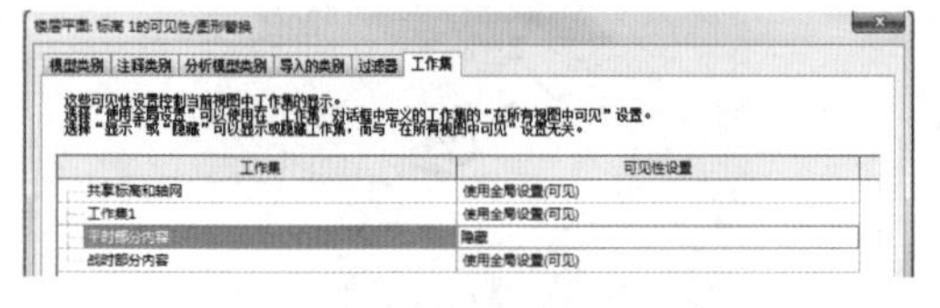

图 5-31

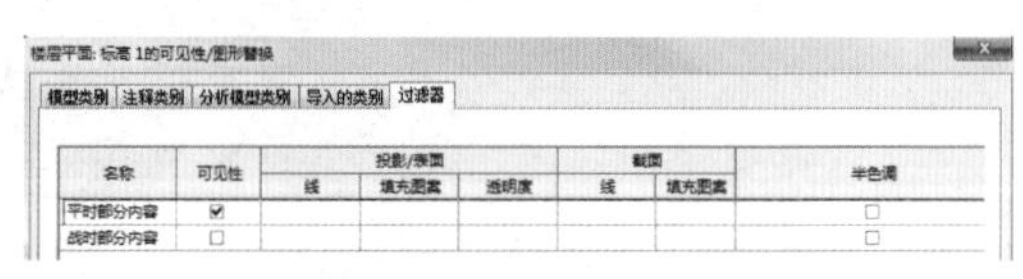

图 5-32

【思路三】利用阶段化来控制构件在平时和战时平面图中的显示和隐藏，如图 5-33 所示。

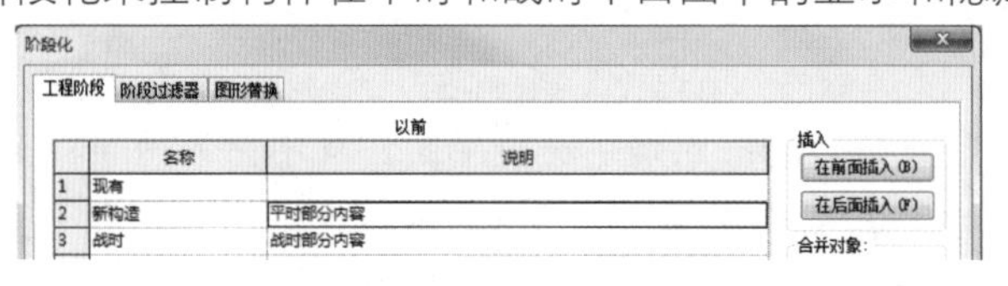

图 5-33

思路测试：

1）通过过滤器控制需要为每个构件添加注释信息区别平时和战时构件，工作量相对较大。

2）通过工作集控制需要先建立中心文件设置工作集，然后从中心文件分离并保留工作集，操作步骤相对较多。

3）利用阶段化来控制只需预先设置平时和战时的阶段，绘图时预先选择视图阶段即可，操作和后期管理相对简单。利用阶段化测试的成果如图 5-34（平时）、图 5-35（战时）所示。

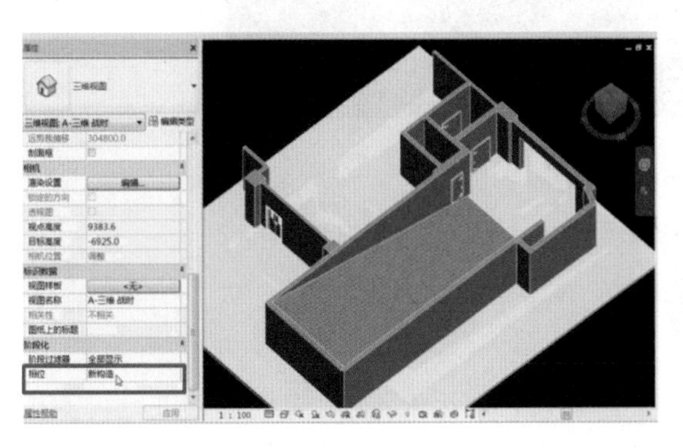

图 5-34

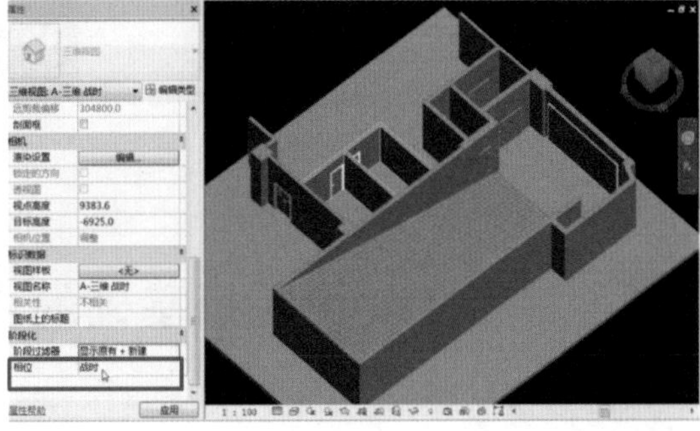

图 5-35

5.6 Revit 中挖填方量的计算

原理：通过原地形与挖填后地形的差值计算出挖填方量。

选中地形表面，在属性窗口，将“创建的阶段”改为“现有”，如图 5-36 所示。

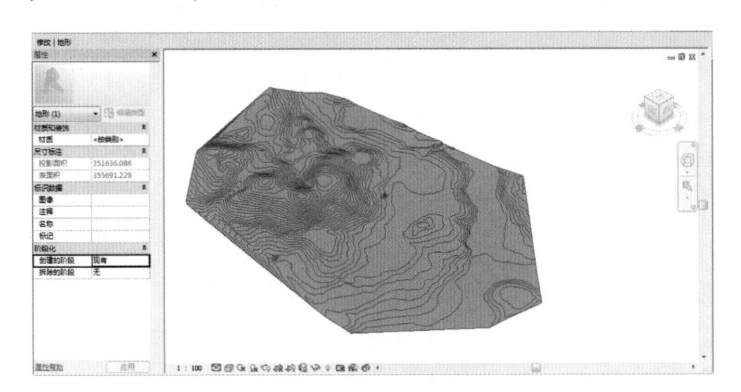

图 5-36

单击“平整区域”，在弹出的窗口选择“创建与现有地形表面完全相同的地形表面”，如图 5-37 所示。

图 5-37

选择原地形表面，创建生成一个阶段为“新构造”的地形表面，该地形处于编辑状态。按照设计的填挖方位置和标高修改相应的地形表面内部点的高程和位置，单击✔完成，如图 5-38 所示。

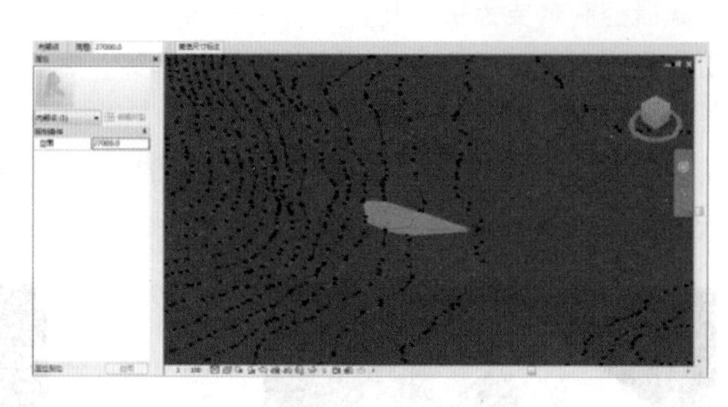

图 5-38

选中“新构造”地形表面，在“属性”窗口即可看到计算的填挖方量。

5.7 Revit 中筏板基础的应用

本节以成都某医院项目为例，严格按照施工工艺建模，利用 Revit 对筏板基础进行真实模拟。BIM 通研发中心总结了一套高效、精细化的筏板基础建模流程，在造价算量和施工指导方面有了一定的突破。

在此项目中，如何通过一次高效建模，快速、准确地算量，并且指导筏板基础施工是 BIM 通团队的目标。在工程造价中量、价、工艺密不可分，严格按照施工工艺建模便成了建模的核心。BIM 通研发中心力求最终达到图、模、量、价一体化。

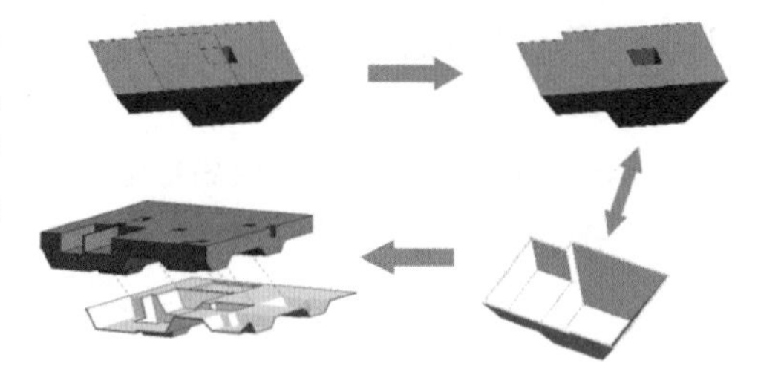

图 5-39

筏板基础构造复杂，多个集水坑碰撞是施工中的痛点，同时也是高效建模的难点，特别是集水坑与其垫层的相对位置关系难以把控。我们通过多种手段，按照一定的建模顺序予以解决，实现多个集水坑的快速融合，并且与其下部垫层一一匹配，结构层次分明，如图 5-39 所示。

建模过程中按照建模标准的相关要求，设置相关族类型参数，明细表样板已在建模前提前设置，模型完成，工程量即完成统计。由于基础工程建模方法多样，所以存在主表与附表两个样板。我们对工程量进行了对比，对比结果如图 5-40 所示。

由于基础工程精细化建模，直接利用 Revit 出图，用于指导集水坑放线，如图 5-41 所示。

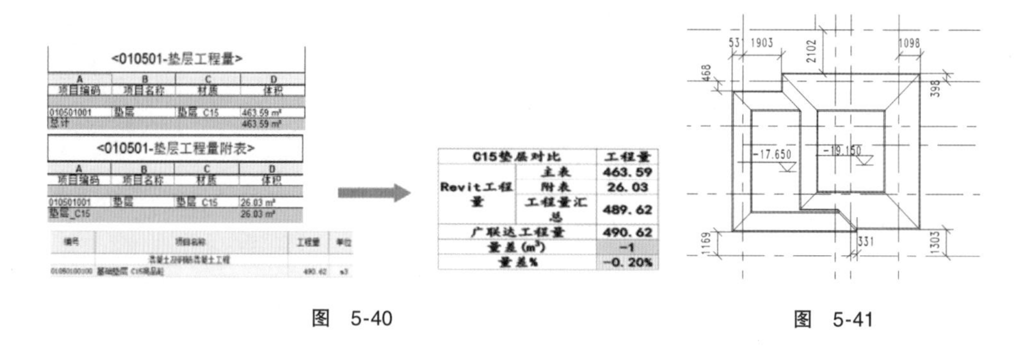

<010501-垫层工程量>

A	B	C	D
项目编码	项目名称	材质	体积
010501001	垫层	垫层 C15	463.59 m³
总计			463.59 m³

<010501-垫层工程量附表>

A	B	C	D
项目编码	项目名称	材质	体积
010501001	垫层	垫层 C15	26.03 m³
垫层_C15			26.03 m³

编号	项目名称	工程量	单位
	混凝土及钢筋混凝土工程		
[illegible]	基础垫层 C15商品砼	490.62	m3

C15垫层对比		工程量
Revit工程量	主表	463.59
	附表	26.03
	工程量汇总	489.62
广联达工程量		490.62
量差(m³)		-1
量差%		-0.20%

图 5-40　　图 5-41

5.8 浅谈 BIM 技术在深基坑中的应用

1. 目前深基坑支护体系与永久结构间存在的碰撞问题

深基坑的设计、施工过程中支撑体系较为复杂，尽管设计单位在设计时考虑了支撑体系与结构主体间的空间位置关系，一些部位仍然会和结构发生碰撞，特别是在多道内支撑体系中，问题尤为突出。部分工程中栈桥的运用同样存在相似的问题。施工技术方案的编制和成本控制存在一定的不可预见性。

在设计阶段，支撑立柱与框架柱、剪力墙的位置关系，以及支撑梁与楼板的位置关系较为容易确定，碰撞情况较少，给施工带来的影响较小。而支撑体系与结构碰撞的主要问题存在于以下几个方面：

1）支撑立柱与结构梁。

2）支撑梁与结构梁、框架柱。

3）支撑立柱与基础底板坑（集水坑、电梯井）的位置关系。

4）支撑立柱与降板处的位置关系。

2. BIM 技术在深基坑中的运用

BIM 在深基坑中的运用可以做到事前可控，降低风险。Revit 中通过基坑支护体系与结构体系的碰撞检查，能在施工前与设计单位沟通协调，做出合理优化。并结合施工现场实际情况，编制最优施工技术方案，对措施费有相对准确的计算，从而进一步实现施工过程的精细化管理。以成都某医院项目为例，对 BIM 技术在深基坑中的运用做如下阐释：

利用 Revit 建立深基坑支护模型，并按水平和竖向两个方向拆分基坑支护模型，以便于分别检查竖向支撑与主体，以及水平支撑与主体的碰撞关系，如图 5-42 所示。

注：在复杂结构碰撞，或者在需要获取详细碰撞参数等情况下，可以进一步拆分支护结构，如按构件拆分（一根立柱）。

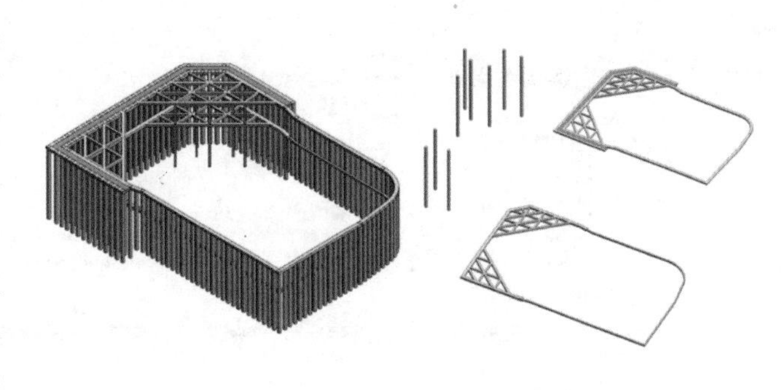

图 5-42

Revit 碰撞检查在安装工程中的运用较为成熟，系统能够快速查找并显示管线碰撞的位置，以及碰撞主体间的相对关系，然而管线碰撞检查的方法在密实复杂的结构实体中很难实现。在这里需要分别对水平和竖向支撑体系进行碰撞检查，并结合碰撞构件 ID 号、过滤器，以及对构件材质的设置进行筛选，最后做出判断，并对碰撞情况进行归类标记。碰撞情况的归类标记原则如下：

1）对主体结构承载力和抗震有影响，应尽量避免的碰撞，需及时与设计单位沟通，对支护体系进行设计优化、变更。

2）需要在施工技术方案中编写的如穿地下室外墙的防水处理、穿板的附加钢筋等，应记录碰撞部位和数量，技术人员需要在图纸会审中作为疑问提出，留好书面记录，方便结算。

3）立柱与基础底板坑或降板处的位置关系：①立柱位于坑底内部；②立柱位于放坡面上。

应及时与设计单位沟通，验算立柱长细比，综合考虑施工过程中的技术方案，如图 5-43 所示。

3. Revit 中深基坑支护体系与永久结构间的碰撞检查方法

新建“碰撞检查”材质，并替换相关检查对象的材质。

（1）基坑支护体系材质：混凝土（着色颜色：RGB 255，0，0）。

（2）永久结构材质：混凝土（着色颜色：RGB 0，128，255；透明度：65%）。

将拆分的基坑支护体系与结构体系分别进行碰撞检查，导出碰撞报告并用 Excel 整理发生碰撞的主体结构构件 ID 号，以分号断开。在 Revit 中按 ID 号批量查找碰撞构件，并在实例属性栏“标识数据-标记”中填写 1，且忽略重复标记警告，如图 5-44 所示。

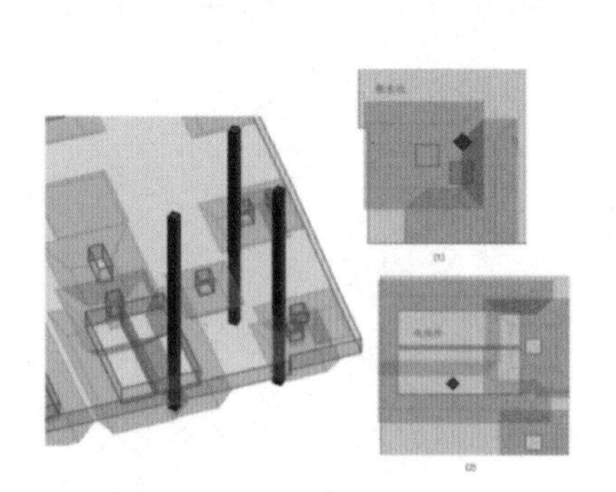

图 5-43

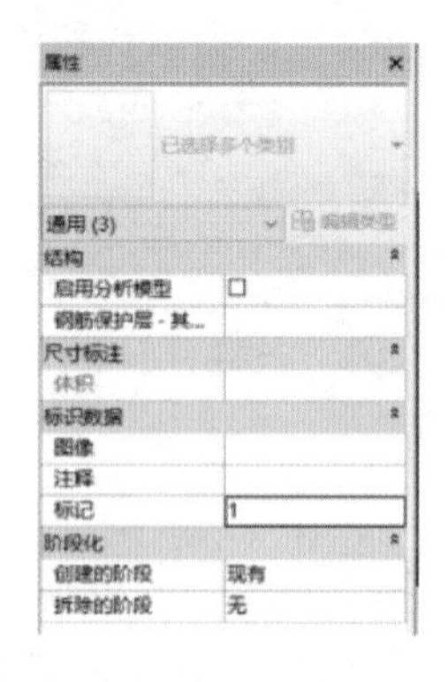

图 5-44

添加过滤器，隐藏非碰撞构件，如图 5-45、图 5-46 所示。

图 5-45

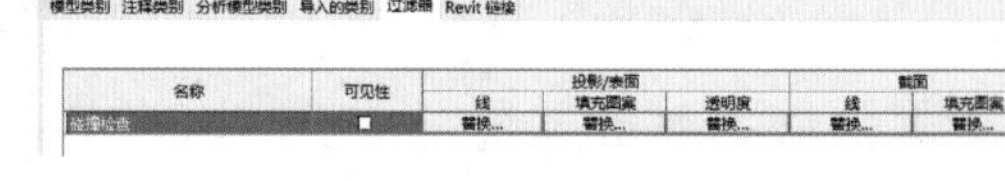

图 5-46

做好碰撞检查的归档工作，及时与相关技术人员沟通。

5.9 利用 Revit 设计选项展示建筑构造节点设计方案

【问题】被施工单位问到的一个问题：钢筋混凝土墙或柱与砌筑墙齐平的情况下，该如何处理保温与砂浆的高低差？

【问题分析】蒸压加气混凝土本身具有保温隔热性能，钢筋混凝土等热桥部分需单独设置保温，该项目采用 20mm 无机保温砂浆做内衬保温，此时，钢筋混凝土部分的保温层和蒸压加气混凝土砌块的界面砂浆就产生了 20mm 的高低差，如图 5-47 所示。

【问题解决】

界面砂浆抹成 45°切角，如图 5-48 所示。

界面砂浆找坡抹平，如图 5-49 所示。

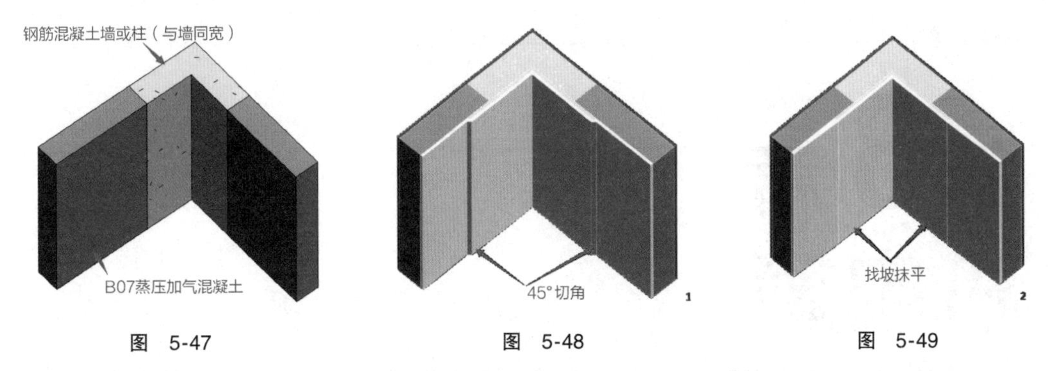

图 5-47　　图 5-48　　图 5-49

大家知道使用设计选项可以浏览建筑模型中基于一个主体的其他设计。可以为模型不同部分设计多个均位于同一项目中的选项，如图 5-50 所示。

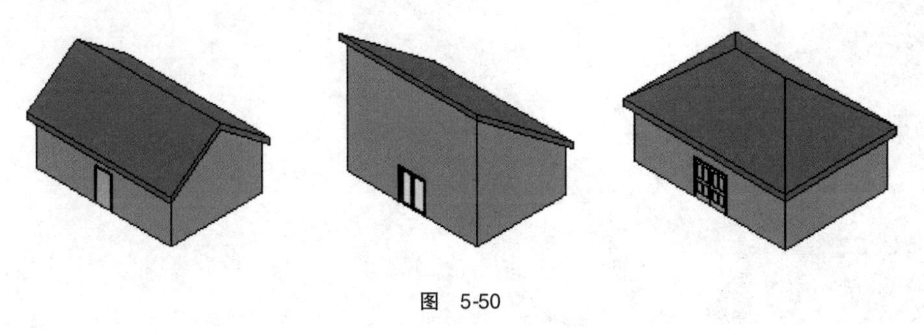

图 5-50

同样在 Revit 中针对一个节点做不同方案设计时，也可以通过设计选项来便捷地展示和管理自己的设计内容，如图 5-51 所示。

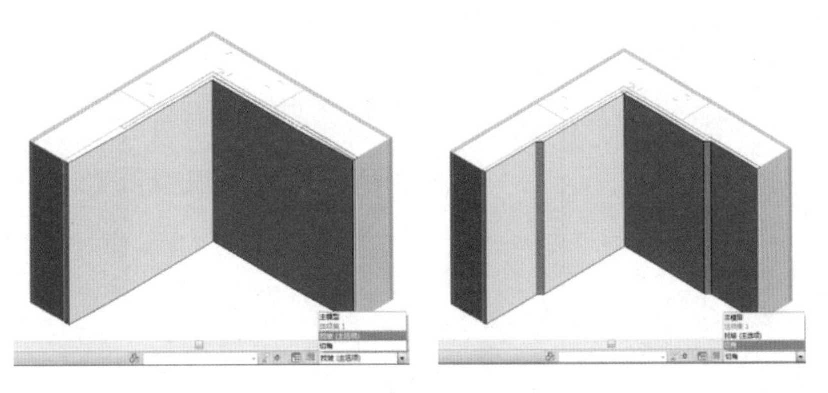

图 5-51

第3篇 机电篇

第6章 机电模型搭建类

6.1 Revit如何高效表达压力表

压力表作为机电中常见的仪表构件，经常出现在各大机房中，那么如何高效地添加压力表?

下面给大家提供三种方法：

【方法一】插入放置。

将压力表作为一个类似于阀门的族插入管道指定位置，如图6-1所示。这种做法优点是速度快，操作方便；缺点是需要将管道打断，与实际施工工序不太相符。

这种方式处理模型时，需要把插入主管部分长度设置得尽量短，不然就会出现如图6-2所示的效果。

【方法二】接短管放置。

从主管上引一根短管，然后将压力表接在短管上，如图6-3所示。

这种做法比较符合实际施工工艺，但是绘制起来步骤稍多，会影响进度。

【方法三】不连接放置。

顾名思义，将压力表直接插在管道上，与管道不连接，如图6-4所示。

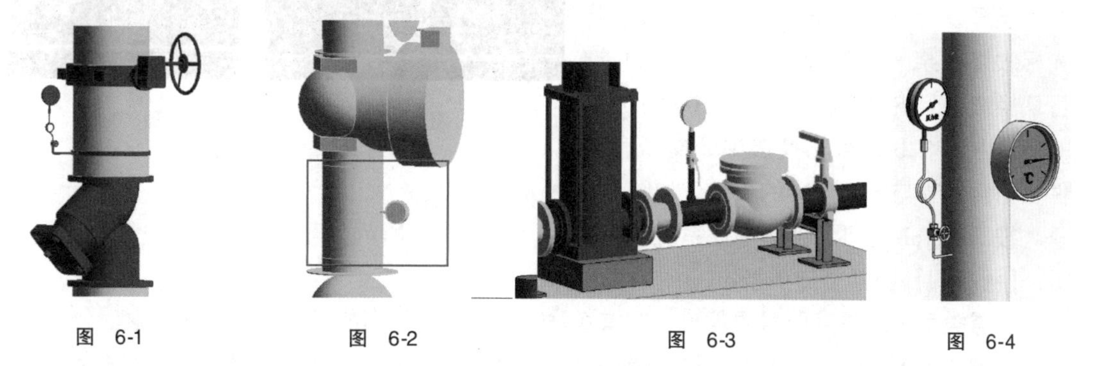

图 6-1　　图 6-2　　图 6-3　　图 6-4

这种方式最大的劣势就是压力表不随构件联动，尤其是管道位置经常需要调整的时候。

Revit中管道绘制易错点汇总：

【问题一】绘制时不自动生成管件，如弯头、三通。

绘制管道时并不是任何情况下都能自动生成管件，必要条件是激活“自动连接”命名，如图6-5所示。默认情况下此命名处于激活状态，故一般大家都不注意。

当沿着导入的CAD图纸绘制管道时，分支处往往无法生成三通，如图6-6所示。这是因为绘制分支时，捕捉到的是CAD中线的交点，而非项目中的管道，因此系统不识别这里有根管道，自然无法自动生成三通。

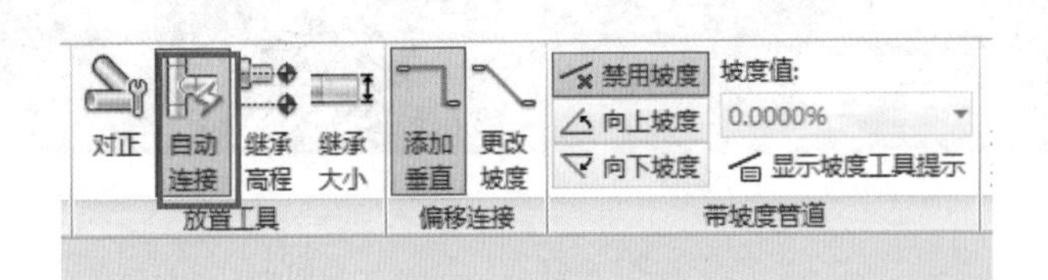

图 6-5

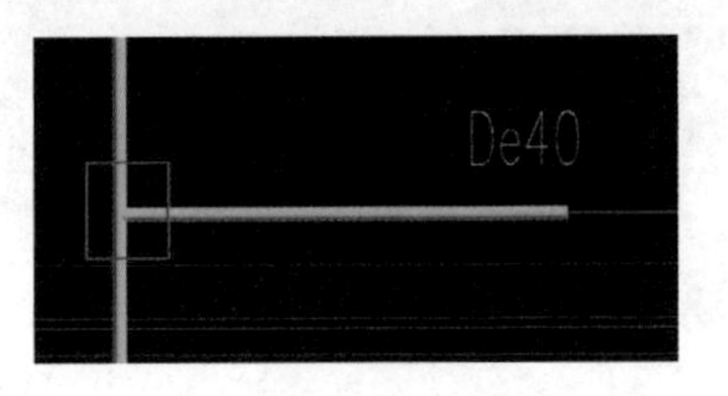

图 6-6

解决此问题的办法就是绘制时捕捉分支线与管道外边线交点，而非中心点，如图 6-7 所示。

【问题二】有坡度管道分支处无法连接。

Revit 中管道顺利连接一般有两种情况：管道间无高差或高差足够大。有坡度的管道很难找到交点处管道高程点，绘制时往往报错，无法生成。解决办法很简单，绘制时勾选“继承高程”命令即可，如图 6-8 所示。

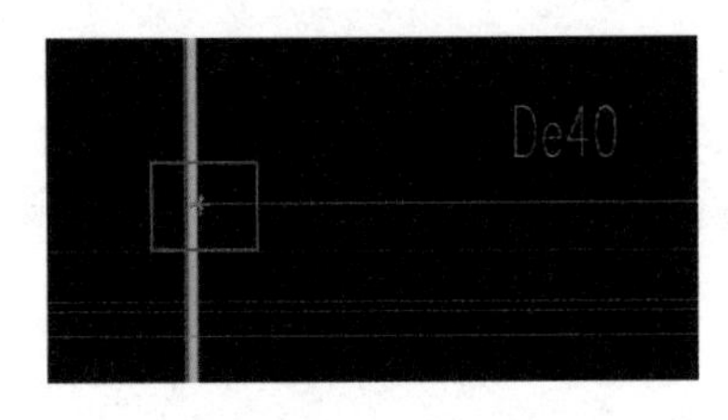

图 6-7

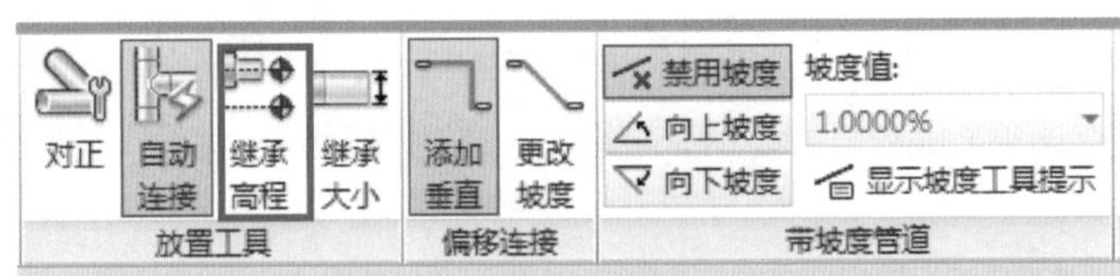

图 6-8

【问题三】分支整体修改尺寸

绘制分支时往往因为各种原因选错了尺寸，修改时又需要逐个修改，很麻烦。这时候可以借助 Tab 键选择分支管线。将光标放置在某一根管线上，按一次 Tab 键可切换选中分支所有构件，如图 6-9 所示。

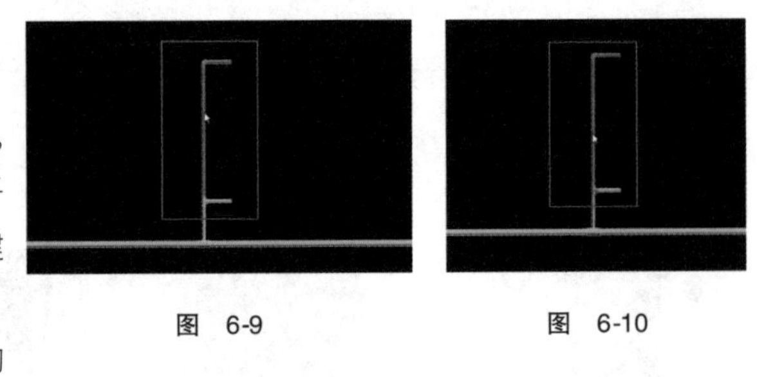

图 6-9　　图 6-10

按两次 Tab 键可切换选中分支所有构件，包含主管与分支连接的管件，如图 6-10 所示。

按三次 Tab 键可切换选中此系统所有构件，如图 6-11 所示。可以根据需要，合理选择。

【问题四】替换管道类型。

管道类型承载着管段材质信息，选错修改时，需要将配套的管件一起修改；这时候可以通过 Tab 键切换选中需要修改的管线，使用“修改类型”命令，整体修改类型，如图 6-12 所示。

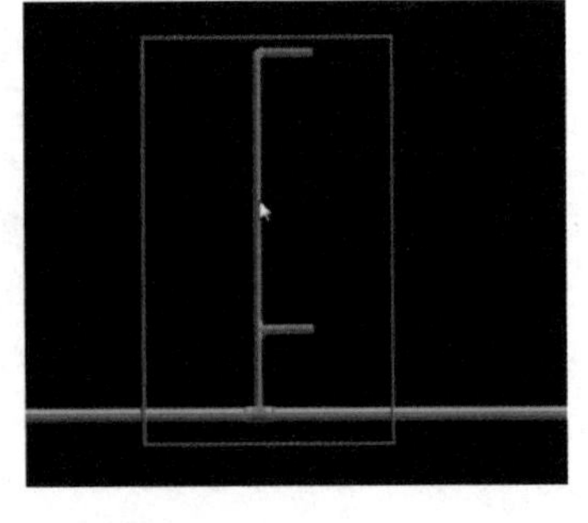

图 6-11

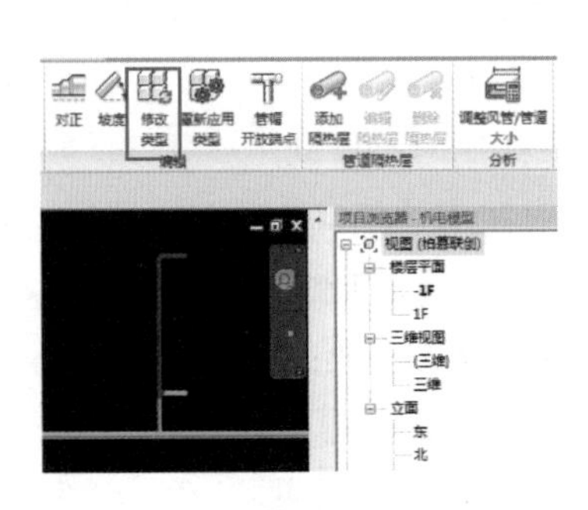

图 6-12

6.2 Revit 中管道系统设置错后如何纠正

在建模过程中，有时候会出现这种状况：当你把管道及其附件、设备都完成后，发现系统选择错误。大家都知道，系统中一旦连接了机械设备后就不能随意修改；按照一般方法修改的话，就要把各种附件和设备删除之后才能修改系统，这样工作量就很大。接下来就给大家介绍一个小技巧，可以快速地修改管道系统。

首先，通过 Tab 键切换，选中要修改的管道系统。

注意，在此一定要选中整个系统，就是按 Tab 键到最后，系统选中时界面会有一个蓝色虚线框，如图 6-13 所示。

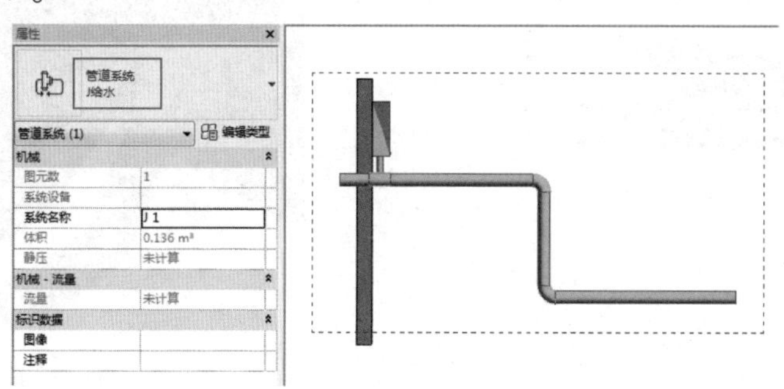

图 6-13

然后，用 Delete 键删除整个系统，管道将处于未定义系统的灰色状态，如图 6-14 所示。

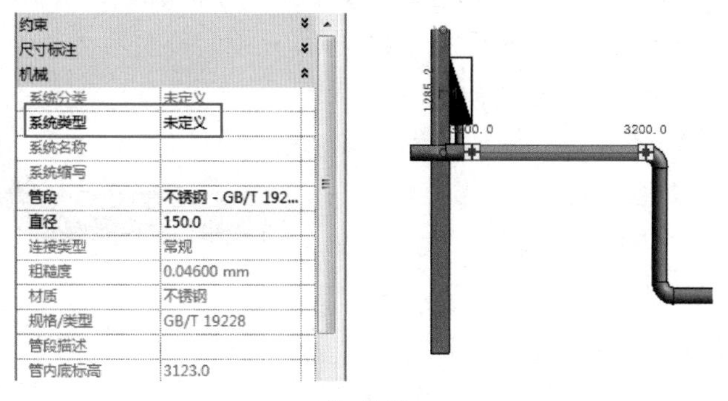

图 6-14

最后，在管道末端创建一段管道，这段管道的管道系统要正确，且与原始的管道要完全连接；此时整个系统则被修改为正确的系统了，如图 6-15、图 6-16 所示。

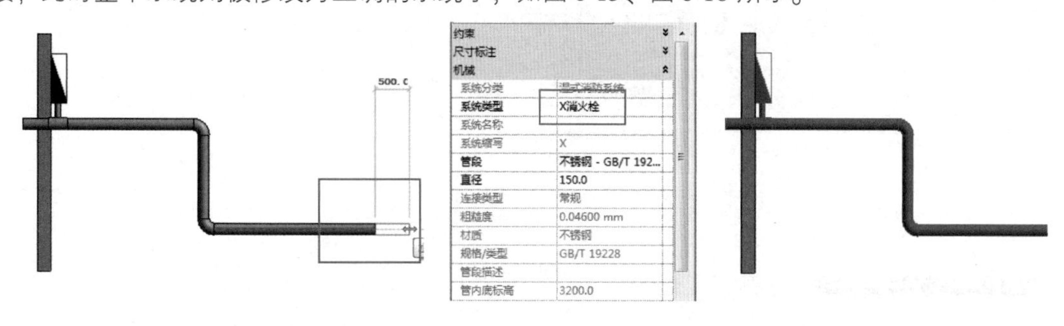

图 6-15

图 6-16

此方法同样适用于风管系统。

6.3 Revit 中如何使得不同高度的偏移管道连接

在绘制存在高差的管道连接时，软件往往会自动生成立管和管件连接在一起，那么如何使其连接成如图 6-17、图 6-18 所示的样子（斜坡连接，而非竖直的立管连接）？

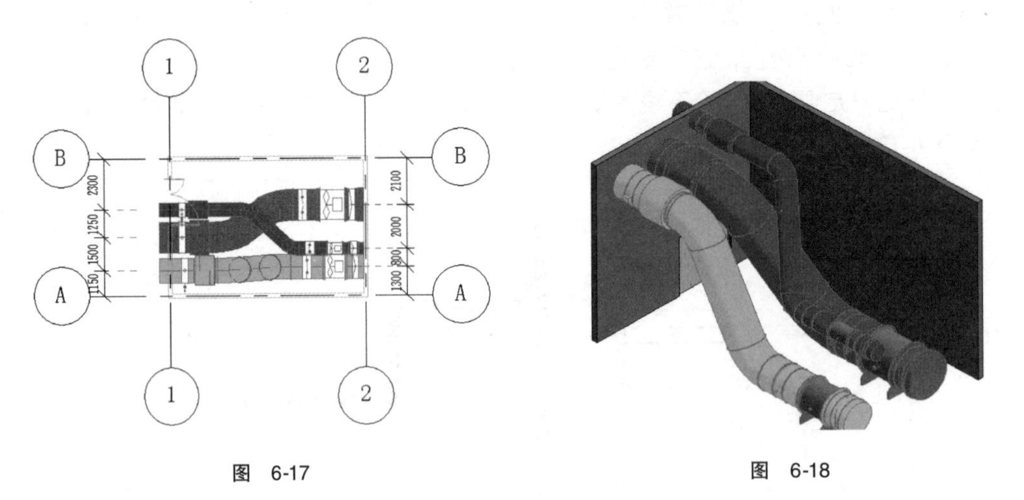

图 6-17　　图 6-18

【方法一】如果管道高差不是很大，拖动管道自动连接时，自动生成的连接类型就会如图 6-17、图 6-18 所示（当然，这里管径不同，软件会自动生成立管的高差也不确定）。

【方法二】如果高差比较大，可以先将高差值调小些，连接起来后再修改高差值，如图 6-19所示（可以先在 1500mm 的位置连接，之后再改大到5000mm，同样可以不生成立管）。

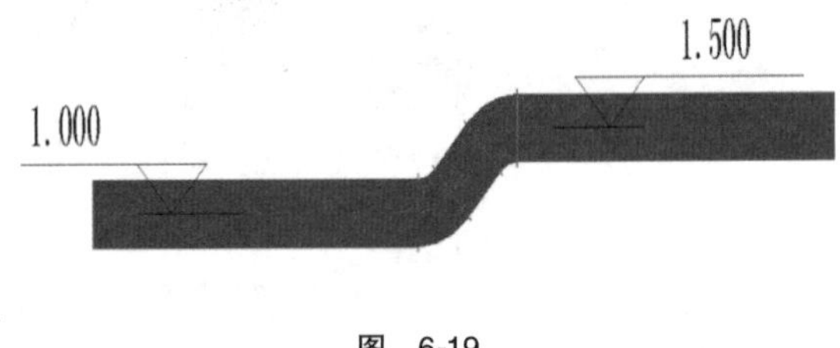

图 6-19

【方法三】先绘制一段某个高差的管道，然后修改偏移量并单击“更改坡度”，最后绘制即可完成不同高差的偏移管道，如图 6-20 所示。

【方法四】先绘制好不同高差的管道，进入对应的垂直立面或剖面，绘制一根管道分别捕捉有高差的管道的两个端点，如图 6-21 所示。

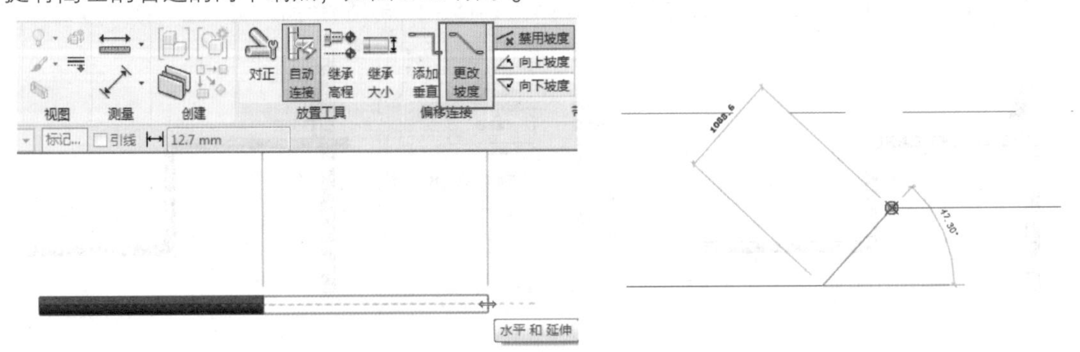

图 6-20　　图 6-21

6.4 Revit 中统一变更管道附件的颜色

在着色模式下，管道附件一旦与管道相连接，会变成一致的颜色。项目实施过程中，某些时刻要求管道与管道附件通过不同的颜色进行区分，这时可以通过过滤器这个功能实现管道附件颜色的统一变更。

一般情况下为管道赋予颜色有两种方法：

第一种：在管道系统中对材质进行编辑。

第二种：通过过滤器来过滤。

下面先介绍一下如果管道的颜色通过管道系统中材质添加的情况应该如何通过过滤器修改管道附件的颜色，以某机房为例。

如图 6-22 所示为过滤前的场景，管道与管道附件同一颜色不利区分。

单击属性栏中的“可见性/图形替换”，或者单击视图面板下的“过滤器”，如图 6-23、图 6-24 所示。

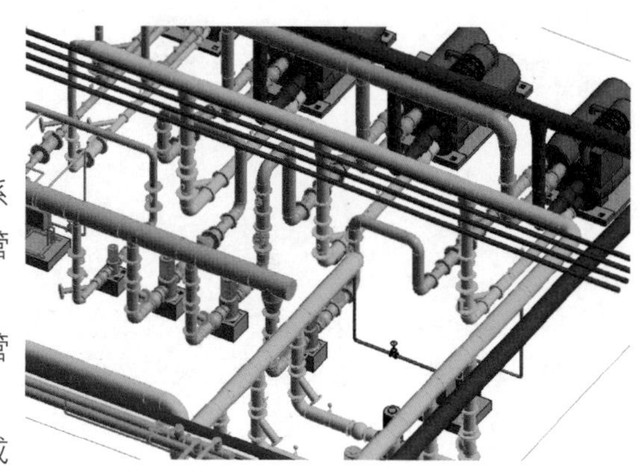

图 6-22

图 6-23

图 6-24

单击属性栏中的“可见性/图形替换”，在弹出的对话框中选择“过滤器”，单击“编辑/新建”，创建过滤器，过滤对象选择“管道附件”，过滤条件选择“无”，如图 6-25 所示。

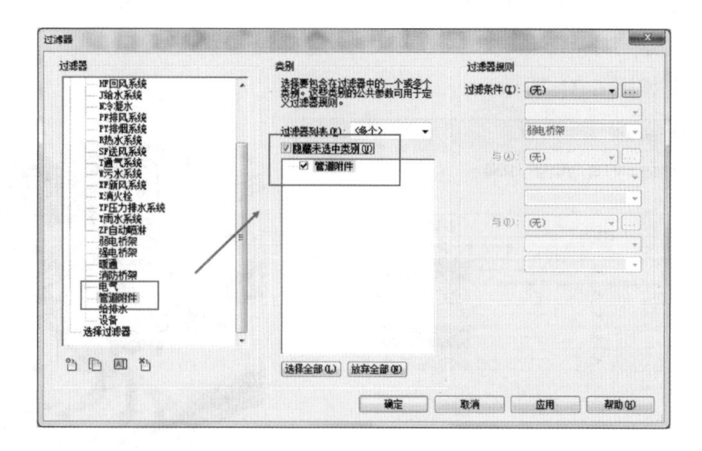

图 6-25

创建完成后添加管道附件过滤器并修改颜色，如图 6-26 所示。

返回到三维界面可以看到管道附件的颜色已更改，如图 6-27 所示。

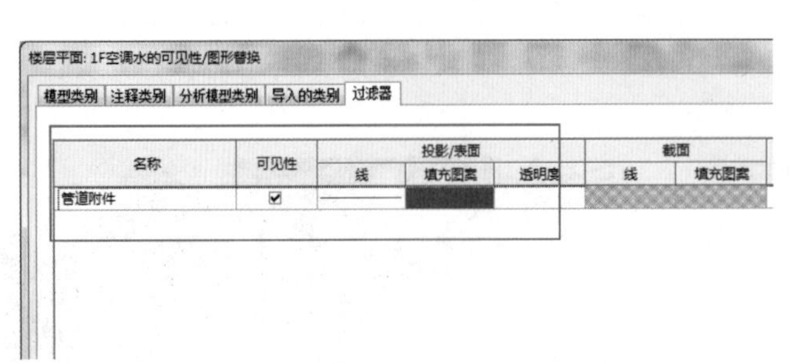

图 6-26

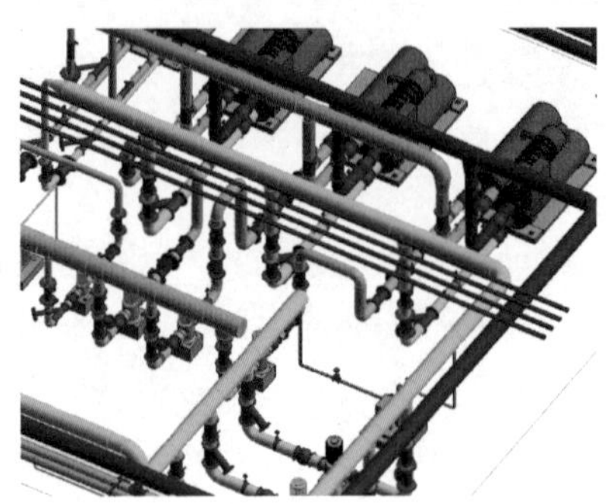

图 6-27

接下来介绍一下第二种方法，管道的颜色是通过过滤器来添加的，也存在两种情况：

第一种，在创建过滤器时，未勾选管道附件，如图 6-28 所示。

如果是这样可不做调整，管道附件与管道的颜色并无关联，如有出现颜色一致情况，可更改其中一项。

第二种，在创建管道过滤器的同时勾选管道附件，如图 6-29 所示。

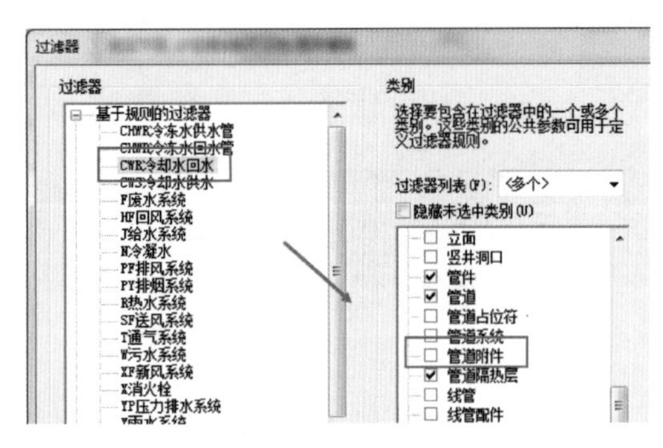

图 6-28

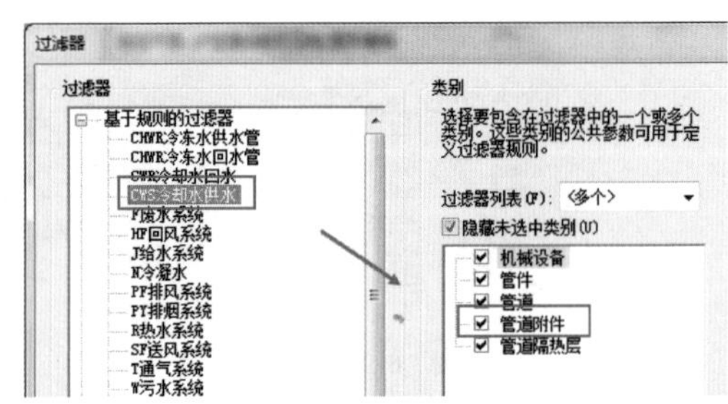

图 6-29

这样的处理方法仍然是创建管道附件过滤器，但是需要对它们的排序进行调整，将管道附件过滤器放到管道过滤器之前，如图 6-30 所示，这样通过调整管道附件过滤器的颜色即可区分两者，完成后效果如图 6-31 所示。

楼层平面: 1F空调水的可见性/图形替换

模型类别 | 注释类别 | 分析模型类别 | 导入的类别 | 过滤器

名称	可见性	投影/表面		
		线	填充图案	透明度
管道附件	☑			
CHWR冷冻水供水管	☑			
CHWR冷冻水回水管	☑			
CWS冷却水供水	☑			
CWR冷却水回水	☑			

图 6-30

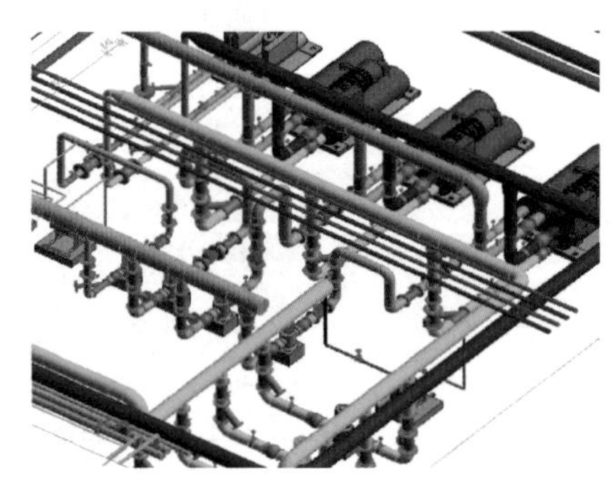

图 6-31

6.5 Revit 布置在管道上的管道附件族一直朝下怎么办

管道附件载入到项目中在平面视图放置在管道上时，管道附件会出现上下颠倒的情况，这样每放置一个构件就要翻转构件位置很麻烦，如图 6-32 所示，我们想要让手柄或手轮这些部件在上方位置，到底是哪里出了问题?

这是因为连接件的问题，创建连接件的时候你会发现连接件上会显示三个方位，X、Y、Z，管道附件的两端都会放置连接件，管道附件放置会出现上下颠倒的情况是 Y 坐标出现了问题，看看管道附件的 Y 方向是否指向一致，如果一边指向上，一边指向下，那就把向下的连接件 Y 调至向上即可，如图 6-33 所示。

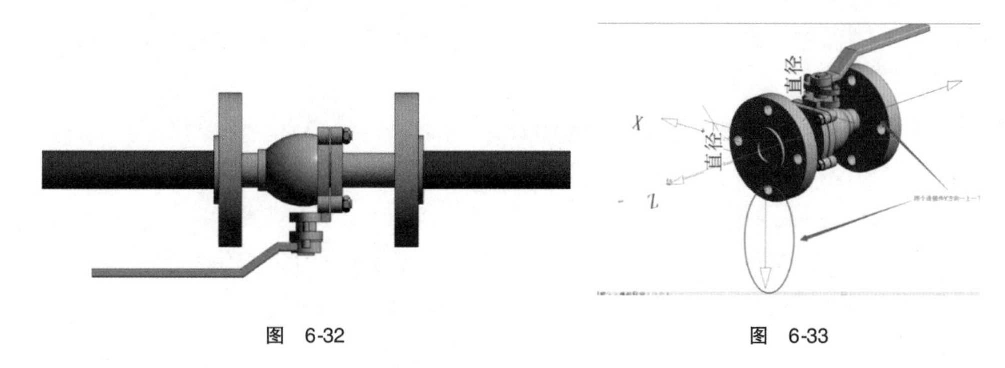

图 6-32

图 6-33

调整好以后重新载入到项目中即可正常放置。

第7章 机电系统设置类

7.1 MEP 管线标注常见问题汇总

管线综合完成之后，会导出二维图（平面、剖面），通过二维与三维结合的方式指导施工。

二维出图，即导出各专业对应的平面图，在图纸上对相应的管线的系统、名称、尺寸及标高等进行标注；下面简单汇总一下标注过程中常出现的问题供大家参考（以桥架标注为例，其他标注类似）。

如图7-1所示的桥架标注，有如下两个问题：

【问题一】桥架标注，尺寸后面带单位（如果你刚好需要这个单位就略过）。

【问题二】尺寸后面会有一个后缀 ø。

针对第一个问题，很多人会理所当然地以为是尺寸标签中尺寸的单位问题，但其实你打开编辑标签界面，尺寸标签并不能编辑单位，如图7-2所示。

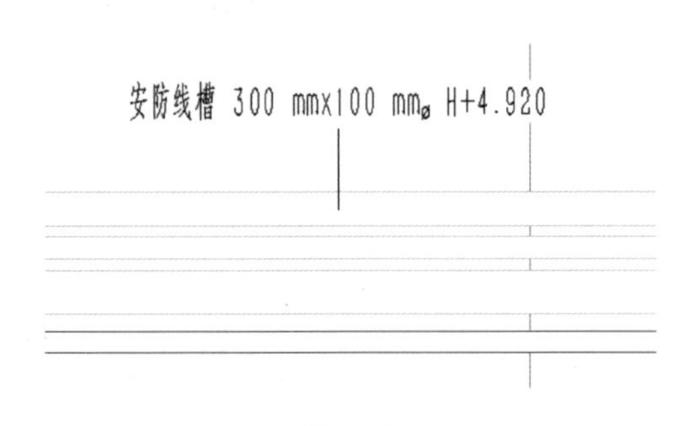

图 7-1

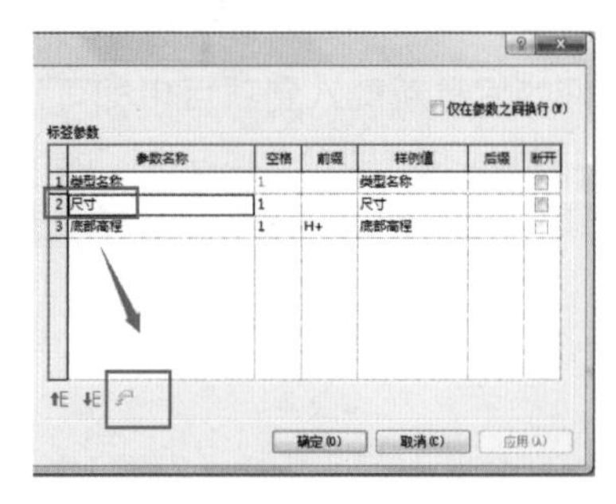

图 7-2

这个其实跟族没有关系，是项目中的单位设置问题。如图7-3所示，打开项目中的“项目单位”命令，找到电气列表下的“电缆桥架尺寸”，打开“格式”对话框后，可以看到有一个“单位符号”，改为“无”就可以了，如图7-4所示。

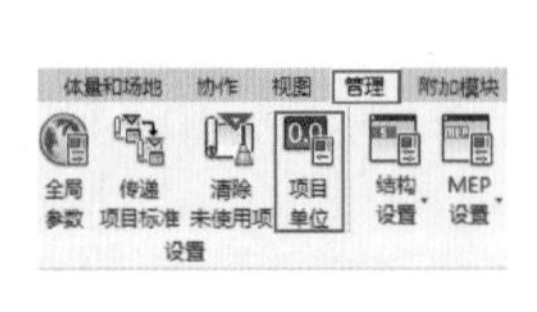

图 7-3

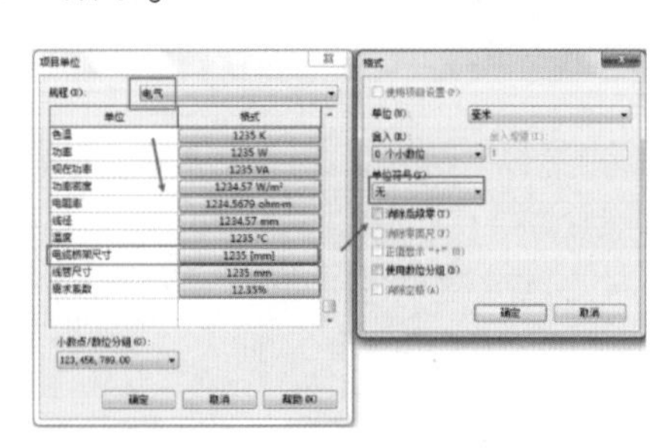

图 7-4

至于另一个问题后缀有符号 ø，则是在“MEP设置”里面调整。打开“电气设置”对话话框，在“电缆桥架设置”命令下，有一个“电缆桥架尺寸后缀”，删除后缀内容即可，如图 7-5、图 7-6 所示。

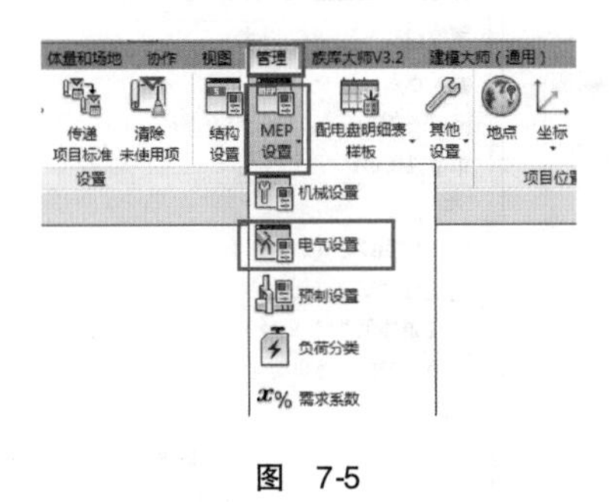

图 7-5

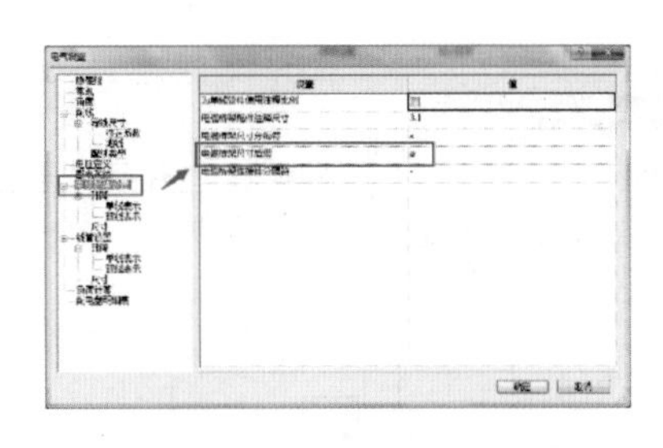

图 7-6

桥架标注时，竖向桥架其标注仍然是水平，不会随着标注主体方向进行调整，如图 7-7 所示。

这个是标记族的问题，切换到此族编辑界面，勾选“随构件旋转”，如图 7-8 所示。

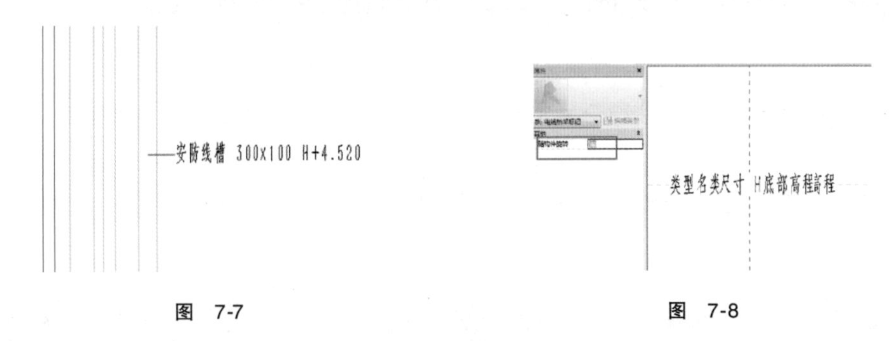

图 7-7　　图 7-8

重新载入到项目中，标记族会跟随构件方向变化而变化，如图 7-9 所示。

标记高度时，往往希望前面加一前缀，如 H +4. 200，或者 CL –3. 600，但是标出来的高度前面并没有这些前缀及“ + ”或“ – ”符号，如图 7-10 所示。

图 7-9　　图 7-10

同样，切换到此族编辑界面，编辑“底部高程”标签，如图 7-11 所示；如需要前缀，可以在前缀选项中添加。

但是此处不宜添加“ + ”或“ – ”符号。打开底部高程的单位格式命名，如图 7-12 所示，打开“格式”对话框，勾选“正值显示 +”，如果是负数，数值前面默认会有“ – ”。

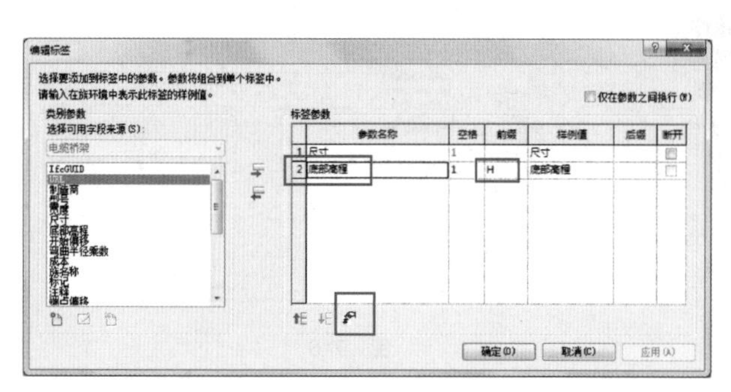

图 7-11

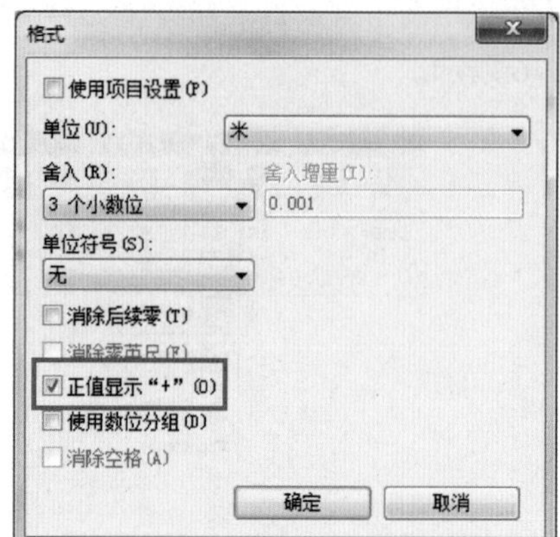

图 7-12

7.2 Revit 中绘制净高分析图的两种方法

在项目中，机电调完管线综合后常需出净高分析图，接下来就介绍两种绘制净高分析图的方法。

【方法一】在"注释"选项卡下的"区域"选项选择"填充区域"绘制，如图7-13、图7-14所示。

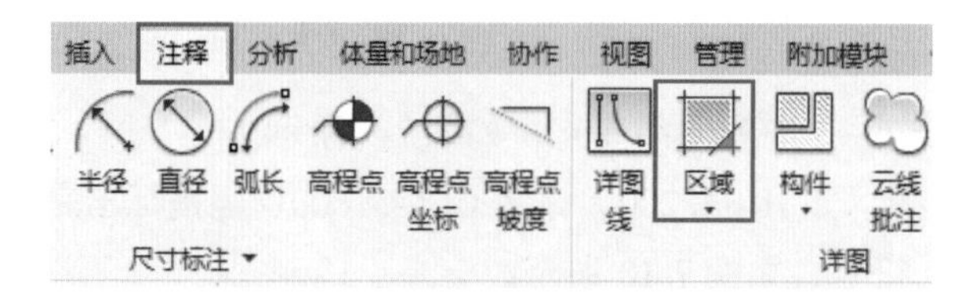

图 7-13

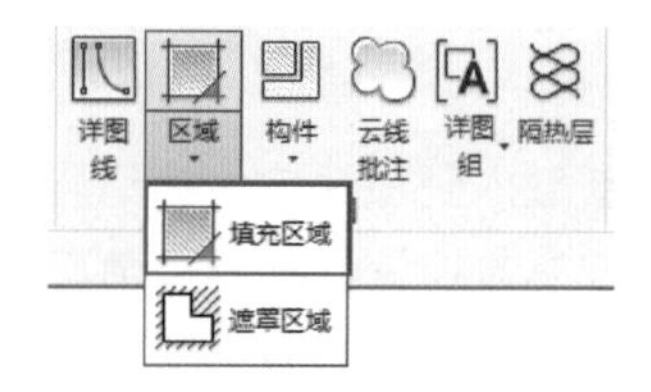

图 7-14

选择合适的填充图案，绘制完成后如图 7-15 所示。

【方法二】在"建筑"选项卡下的"楼板"选项绘制，如图 7-16 所示。

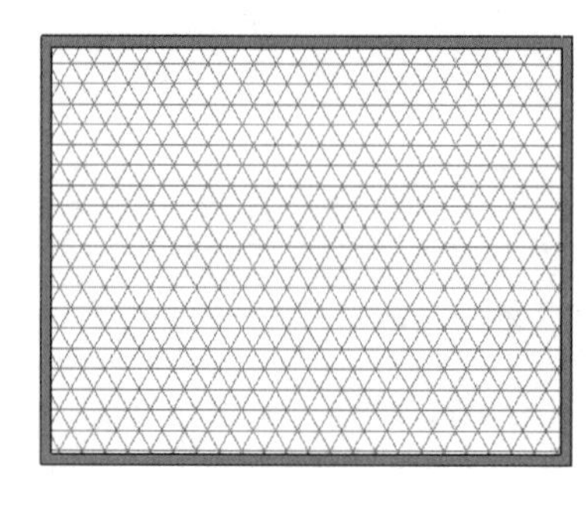

图 7-15

图 7-16

楼板绘制时设置相应自标高的高度偏移量，如图 7-17 所示；设置过滤器，将高度为

“4000” 的楼板过滤出来，如图 7-18 所示。

图 7-17

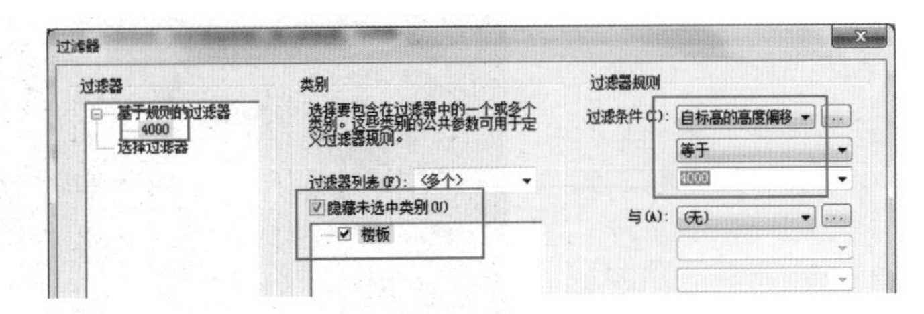

图 7-18

为当前视图添加过滤器，并赋予填充图案；绘制完成后如图 7-19 所示。

两种方法的区别，如图 7-20 所示。

方法一是将楼板覆盖，而方法二是基于楼板填充。

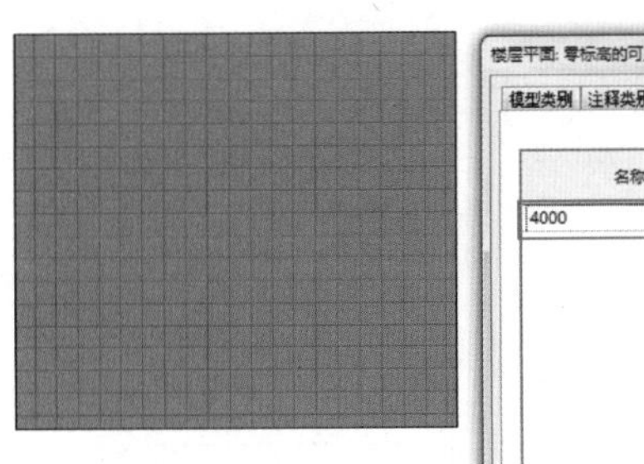

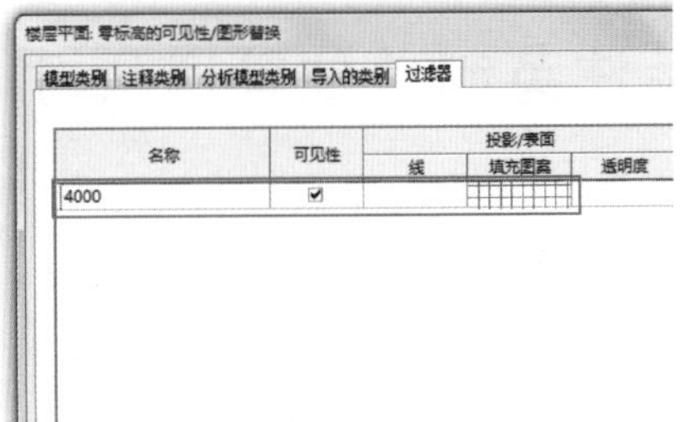

图 7-19

方法一

方法二

图 7-20

7.3 Revit 中巧用规程处理风口的显示问题

在项目出图的时候有时会遇见一个小问题，隐藏线模式下风管出图的时候，无法显示安装在下方的风口，只能标记但是无法看到，如图 7-21 所示，遇到这种问题应该怎么解决?

下面介绍两种方法：

【方法一】把出图模式换为线框模式，这样就能看见下方风口的位置，但是这种方法会感觉图纸很多边线，很杂乱，如图 7-22 所示。

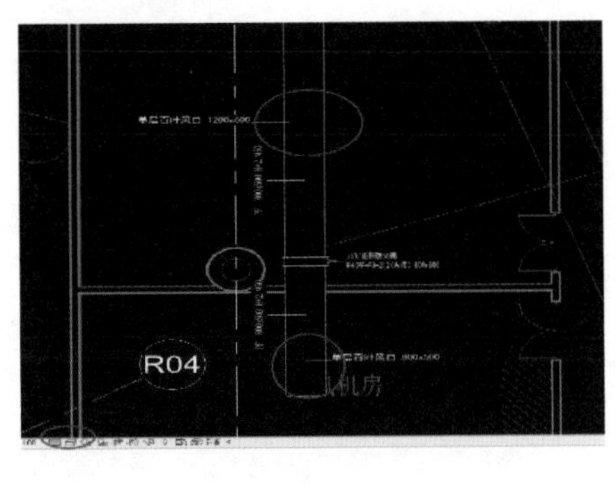

图 7-21

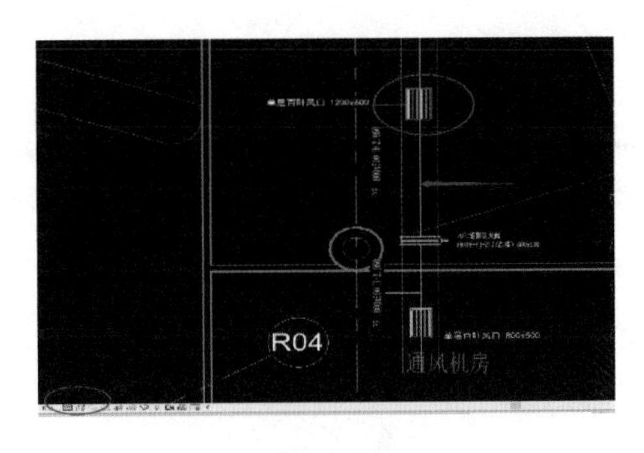

图 7-22

【方法二】把出图模式换为隐藏线模式，然后把属性栏中的规程改为“机械”，这样处理的图纸会很简单但是又表达出了想要的东西，更符合设计单位出图的模式，如图 7-23 所示。

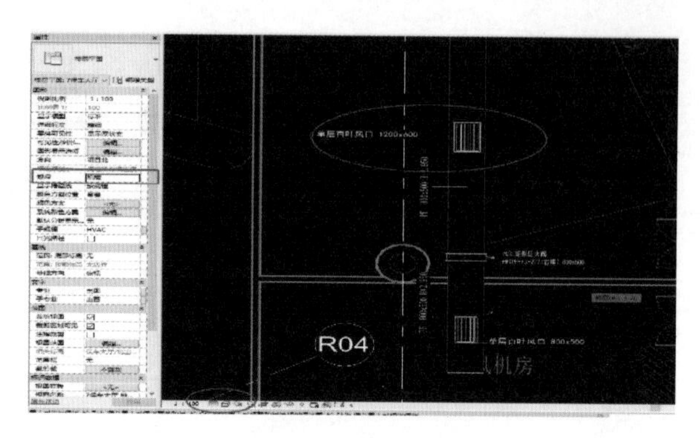

图 7-23

相比较而言，线框模式会增加很多不必要的线，如管件的边界线，会使视图界面比较混乱，建议使用第二种方法。

7.4 Revit 中如何标注英制单位管道尺寸

相信大家对于机电出图已经得心应手了，但是如果项目中遇到管道尺寸为英制，并且被标记的管道为双套管应该如何处理？如图 7-24 所示。

首先需要一份公制英制管道尺寸对照表，如图 7-25 所示，对管道尺寸进行逐一的添加，这里就不一一演示了。

Piping-1.5%B2H6/N2-3/8" SS316L EP ×5/8" SS304AP

图 7-24

管道尺寸表

序号	Pipe size 国标	外径	厚度		Pipe size 英制	外径	厚度
1	OD	mm	5S	10S	OD	mm	mm
2	\	\	\	\	1/8"	3.16	0.7
3	8A	13.8	1.2	1.65	1/4"	6.35	1
4	10A	17.3	1.2	1.65	3/8"	9.53	1
5	15A	21.7	1.65	2.1	1/2"	12.7	1
6	\	\	\	\	5/8"	15.88	1
7	20A	27.2	1.65	2.1	3/4"	19.05	1.24
8	25A	34	1.65	2.8	1"	25.4	1.65
9	32A	42.7	1.65	2.8	1-1/4"	31.8	1.65
10	40A	48.6	1.65	2.8	1-1/2"	38.1	1.65
11	50A	60.5	1.65	2.8	2"	50.8	1.65
12	65A	76.3	2.11	3.05	2-1/2"	63.5	1.65
13	80A	89.1	2.11	3.05	3"	76.2	1.65
14	100A	114.3	2.11	3.05	4"	101.6	2.11
15	125A	139.8	2.8	3.4	5"	127	2.77
16	150A	165.2	2.8	3.4	6"	154.2	2.77
17	200A	216.3	2.8	4	\	\	\
18	250A	267.4	3.4	4	\	\	\
19	300A	318.5	4	4.5	\	\	\

图 7-25

接下来就是最重要的一步了，创建管道注释族，对注释族进行设置。依次添加标签如图 7-26 所示，并对外径的单位进行调整，如图 7-27 所示。

注意：如果勾选了“使用项目设置”，在标记族中无法修改单位。最后标记出来的样式，如图 7-28 所示。

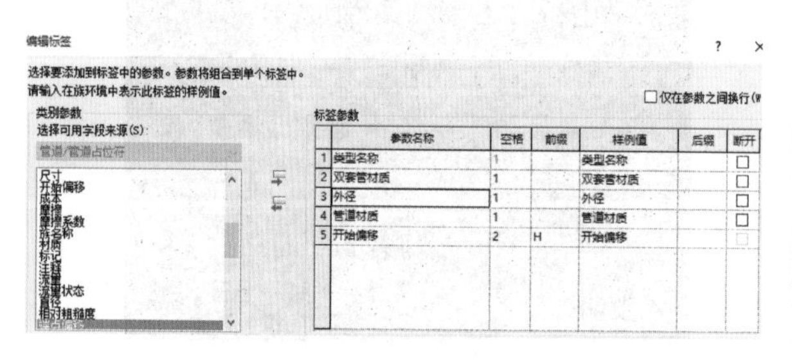

图 7-26

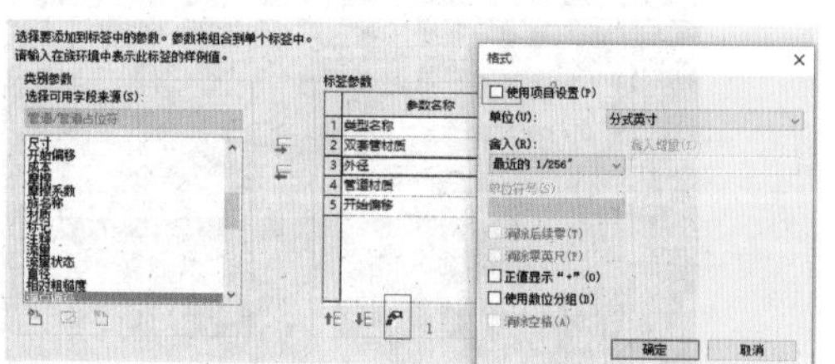

图 7-27

如果图纸中尺寸单位为英制，建议在绘制模型时直接将管道项目单位更改为“分式英寸”。

做法为，打开项目中“管理”选项卡下的命令“项目单位”，设置管道规程的管道尺寸单位，如图 7-29 所示。

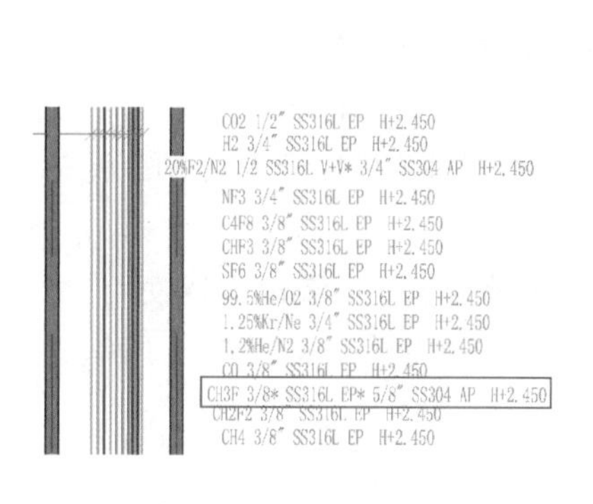

图 7-28

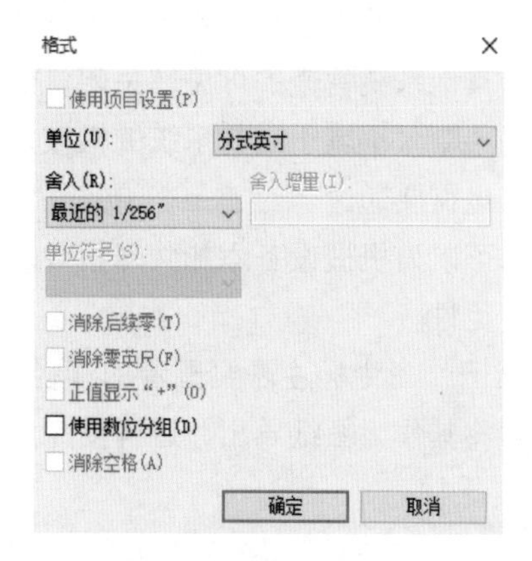

图 7-29

7.5 Revit 中如何制作管道三维系统图

在出图过程中，有时会希望用系统图或者原理图的方式展示整个建筑中各管道系统的设计原理，下面就介绍如何创建三维系统图。

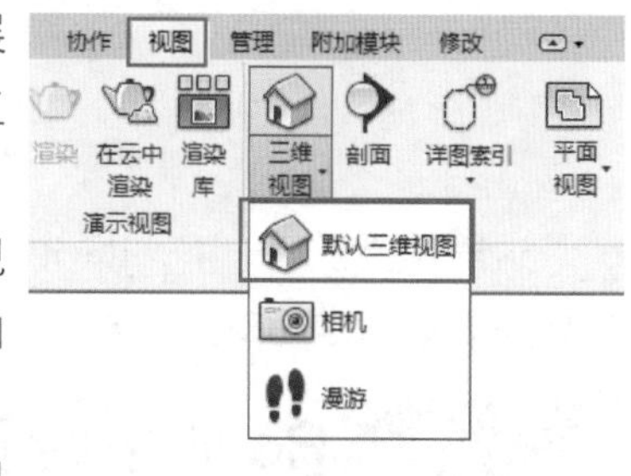

图 7-30

创建三维视图。可以在“视图”选项卡上找到“三维视图”，单击“默认三维视图”创建一个默认的三维视图，如图 7-30 所示。

在视图控制栏中将创建的三维视图的详细程度修改为“粗略”。这样，所有的管线都会以单线方式显示。

在视图控制栏中单击“解锁的三维视图”命令，然后单击“保存方向并锁定视图”，如图 7-31 所示。如果该三维视图的名称为默认的“{3D}”，则需要在弹出的“重命名要锁定的默认三维视图”对话框中输入新的视图名称，如图 7-32 所示。

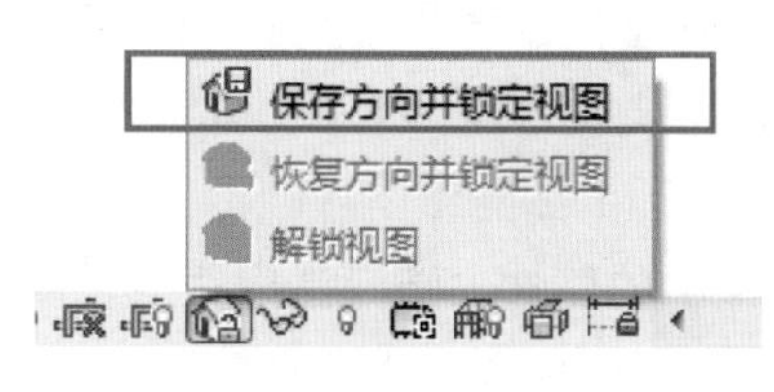

图 7-31

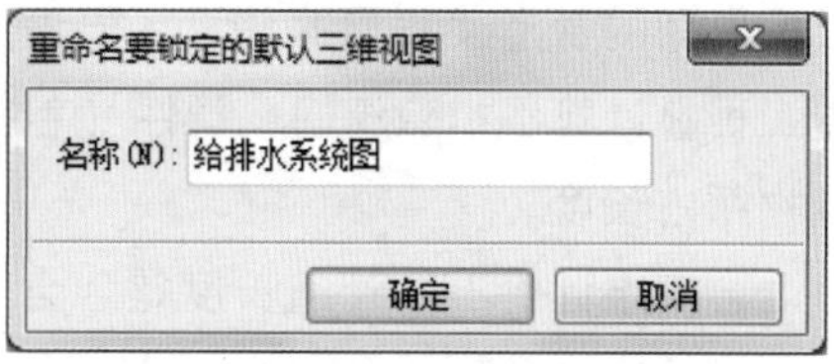

重命名要锁定的默认三维视图

名称(N): 给排水系统图

确定　取消

图 7-32

打开“可见性/图形替换”对话框，在“模型类别”选项卡中，根据需要将除了管道、管件、管路附件以及机械设备之外的所有类别的可见性关闭。这样，就得到了所有管道系统和相应的设备，如图 7-33

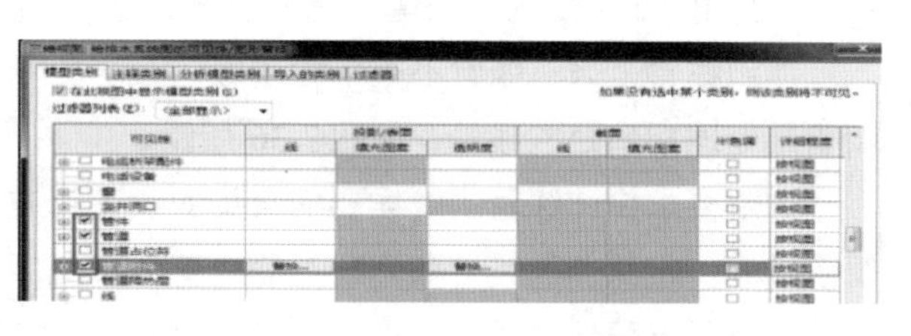

图 7-33

所示。

为了区分系统类型，用户需要在过滤器中新建并添加过滤器，使该视图中仅显示当前需要显示的系统。例如：绘制的是给水排水系统图，用户可以新建一些过滤器，将消火栓、喷淋、空调水系统等其他系统管道的可见性关闭，如图 7-34 所示。

创建过滤器隐藏不属于当前系统的机械设备等图元。由于机械设备类别中包含了各种用户的设备，所以也需要通过“过滤器”或者“在视图中隐藏”的方式，将不需要显示的图元隐藏。必要时，可以为机械设备添加共享参数，用于识别每个机械设备属于的系统，然后再用过滤器控制其可见性。

使用“标记”命令标注需要显示的管径、标高等信息。必要时可以使用“文字”等工具添加注释，并将其作为图纸导出，这样就完成了系统图的制作，如图 7-35 所示。

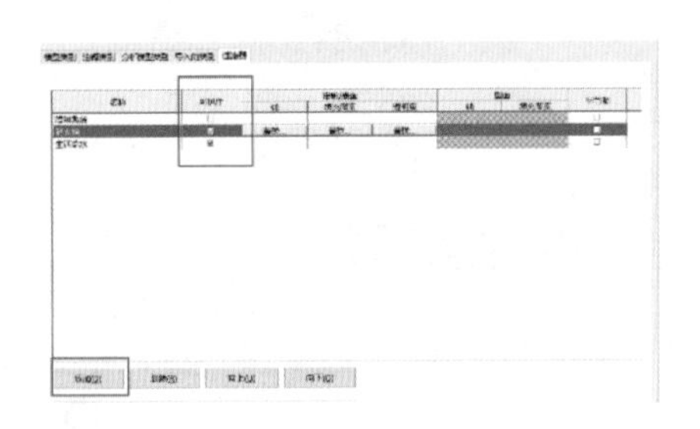

图 7-34

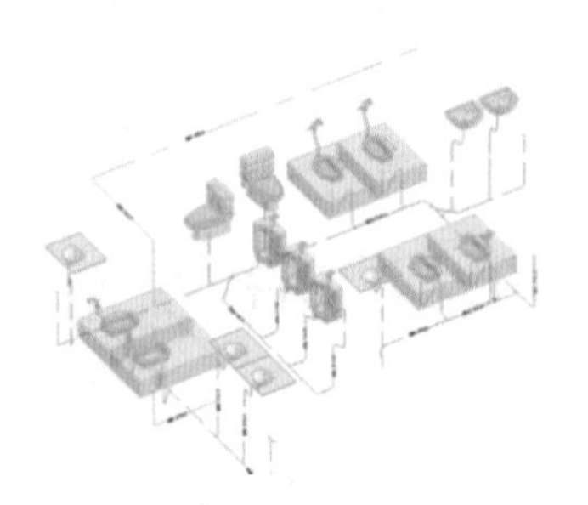

图 7-35

这里需要说明一下，Revit 生成的系统图是等轴测图，并非传统的 135°轴测图。个人认为，只要能表达清楚相对关系或者系统原理，等轴测图与 135°轴测图并无异。

7.6 Revit 中线管（含配件）总长度统计

熟悉 Revit 算量功能的都知道，Revit 模型中直接导出的量为实物量，并不是传统二维图纸时代的工程量。目前国内主要工程量计算主要还是依托二维图纸，计量规则也主要是针对二维图纸而设定的。在这种二维与三维时代交界处，关于工程量的统计同样也出现了一些矛盾冲突。

就拿大家熟知的管道工程量来说，《建设工程工程量清单计价规范》（GB 50500—2013）规定：管道工程量计算不扣除阀门、管件（包括减压器、疏水器、水表、伸缩器等组成安装）及附属构筑物所占长度。

简而言之，二维计价里面管道长度是包含了管道上的管件、阀门等构件的长度，而 Revit 里面管道长度是管道净量，不含管件、管道附件的。所以两种方式计算的工程量是无法做对比的，目前 Revit 导出的实物量只能辅助施工过程的材料计划。

回到线管上来，线管不同于管道之处在于实际施工中线管是没有单独的弯头的，而是借助弯管器处理拐弯处的线管，如图 7-36 所示。

这就要求统计线管的时候要把弯头的长度计在线管长度内。其实 Revit 本身提供了两种线管系统族：带配件的线管和无配件的线管，如图 7-37 所示。

而对于无配件的线管，除了可以用“线管”来统计工程量之外，还可以通过“线管管路”

来统计，如图 7-38 所示。

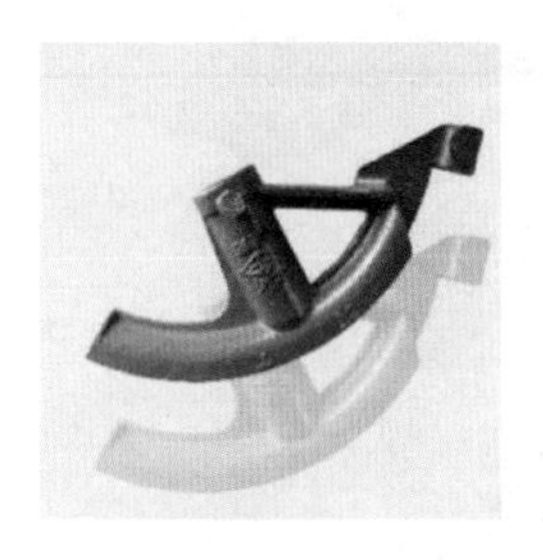

图 7-36

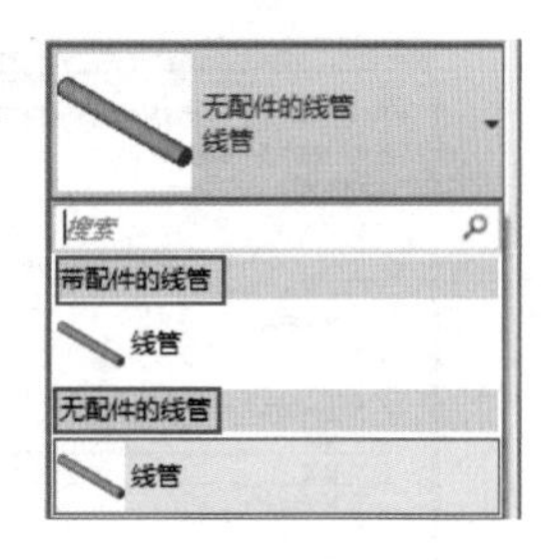

图 7-37

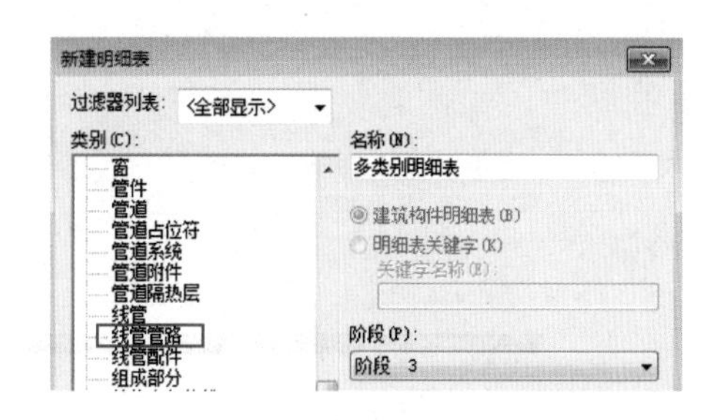

图 7-38

注意，使用“线管管路”所统计的长度是每一路连续的线管的总长，包括直段、分支、转弯处，对比如图 7-39 ~ 图 7-41 所示。

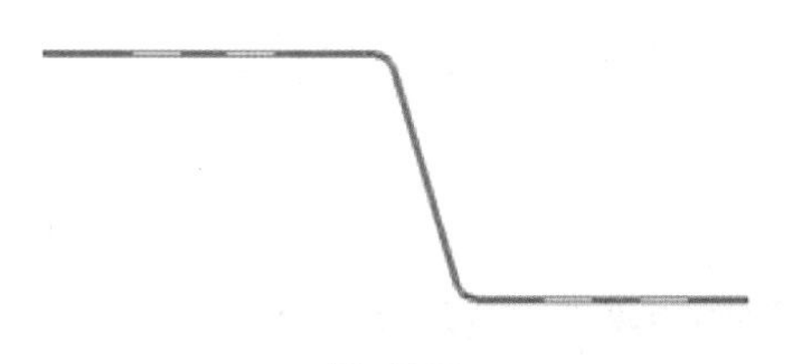

图 7-39

<线管明细表>

A	B	C
族与类型	外径	长度
无配件的线管：刚性非金属线管(RNC Sch 40)	60 mm	4087
无配件的线管：刚性非金属线管(RNC Sch 40)	60 mm	2570
无配件的线管：刚性非金属线管(RNC Sch 40)	60 mm	3285

图 7-40

也就是说，如果后期有统计线管长度的需求，绘制线管时就需要使用无配件的线管，而非带配件的线管。同理，桥架也有与线管一样的用法，但是一般现场桥架均有独立的配件（弯头、三通），故无配件的桥架使用的并不多。

<线管管路明细表>

A	B	C
族与类型	外径	长度
无配件的线管：刚性非金属线管(RNC Sch 40)	60 mm	11090

图 7-41

7.7 Revit 中对图元设置的优先级关系

在 Revit 中对图元的设置方式有多种，如材质可以在对象样式中修改，也可以在实例属性或者类型属性中修改，同理颜色等也是如此。常用的设置途径有三种：对象样式；可见性/图形替换（VV）；实例/类型属性。那么有多少人真正了解它们之间的层级关系，谁是最终影响图元关键因素？下面以管道的一个测试来说明。

新建一个项目，打开“对象样式”对话框对管道进行设置，如图 7-42 所示。

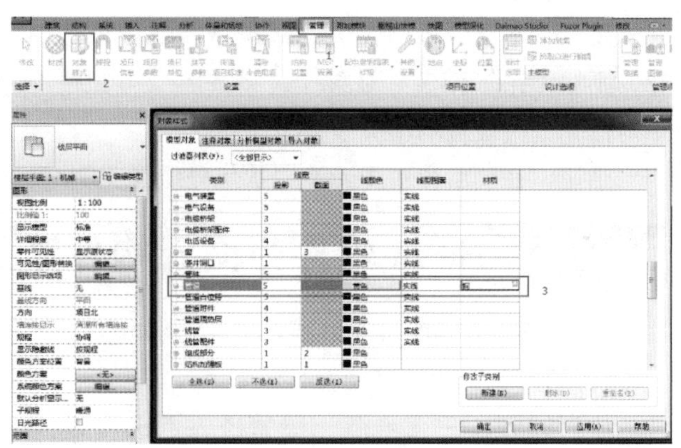

图 7-42

绘制一根管道，管道类型与管道系统不用区分，随意选取，如图 7-43 所示。

打开“可见性/图形替换”，对管道再次进行设置，如图 7-44 所示。

图 7-43

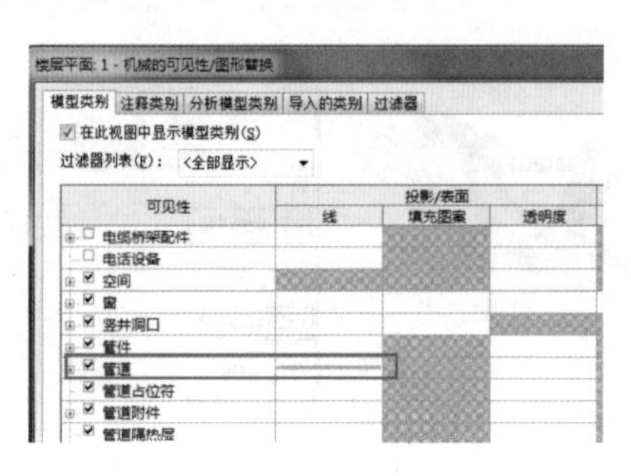

图 7-44

管道变成如图 7-45 所示样式，它的边线变成了绿色，因为 VV 里面不能修改材质所以中间显示的材质铜未变。

图 7-45

选中管道，查看其“系统类型”，在“项目浏览器”中找到管道系统。选中管道的系统类型右键打开类型属性进行编辑，调整材质，如图 7-46 所示。

图 7-46

最终管道的材质也发生改变，如图 7-47 所示。

图 7-47

反之则不然，除非在实例或类型属性中取消对图元的编辑，不然无论怎样在“对象样式”或者“可见性/图形替换”中对图元进行设置均不会改变。

结论：在项目中对图元设置的优先级是实例/类型属性 > 可见性/图元替换 > 对象样式。

7.8 Revit 软件为图元构件添加颜色的方法

Revit 中有很多种方式为图元构件添加颜色，下面给大家介绍三种比较常用的。

【方法一】通过系统添加。

打开软件，任意绘制一段管道，点选管道，在选项卡中找到“管道系统”，如图 7-48 所示。

图 7-48

单击“编辑类型”进入“类型属性”对话框，找到“图形替换”进入编辑，如图 7-49 所示。

给图元定义颜色，与图元所连接的系统都将显示该颜色（注：此时添加的颜色只显示在图元的边界以线样式显示，并没有实体填充），如图 7-50 所示。

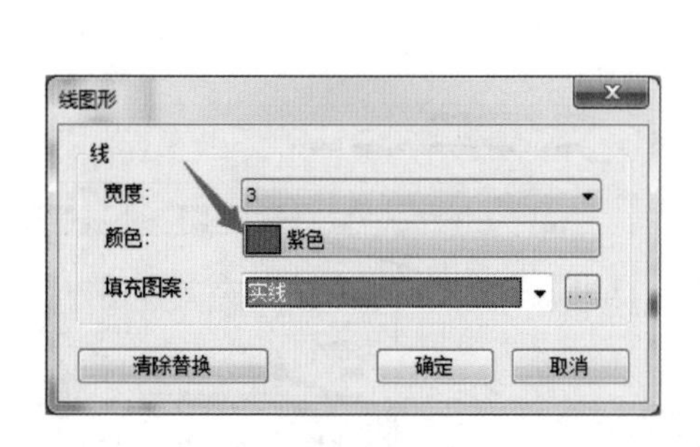

图 7-49

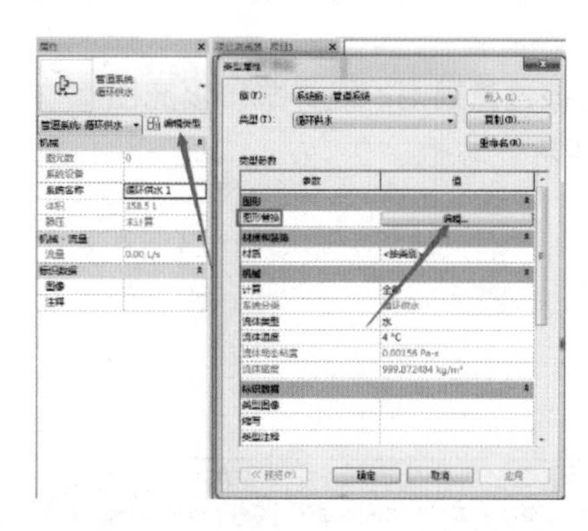

图 7-50

单击“材质”选项，进入“材质浏览器”，编辑系统材质（注：此时添加的颜色只有实体填充，不控制边界颜色），如图 7-51 所示。

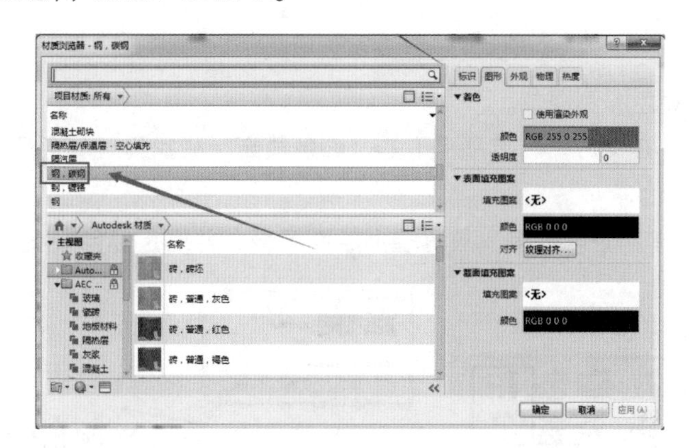

图 7-51

定义该材质的颜色及其他参数（注：材质浏览器中“图形”对应到图元在着色模式下的显示，而“外观”对应到图元在真实模式下的显示），如图 7-52 所示。

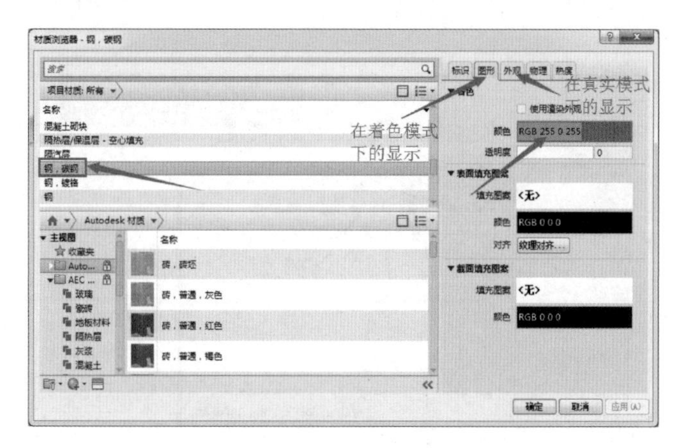

图 7-52

【方法二】通过过滤器添加。

打开“视图”选项卡下的“可见性/图形”（或使用快捷键“VV”）找到“过滤器”，如图 7-53 所示。

定义该过滤规则的线样式、填充图案样式及透明度等属性。此种方法仅限当前视图，如图 7-54 所示。

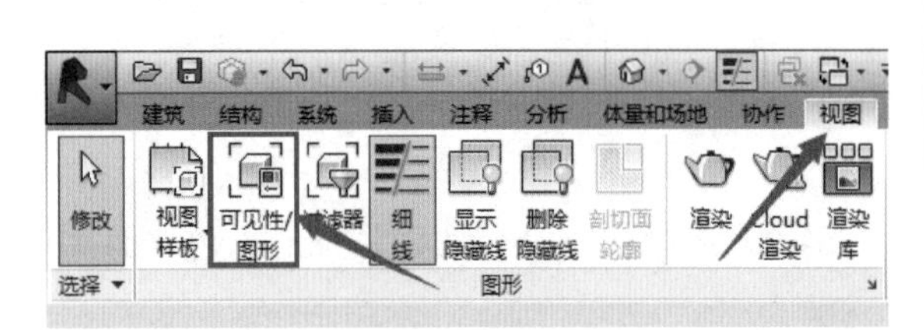

图 7-53

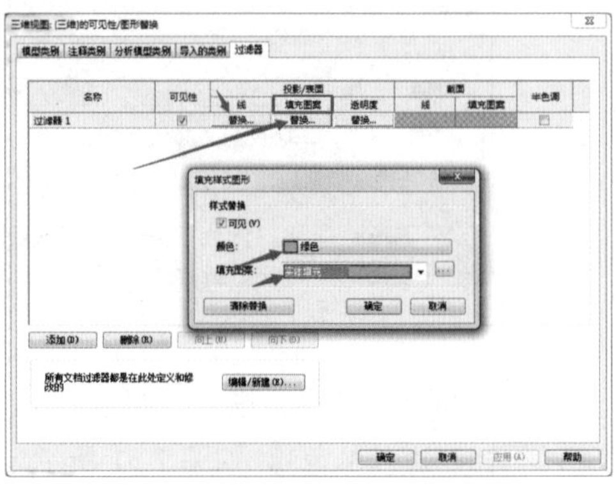

图 7-54

【方法三】通过颜色图例添加。

打开楼层平面图，在“分析”选项卡下的“颜色填充”栏找到“颜色填充图例”，如图 7-55 所示。

将“没有向视图指定颜色方案”放置空白绘图区域，并指定颜色方案，如图 7-56 所示。

图 7-55

图 7-56

点选放置好的颜色方案，进行编辑，重命名方案名称，选择合适的颜色分类依据，如图 7-57 所示。

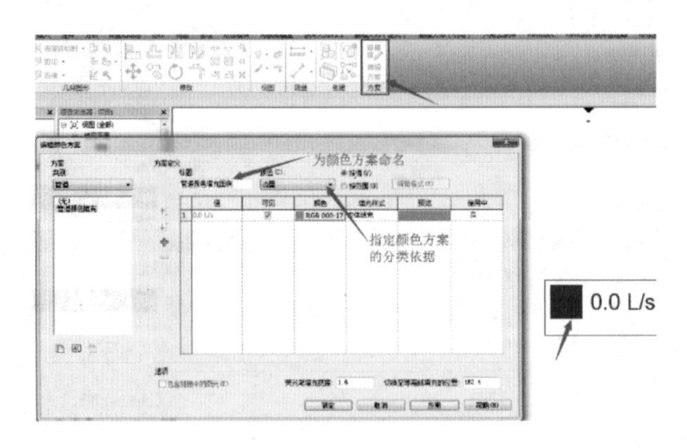

图 7-57

注：①使用图例填充颜色的方案只有在平面视图中才能定义，三维视图不行；②必须切换至粗略或中等模式下才能显示图例颜色，精细模式下图例颜色不显示；③过滤器设置的颜色方案优先级别最高，定义材质颜色的方法较低，图例填充优先级最低。

7.9 机电应用标准对比分析——标准规则篇

要问起目前 BIM 在施工中最成熟的应用，大部分人都会不约而同地回答机电管线。确实是，机电管线综合是目前最为落地的也是能实实在在带来收益的 BIM 应用。那么针对目前各家企业就管线综合这部分 BIM 应用的差异性，下面简单做个对比，也算是为大家提供另一种思路。

以下从三方面做比较：标准规则、建模规则及出图规则。

标准规则部分主要分析命名规则和颜色添加规则。

7.9.1 命名规则

1. 管道类型命名

目前国内有两种主流的命名方式：

1） 管道材质，如薄壁不锈钢管，如图 7-58 所示。

2） 管道材质-连接方式，如内外热镀锌钢管-法兰，如图 7-59 所示。

图 7-58

图 7-59

说明：

1） 这里只考虑大方向的区别，细节方面不做区分，如材质与连接方式之间的分隔用下画线还是中画线，材质是 PPR 还是 PPR 管。

2） 前两年还有一种命名方式：系统缩写-管道材质（-连接方式），如 J-PPR-热熔。这种方式在建模过程中不用频繁地查询某个系统用的什么材质，但是因为组合后数量巨大而且系统信息与管道系统重复，故而现在基本被淘汰。

接下来介绍连接方式起什么作用，为什么会将这种信息添加到管道类型命名当中。

两个因素：

1） 不同连接方式对应的管道连接件不同，也就是管件族不同。最具代表性的例子就是消防管道的卡箍连接（也叫沟槽连接），如图 7-60 所示。

自动喷淋管道的连接方式一般以 DN50 为界，不超过 DN50 使用螺纹连接，超过则使用卡箍连接。除此之外，卡箍管件与螺纹管件形体上区分度较大，为了保证模型尽量与实际贴近，大家会使用不同的族而不是同一个族不同的类型。这种前提下，针对不同的连接方式设置单独的类型似乎会方便些。

当然，会有人提出异议，通过“布管系统配置”不单独设置类型也能达到同一材质不同连接方式的效果。这个问题后面再做对比，这里不展开描述。

2）根据《建设工程工程量清单计价规范》，连接方式是管道的一个项目特征，如图 7-61 所示，工程量统计时要进行区分。换言之就是要分别统计不同连接方式的管道工程量，如果管道类型没有这种信息，似乎也不便于单独统计。

图 7-60

项目编码	项目名称	项目特征
031001001	镀锌钢管	1. 安装部位 2. 介质 3. 规格、压力等级 4. 连接形式 5.压力试验及吹、洗设计要求
031001002	钢管	
031001003	不锈钢管	
031001004	铜管	

图 7-61

了解了这两点因素，考虑一下有没有办法在不添加连接方式的情况下仍然保证使用功能?

回到第一个考虑因素：不同连接方式对应不同形式的管件。前面提到，可以通过“布管系统配置”为不同尺寸区间的管道赋予不同的管件族，如图 7-62 所示。当然，如果此处设置不当，也会出现管道连接方式混乱的情况，尤其是尺寸交界处。比如，第二行管件的尺寸范围，如果设置为“50-全部”，就经常会报错。

图 7-62

注意：有一种特殊情况这种方法无法满足。同一种材质在不同系统中不同连接方式的交界尺寸不同。比如，自动喷淋系统的交界尺寸是 DN50，而消火栓系统的交界尺寸是 DN70，同时两者使用的都是内外壁热镀锌钢管。

至于不同连接方式管道的单独统计，如果是按尺寸区分连接方式，如自动喷淋管，统计工程量时只需要按尺寸过滤即可；但是如果是按位置等其他属性区分，就不好自动过滤了；但一般来说这种情况较少，各单位可根据自身情况酌情选择。

2. 风管类型命名

风管类型名称考虑的因素相较于管道要多一些：材质、连接方式和对齐方式；其中连接方式又分施工连接方式（如法兰连接）和模型连接方式（如三通连接、接头连接）。

虽然有很多组合，目前主流的只有以下两种：

1）材质，如镀锌钢板，如图 7-63 所示。

2）材质-连接方式，如镀锌钢板-法兰，如图 7-64 所示。

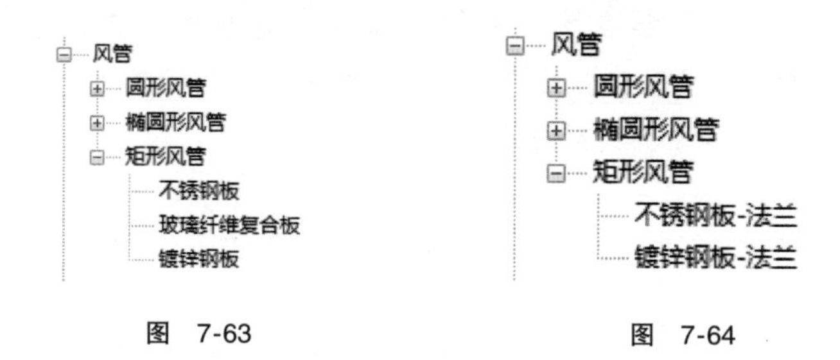

图 7-63　　图 7-64

风管板材种类不是特别多，连接方式一般也都是法兰，只是法兰连接再往下区分的话可能会有共板法兰、角钢法兰等。因此两种命名方式没有什么大的区分，数量上也不会有很大差异。不过考虑到一致性，一般会在确定了管道类型命名规则之后，让风管类型命名与其保持一致。

风管因为高度的原因，对齐方式（顶对齐、底对齐、中心对齐）及模型连接方式（三通连接、接头连接）对模型的影响还是很大的；实际施工时，风管的顶对齐及底对齐也是有要求的，那么为什么普遍的命名规则并不包含着这些信息?

这要结合建模规则来说明，具体将放在后续建模规则篇来阐述。

3. 系统（管道系统和风管系统）命名

管道系统与风管系统类似，这里以管道系统为例说明。我们调查了多家相关单位，主要存在两种命名方式：

1）系统缩写 + 系统名称，如 J 给水（系统），如图 7-65 所示。

2）系统名称，如中水（系统），如图 7-66 所示。

说明：有些单位习惯添加系统二字，如消火栓系统；有些就直接用系统名称，如中区中水。

两种命名方式只有细微差别，前面如果有系统缩写，在搭建模型时可能更方便查找一些。如图 7-67 所示容易让大家混淆的四个空调系统，如果系统名称前面含系统缩写，建模选择系统时就直接匹配平面图上的缩写就可以，不需要强调记忆缩写所代表的系统。

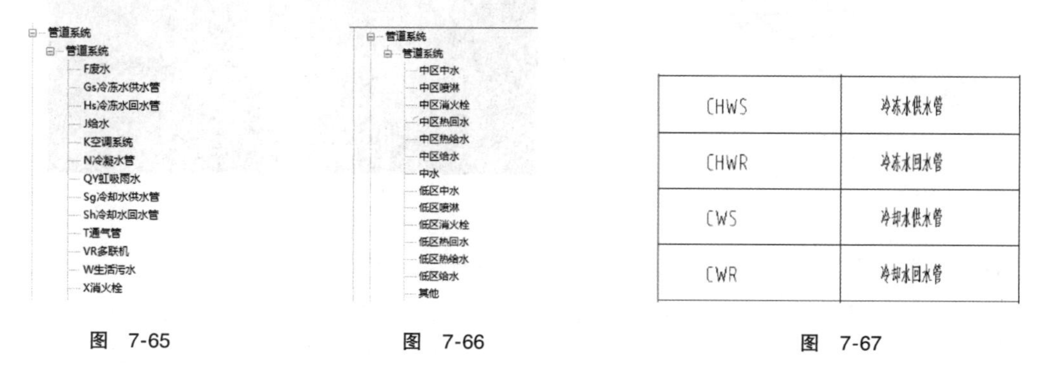

CHWS	冷冻水供水管
CHWR	冷冻水回水管
CWS	冷却水供水管
CWR	冷却水回水管

图 7-65　　图 7-66　　图 7-67

需要说明的是，各个设计单位之间的系统缩写标准可能不尽相同，但是每个设计单位自己的标准确是唯一的。对应到 BIM 系统命名标准，如果是设计单位附属 BIM 标准，就不存在系统缩写的变换性，哪种命名方式都可以；如果是咨询单位，或者施工单位这种需要接收不同设计单位图纸的，似乎带上缩写更方便一些，至少建模会快一点。

在此命名基础上，有些单位会在系统名称前面人为地增加一些编号来进行分类，如图 7-68、图 7-69 所示，所有消防专业涉及的系统前缀为 01，给水排水专业为 02，这种处理非常便于系统检索，尤其是复杂项目系统极多时。

4. 桥架类型命名

桥架类型字段有桥架分类（强电、弱电）、桥架类型、桥架形式（槽式、梯式等）。同样有两种常用的命名规则：

1）桥架类型，一般与图纸表达一致，如消防桥架，如图 7-70 所示。

2）桥架分类 + 桥架类型，如强电-普通桥架，如图 7-71 所示。

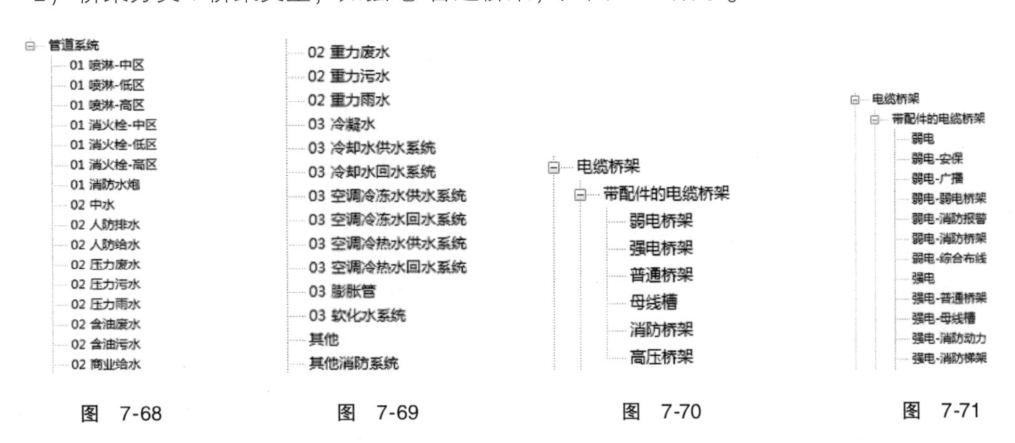

图 7-68　　图 7-69　　图 7-70　　图 7-71

可以看到，第二种加了一个前缀用于区分强弱电，功能与管道系统加前缀功效一致，便于检索。

还有一个不得不说的点就是桥架的形式。大家都知道现场最常用的桥架是槽式桥架，但除了槽式，还有一些其他形式的桥架，如梯式桥架、光纤槽等，如图 7-72、图 7-73 所示。

图 7-72

图 7-73

Revit 中提供了三种桥架形式：梯式、槽式、托盘式。那在制定桥架类型命名规则时，是否要区分形式，或者说为什么大部分单位都没有区分，这个问题同样要在后续建模规则篇做具体说明。

7.9.2 颜色添加规则

这里的颜色主要针对系统颜色添加方式。众所周知，系统颜色添加有两种主要方式：

1）通过系统材质附颜色。

2）通过视图过滤器添加颜色，如图 7-74 所示。

两种控制方式差异性也很明显：系统控制整个项目而视图过滤器控制当前视图。

使用过滤器控制系统颜色需要借助于视图样板，一旦批量使用视图样板，就意味着 BIM 模型有着一套严格的标准规则控制，例如“鸿业 BIM 建模、出图标准”，它规定了每一个视图样式，如图 7-75 所示。

图 7-74

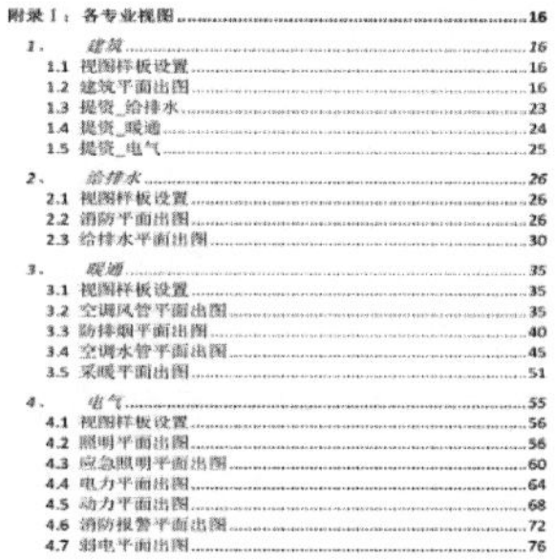

附录 I：各专业视图……16
1. 建筑……16
1.1 视图样板设置……16
1.2 建筑平面出图……16
1.3 提资_给排水……23
1.4 提资_暖通……24
1.5 提资_电气……25
2. 给排水……26
2.1 视图样板设置……26
2.2 消防平面出图……26
2.3 给排水平面出图……30
3. 暖通……35
3.1 视图样板设置……35
3.2 空调风管平面出图……35
3.3 防排烟平面出图……40
3.4 空调水管平面出图……45
3.5 采暖平面出图……51
4. 电气……55
4.1 视图样板设置……56
4.2 照明平面出图……56
4.3 应急照明平面出图……60
4.4 电力平面出图……64
4.5 动力平面出图……68
4.6 消防报警平面出图……72
4.7 弱电平面出图……76

图 7-75

其实这种过滤器的方式与传统二维 CAD 图层控制的方式十分相似，所以很多设计单位比较喜欢用这种方式；而鸿业的 BIM Space 产品主要也是面对正向设计的，所以设计单位 BIM 相关部门可以考虑用这种方式。

而针对非设计部门，很难用这种方式表达：他们接收的图纸来自不同的设计单位，在一般要求模型色彩控制与原始 CAD 一致的前提下，他们很难形成自己固定的标准，往往要针对每个特定的项目制定颜色标准。这种情况下，如果是通过系统颜色控制，修改起来就便捷多了，一劳永逸。

系统颜色设置包含两方面内容：实体颜色和边线颜色，对应到属性中就是材质和图形替换，如图 7-76 所示。

图 7-76

一般情况设置时，会保持图形替换颜色与材质一致，保证便于平面与三维视图颜色的一致性。

7.10 机电应用标准对比分析——出图规则篇

管线综合最终呈现的主要成果是二维图纸，可能在不久的将来三维模型可以完全代替二维图纸，但至少近些年还要维持以二维图纸为主三维模型为辅的局面，所以二维图纸的重要性不言而喻。

关于二维图纸，从如下几方面进行阐述：

7.10.1 视图详细程度

视图详细程度影响构件的显示样式，比如管道在精细模式为双线显示，在中等及粗略模式为单线显示。

传统二维施工图，管道均为单线显示。其实 Revit 原本设计的中等及粗略模式一定程度上就是为出图服务的，但是据统计目前大部分企业的管线综合图（包括单专业图）均为双线显示，如图 7-77 所示。

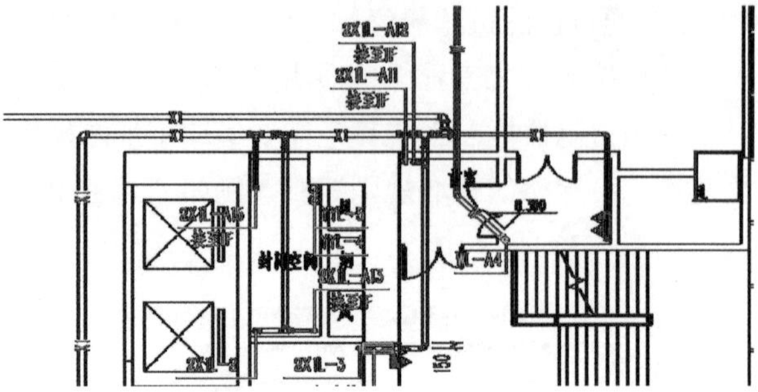

图 7-77

影响因素：

1）单线出图，会不自觉地同传统二维图纸比较；考虑到先入为主的影响，大家会让 BIM 图纸尽量地贴近传统二维图纸。毕竟是一个新事物，让它去适应二维图纸的规范还是有很大困难的，比如字体和阀门的二维表达（不随构件尺寸变化）。当然技术层面可以做到相似度 90%，但是普遍认为花费大量精力处理图纸实在没必要。

2）双线出图也可以表达清楚管线的走向，而且更直观；很多人认为这种表达更能体现 BIM 的特点，倒是乐意保留这种表达方式。

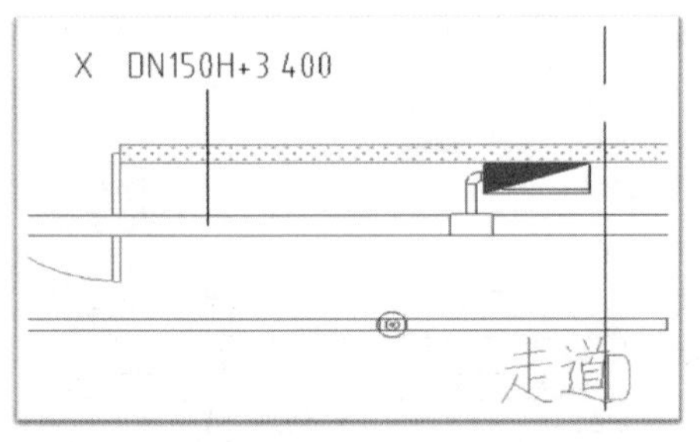

图 7-78

3）在没有严格针对三维出图的标准的情况下，规则一般都自行定义；这样有了很大的宽裕度，大家可以自行避开一些烦琐的处理操作，提高出图效率。

当然即使如此，还是要尽量让图纸表达得更清晰一些，大家会采用一些折中的办法。就拿消火栓平面图来说，视图详细程度为“精细”，保证管道双线显示；在可见性设置里面，单独设置消火栓（机械设备类别）详细程度为“中等”，这样消火栓族就显示的是传统的二维符号，如图 7-78 所示。

风管、桥架都是双线显示，与传统二维图纸一致，不需要特别说明。

7.10.2　标注样式

这里主要对比标记族。从三方面说明：字体、单位、高度符号。

1）字体。目前公认的最接近 CAD 的字体为长仿宋体，但使用这种字体标注的单位在数量上并没有倾倒式优势。可能还是上面的原因，我表达清楚就可以，无所谓什么字体。况且如果其他计算机上没有安装长仿宋字体，用 CAD 打开时原本排布好的标注会出现混乱现象，因为字体被默认替换了。

至于字体的大小、宽度系数就更不统一了，但一般来说字体都在 3 ~ 5mm，宽度系数 0.7 ~ 0.8，如图 7-79 所示不同的标注字体与大小。

2）单位。管线综合标注一般都要标注管线高度，项目中默认长度单位为“mm”，施工中很难精确到毫米级别，也可能是习惯问题，大部分单位都选择用“m”为单位表达高程，同时保留三位小数，如图 7-79 所示。

但是也有单位选择“mm”为单位，可能是考虑与风管、桥架尺寸单位一致；除此之外，高程后面要不要带单位符号（mm、m），如图7-80所示，大家也没有统一意见，这个就仁者见仁智者见智了。

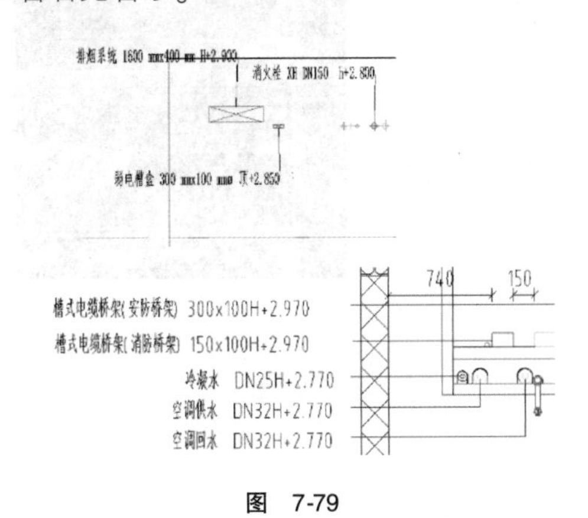

图 7-79

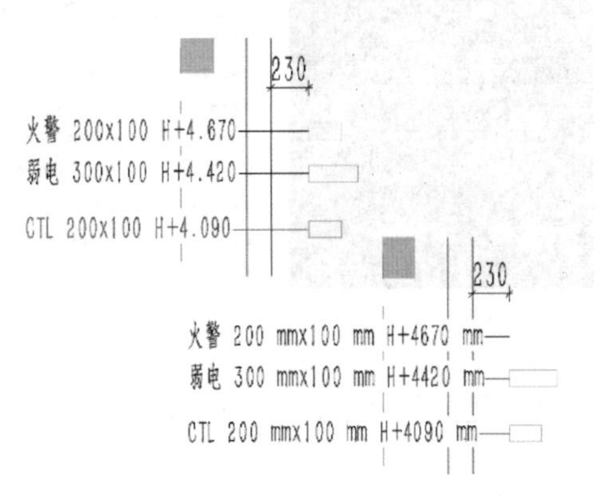

图 7-80

3）高度符号。这里主要说明表达中心、底、顶时用的表达方式。最后标注构件高程时，无论标注的是哪部分高程，都需要做个说明，避免施工错误。

视图专门做文字说明，表达不同类型构件的标高指的是哪部分，如图7-81所示。

高程加一个文字前缀，如图7-82所示。

说明：1. 风管、桥架标高标注均为底高度；管道标高为中心高度
2. 若图中管径与蓝图不符，无特殊标注均以蓝图为准

图 7-81

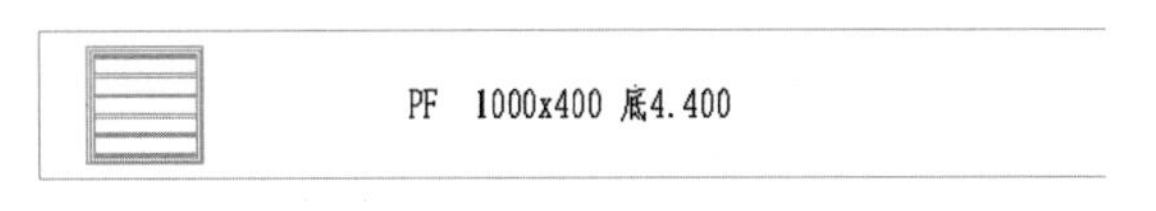

图 7-82

高程前加英文符号分别表示顶、底、中心，比较常用的是TL、BL、CL，如图7-83所示。

有些人喜欢直接用英文表达，直观，不容易出错，但毕竟这个图纸最终是拿在工人手里的，他们可能看不懂英文。这里只是给大家提供多种选择，大家因地制宜。

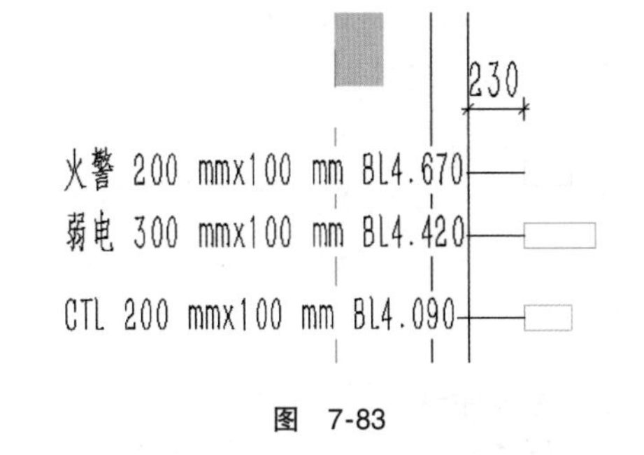

图 7-83

7.10.3 底图处理方式

管线综合图需要建筑底图作为参照，建筑底图的处理方式目前主要有两种：

1）链接土建模型直接作为参照底图。其实这种处理方式是比较正统的，符合协同模式本身的意思。这种模式在相关设计单位用得比较多，他们出图一般是全专业的，建筑平面（颜色/线型/房间标记等）已处理完成，因此只需要链接对应视图即可，如图7-84所示。

当BIM服务着重于机电管线，对土建要求不高时，土建模型精度可能并不满足出图的需要，这个时候这种方式显然就不太合适了。

2）建筑CAD底图作为参照底图。这种方式操作简单又能满足功能需求，因此是很多单位的首选，如图7-85所示。

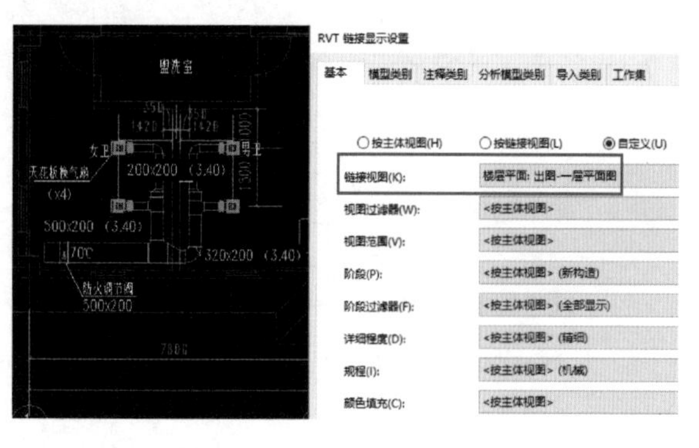

图 7-84

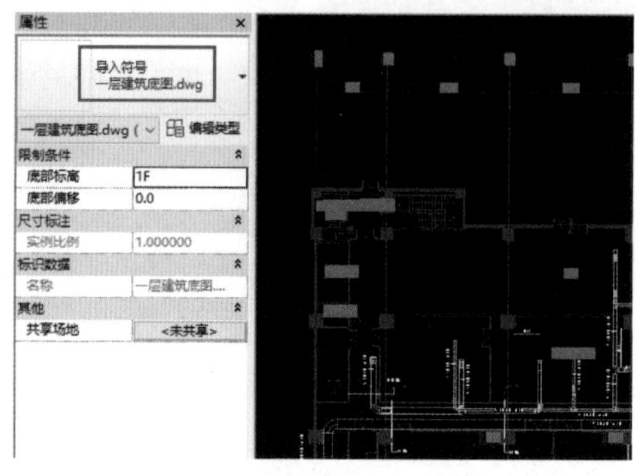

图 7-85

这种方式处理时，一定注意弱化建筑的显示，包括图层颜色/图层数量等，不然建筑图层会喧宾夺主。

需要注意的是，这种方式只适用于平面，剖面图仍然需要土建模型做为基准。

7.10.4 模型与布局

CAD 中模型与布局对应模型中的视图与图纸，在图纸中放置的内容（如图框/图纸名称）在 CAD 的模型界面是不可见的，布局界面可见。

如果要求查看的是布局中的内容，则不存在什么争议的问题；如果习惯查看的是模型中的内容，就需要把重要的东西放在视图中，而非图纸中。

比如图纸名称。Revit 提供了一种叫“视图标题”的系统族可以识别视图名称，达到图纸名称与视图名称联动的效果，如图 7-86 所示。

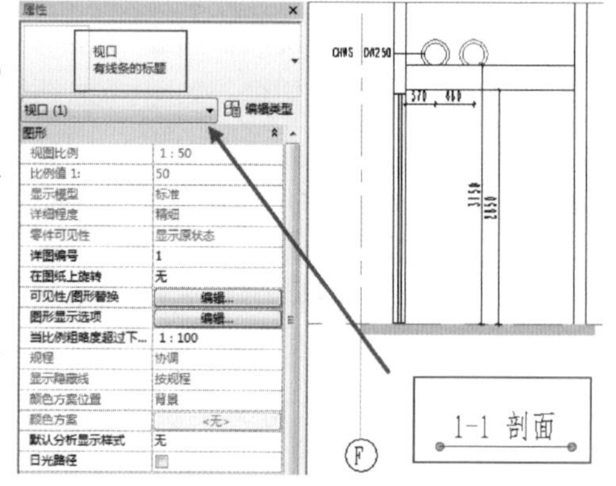

图 7-86

这种提取视图名称的方法一旦碰到图纸名称与视图名称不一致就不方便了，如图 7-87 所示，为方便排序，可人为地增加一些前缀。如果直接使用这个视图名称作为图纸名称，显然是不合适的。

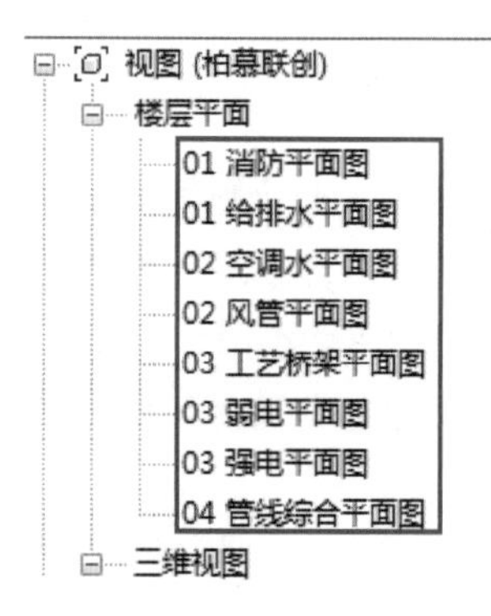

图 7-87

除了使用“视图标题”，另一种比较常用的方法就是手动输入注释文字，如图 7-88 所示。手动输入就没有任何限制了，能应对任何情况。它的弊端就是不能智能联动，以剖面来说，一旦中间增加了一个剖面，除了视图名称要变更之外，视图中手动输入的剖面名称也需要同样的修改工作。

了解了不同处理方式的优缺点，大家合理选择。

最后提一点，关于视图一些特殊说明，如图 7-89 所示，这部分内容建议大家写在视图当中，万一这种重要信息被执行人员看图时忽略了，造成的损失就大了。

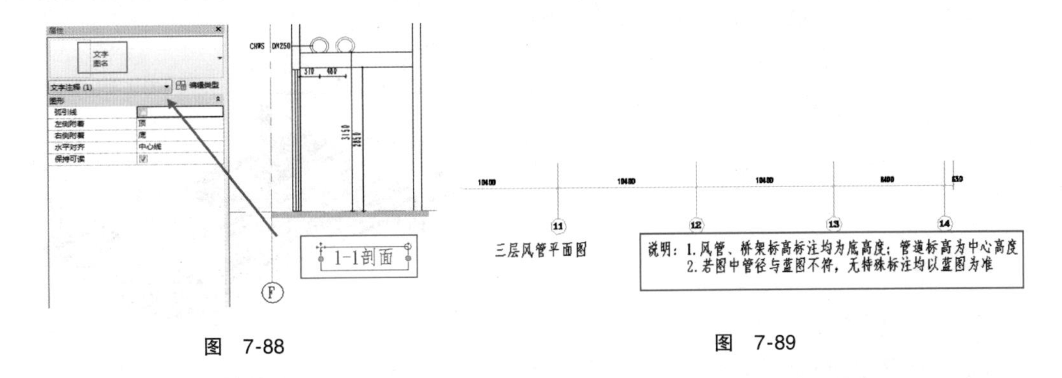

图 7-88　　图 7-89

7.11 机电应用标准对比分析——建模规则篇

以下介绍各阶段建模规则的差异，内容主要从协作模式、模型精度及建模规则三方面说明。

7.11.1 协作模式

两种协作模式：链接模式与工作集模式。

两种协作模式的区别这里也不做详细说明，简单地说链接模式简单易控制，但是不能自动更新，需手动处理；工作集模式需要一定的条件，但是易管理、文件集中、信息自动更新。

建模阶段，协作模式的选择往往与项目人员、硬件设备、模型拆分方式相关。这时候使用链接模式或者工作集模式都可以；考虑到后期管线综合，单体项目各个机电专业模型要在一个文件中，不能是链接状态，故而使用链接模式时后面需要对模型整合，整合方式可选择复制或绑定链接。

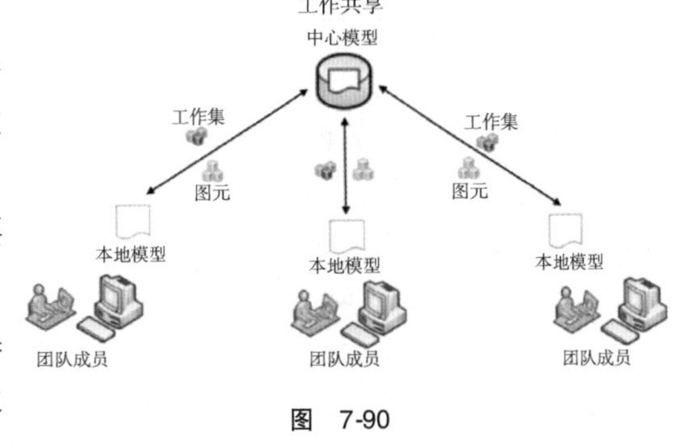

图 7-90

管线综合阶段，考虑到不能按专业拆分，基本都采用工作集协同模式。当然模型体量不大时，单个人能满足管线综合工作量时，可以不用协同。内部局域网协同，对工作站及网络均有要求；目前兴起的云平台操作，减小了对硬件及网络的要求，很大程度上提高了协同模式的效率，如图 7-90 所示。

7.11.2 模型精度

目前比较被认可的模型详细等级标准是美国建筑师协会（AIA）所制定的建筑信息模型详细等级或模型深化等级（Level of Detail 或 Level of Development，简称 LOD）。分五个层次，从最初粗略的概念化表达发展到最后精细的竣工模型。

机电模型的精度取决于模型在项目中的实际应用，并不是越精细越好，要尽量使得资源利用最大化。

如果模型只是用于指导复杂区域主管线排布，模型精度达到 LOD300 即可；如果要精确指导，精准度达到某一个支架采用哪种吊杆（比如华西安装承接的简阳新机场 BIM 服务），模型基本上要达到 LOD400 甚至更高的深度，如图 7-91 所示。

还需要注意的是，模型精度也是阶段性的，确定后期要做管线综合，前期建模的时候就可以省略很多细节，甚至阀门、设备机组都可以先忽略，出图时再完善，尽量减少不必要的构件对管线综合速度的影响。

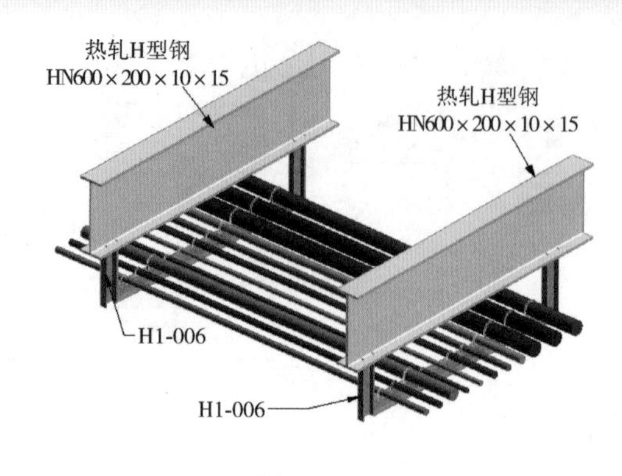

图 7-91

7.11.3 建模规则

先介绍风管建模规则。

在标准规则篇提到过，风管类型命名中一般是不含对齐方式的，施工中常用的对齐方式（高度方向）是底对齐和顶对齐，如图 7-92 所示，那建模型的时候要遵循什么样的原则?

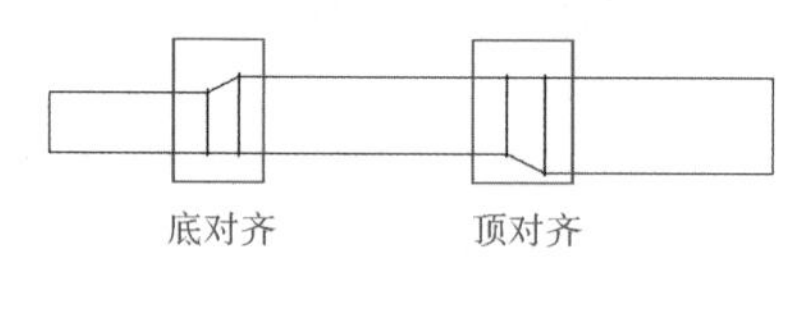

图 7-92

1）如果强调图模一致，对齐方式就要严格按照设计说明要求绘制。这种方式不仅在建模时增大工作量，后期管线综合时也会因为标高的问题影响速度。但是有些成果是阶段交付的，尤其是咨询公司，也只能这样。

2）考虑到后期管线综合时，整个标高体系要重新排布，所以有些单位（尤其是施工单位）在建模的时候就不考虑这些“虚礼”，怎么方便怎么来。其实大家都会发现，绘制模型时，中心对齐绘制起来要方便一些，因为默认风管的偏移量是中心偏移量。那么绘制模型时就全部中心对齐，管线综合时，根据具体情况再调整某个点的对齐方式。

接下来介绍桥架建模规则。

桥架因为厚度变化不大，高度方向上的对齐方式一般影响不大。这里主要说一下建模时梯式桥架与槽式桥架的区分。

单从对管线综合的影响来说，使用梯式桥架与槽式桥架影响不大，他们在中等模式显示是相同的，如图 7-93 所示。

外观的差异，直观上会觉得区分梯式与槽式会显得模型更精细，更贴近实际，如图 7-94 所示，效果跟之前提到的卡箍连接是相同的。

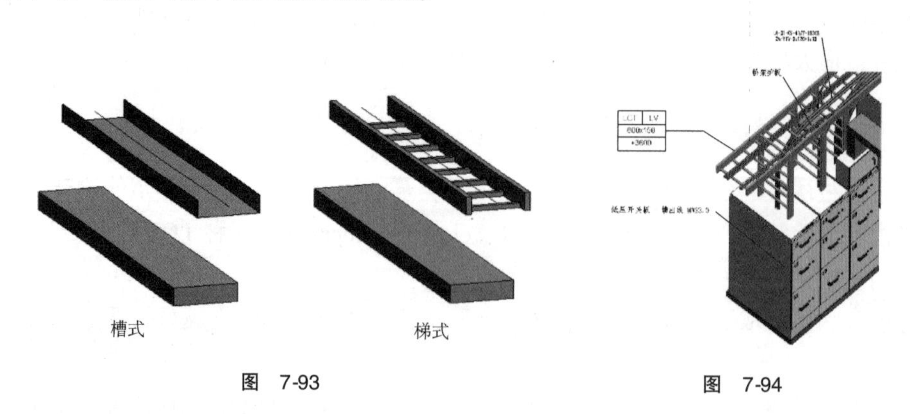

图 7-93　　图 7-94

目前大部分企业建模时是不区分梯式与槽式的，但是如果要严格按类型统计工程量，建议还是加以区分。区分的时候，要注意更改桥架相应的命名规则，增加桥架形式字段。

第 4 篇 族

第8章 族操作技巧类

8.1 Revit 嵌套轮廓子族参数关联方法

【问题】从维度方面考虑，可把族分为二维族和三维族，一般三维族嵌套到母族中，可以将子族的参数与母族的参数关联，这样在项目应用中就可以通过母族的参数控制子族的参数了。实例参数关联如图 8-1 所示，类型参数关联如图 8-2 所示。

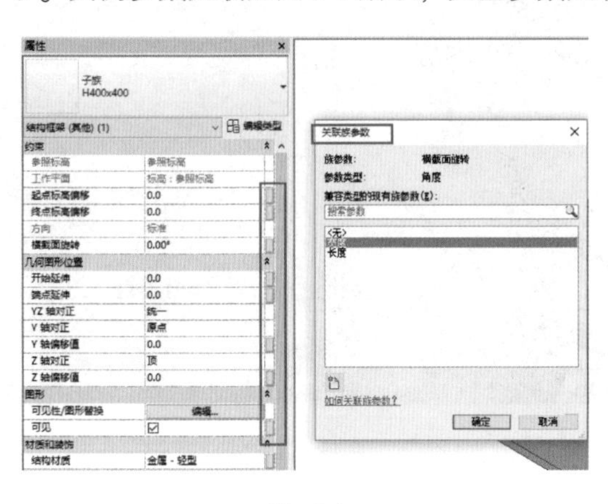

图 8-1

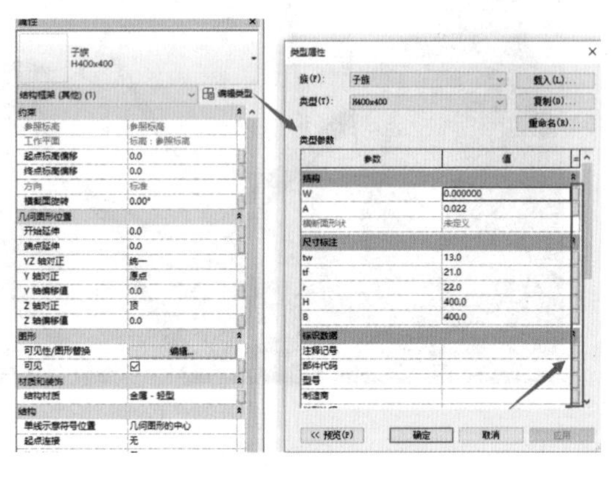

图 8-2

但是嵌套的轮廓族参数怎么关联？如图 8-3 所示，为系统结构样板项目中自带的热轧 H 型钢梁族，该梁族是由放样完成，其中放样的轮廓是由嵌套的轮廓族（H-形-轮廓-中等）创建的。但是发现在属性栏中 编辑类型 不能编辑，实例参数也不能关联。

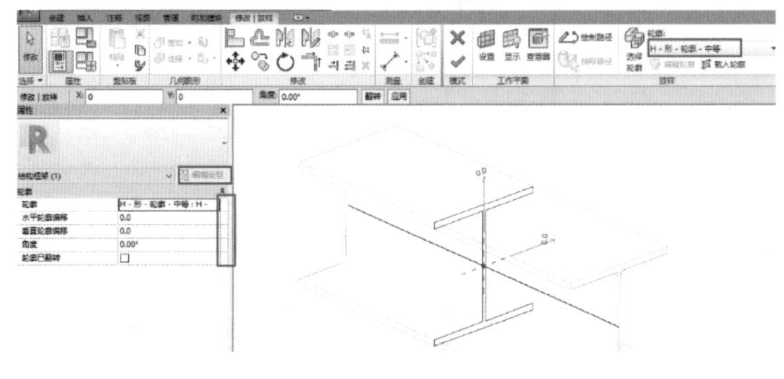

图 8-3

【问题解决】一般关联参数可以采用以下方法：

【方法一】在属性栏编辑类型关联。

【方法二】通过项目浏览器中选择相应的族类型→右键→类型属性，编辑类型进行关联，如图 8-4、图 8-5 所示。

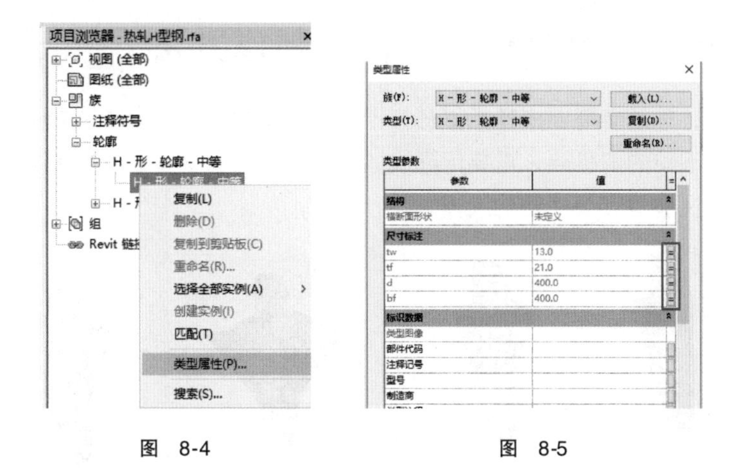

图 8-4　　　　图 8-5

【总结】一般三维嵌套子族关联，用以上两种方法均可，但嵌套二维轮廓子族参数关联，只能用方法二进行关联。

8.2 Revit 中如何有效地控制族文件的大小

族文件的大小能够影响到项目文件的大小和软件运行速度，那么如何才能将族文件做到最小且满足项目需求?

【方法一】删除导入的 CAD 图纸。

若族文件中导入了 CAD 图纸，或者是光栅图像，最好把这些光栅图像和 CAD 图纸删除(或者是不选择导入 CAD 图纸，选择链接 CAD 图纸)，在管理选项卡下找到管理图像命令，删除不需要的光栅图像。

单击“视图”选项卡下的“可见性/图形”(快捷键 VV)，找到“导入的类别”删除不需要的 CAD 图纸。

【方法二】创建几何形状时的技巧。

尽量减少空心几何形状的绘制，尽量不使用阵列和公式。

在平面视图中使用符号线和遮罩区域，而不是模型线或其他几何图形。

选择合适的族样板进行绘制，族样板本身就有一定的容量，选择不同的样板最后文件大小也会有差别。(将族文件名称例如“楼梯族 . rfa”改为“楼梯族 . rft”，即可作为自己的族样板文件进行保存)。

【方法三】清除未使用项。

族制作完成后可以把族文件中未用到的外部载入族或其他多余数据删掉，单击“管理”选项卡下的“清除未使用项”命令。

在弹出的“清除未使用项”对话框中删除所有不需要的项目。

【方法四】用不同的名称保存项目。

保存族文件时需要注意，用不同的名称保存项目（如果文件已经设置了保存路径，再次保存时不要直接点保存，用另存为重新命名文件名称或更换保存路径)，这样文件数据库就可以重新被编译。

8.3 Revit 中相似构件的快捷制作方法

在实际项目中，总是会需要搭建相似却又不完全相同的族，如图 8-6 所示的四个不同的闸机。为了快速制作不同的闸机族，需要用到族的可见性的设置功能，把族里面的闸机挡板关联可见性的参数，来快捷地实现需要的族样式。

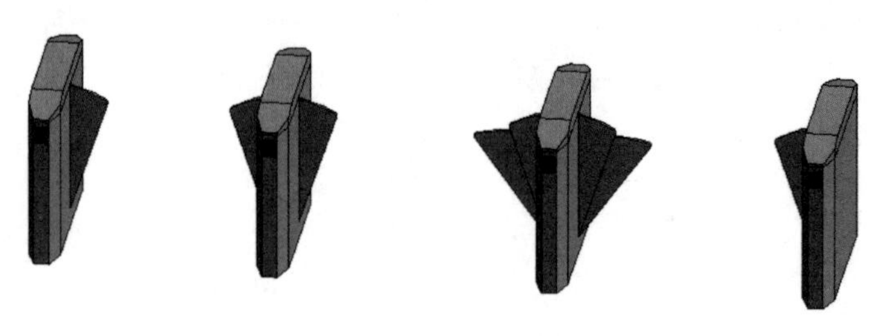

图 8-6

进入族的编辑界面，给每一块嵌套进来的闸机挡板的可见性关联上实例参数，并且做好命名，如图 8-7 所示。

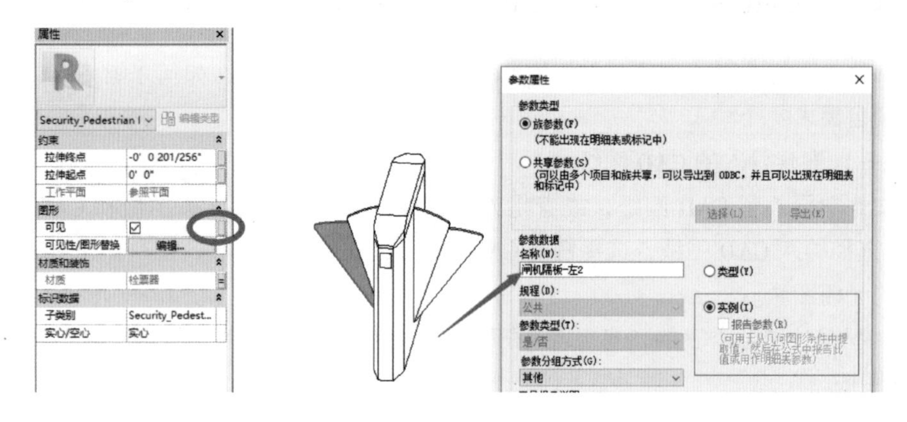

图 8-7

给每块嵌套进来的挡板的可见性添加好参数后，这个简单易变的族就做好了。载入到项目中，通过属性栏中的实例参数控制闸机族，做成需要的闸机样式，如图 8-8 所示。

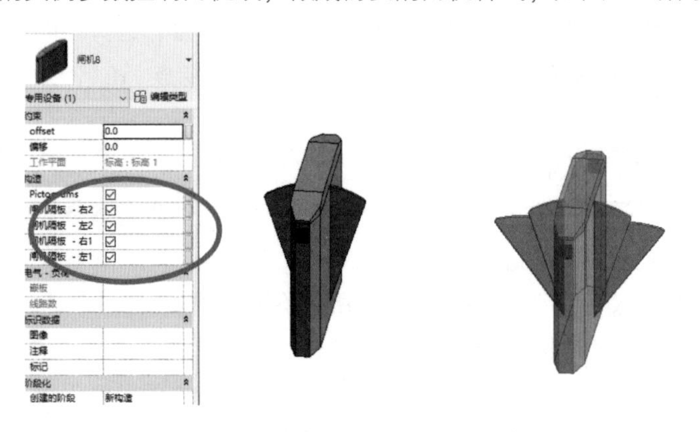

图 8-8

8.4 Revit 注释标记族方向自动调整

注释标记族默认是水平或垂直放置的，但是根据项目的实际情况可能需要放置成与构件一致的方向，或者其他的一个显示角度，这个角度怎样控制?

首先放置好的注释族是没法使用旋转命令进行旋转的，要旋转方向需要按照以下操作进行：

选中注释标记族，在其属性栏中找到“方向”，可以修改方向为“水平”或“垂直”，如图 8-9 所示。

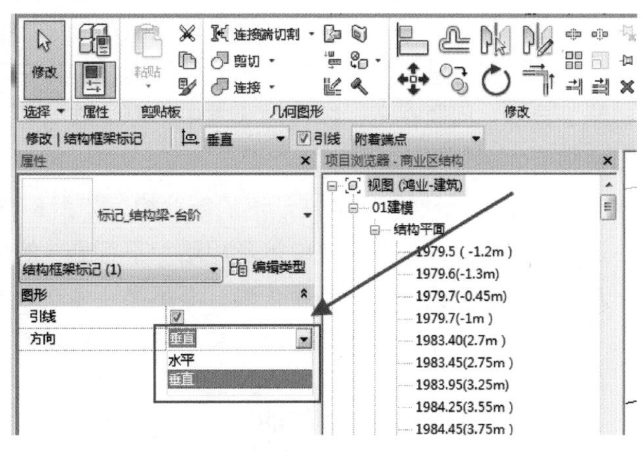

图 8-9

如要使标记与构件方向保持一致，需要进入到注释族编辑环境中，单击“族类别与族参数”，在弹出的对话框中勾选“随构件旋转”，单击确定，如图 8-10 所示。

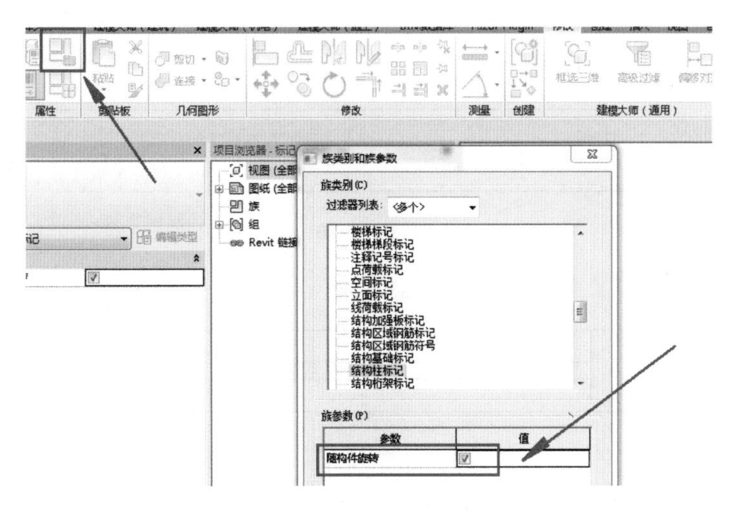

图 8-10

如果还是不能修改到合适的位置，如图 8-11 所示，那就再次进入到族编辑环境中，直接将标签进行旋转，旋转至合适的角度再载入到项目中来即可，如图 8-12 所示。

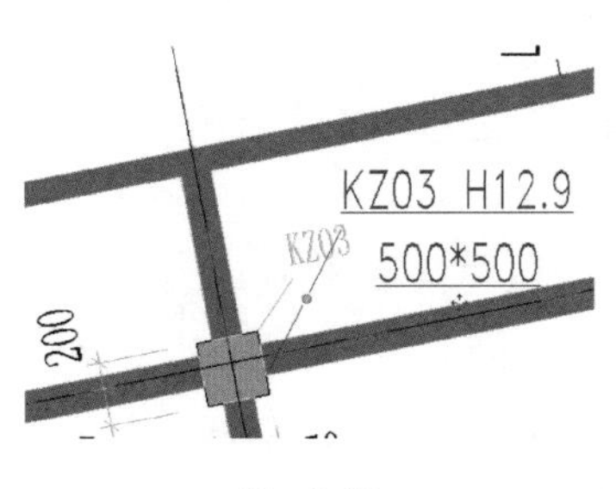

图 8-11

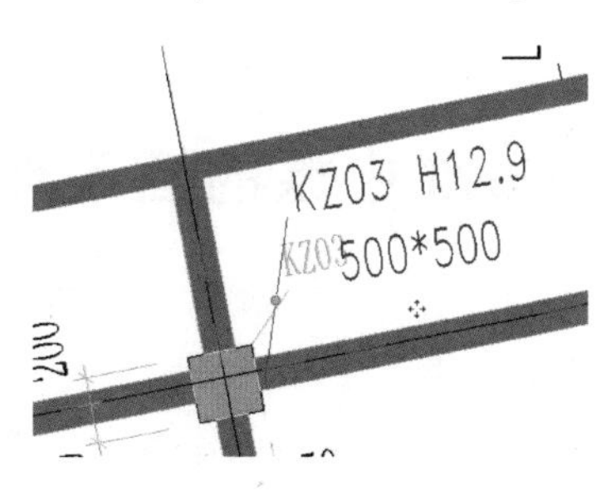

图 8-12

8.5 Revit 族中可见性参数预览

在创建族的时候，很多情况下可通过增加可见性参数控制构件在项目中的可见性，如为了让构件平面显示满足出图需求，部分三维实体构件中等及粗略模式下不显示，二维线条中等及粗略下显示；问题在于，以往的版本中，测试族的可见性设置是否正确只能到项目中，族中是无法预览的。

Revit 2018 新增了可见性预览的新功能，如图 8-13 所示。

打开一个族，设置构件中等及粗略下不可见；然后打开“预览可见性”功能，便可以在族中查看构件的可见性设置是否正确，而不需要多次载入到项目中了。

平面打开预览可见性功能时，有如下两个选项可以选择，如图 8-14、图 8-15 所示。

图 8-13

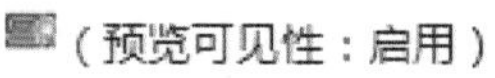

（预览可见性：启用）

图 8-14

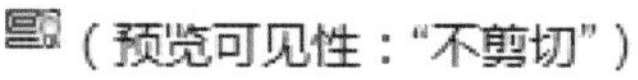

（预览可见性：“不剪切”）

图 8-15

其中，“预览可见性：启用”用于预览平面显示；“预览可见性：不剪切”用于查看显示为投影的族，下面以窗族为例进行说明：

预览可见性关，如图 8-16 所示。

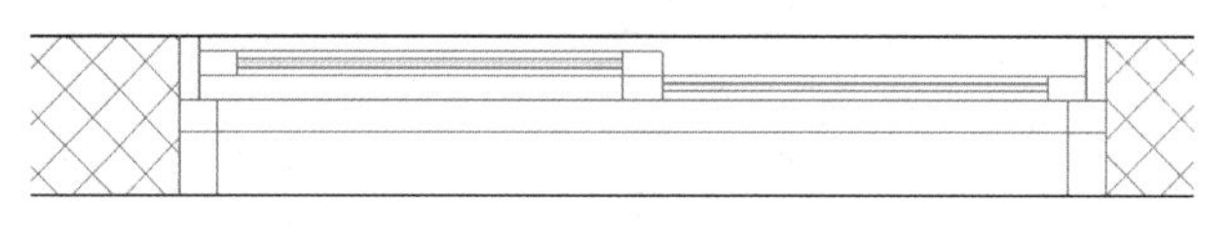

图 8-16

“预览可见性：启用”，如图 8-17 所示。

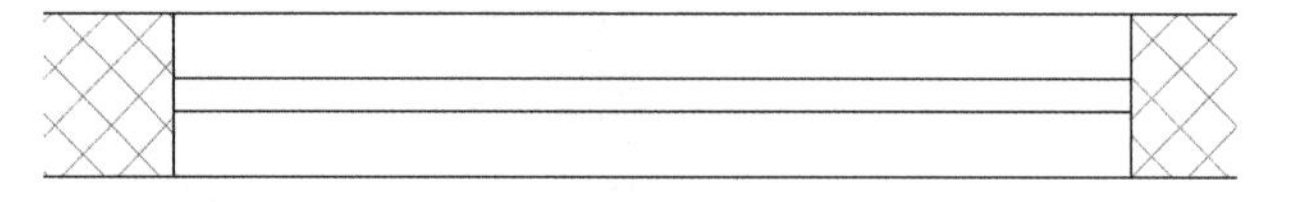

图 8-17

“预览可见性：不剪切”，如图 8-18 所示。

图 8-18

8.6 Revit 中族的插入点问题

在没有设置的情况下，族载入项目的插入点是默认两条参照平面的交点，如图 8-19 所示。

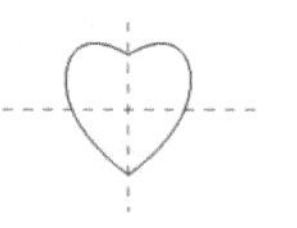

图 8-19

有时候需要将自己想要的点作为定位点或插入点，这时候可以单击“参照平面”，取消勾选属性栏的“定义原点”，如图 8-20

所示。

在自己想要的定位点设置参照平面，单击“参照平面”，勾选“定义原点”，插入点就设置成功了，如图 8-21 所示。

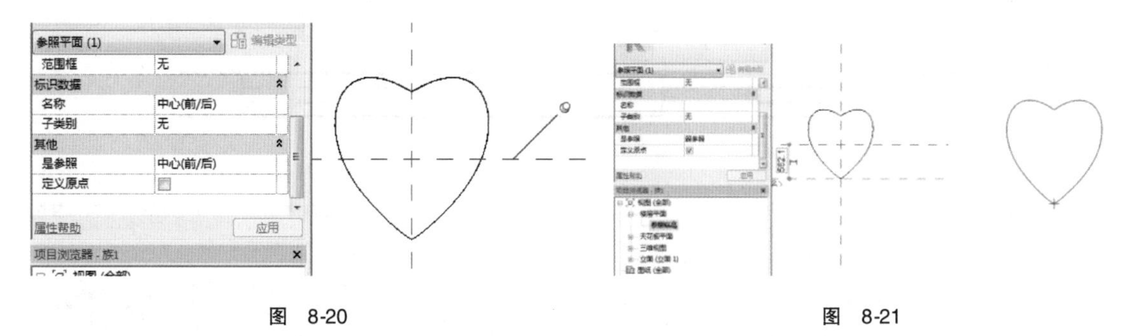

图 8-20　　　　图 8-21

8.7 关于 Revit 中圆与多边形融合问题

一般情况下多边形与圆融合会出现这样的效果，多边形的顶点没有平均分布在圆上，如图 8-22 所示。

可以在绘制完这样的模型后，返回参照标高，单击模型，单击“编辑顶部”，用直线连接多边形对角（若多边形是奇数边，连接圆心与多边形顶点），如图 8-23 所示。

图 8-22　　　　图 8-23

单击“拆分图元”命令，在直线与圆的交点进行拆分，这样圆就被进行了等分，如图 8-24 所示。

然后单击“完成”，就得到想要的融合了，如图 8-25 所示。

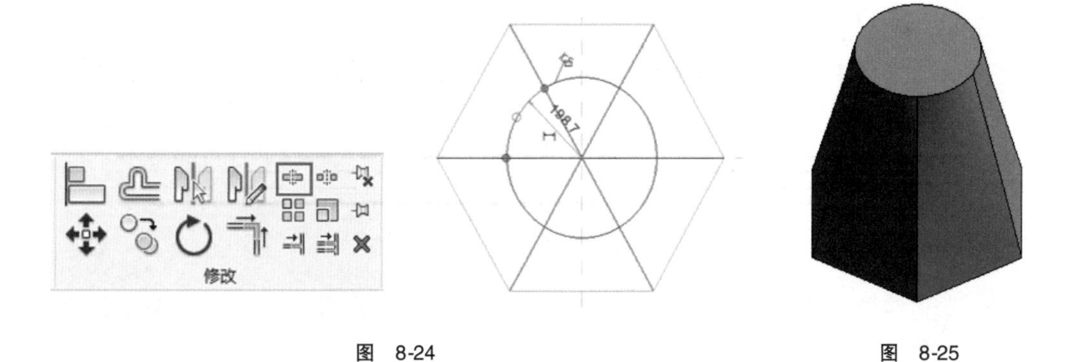

图 8-24　　　　图 8-25

8.8 Revit 中如何控制高窗的显示为虚线

【问题】当项目中插入的窗未被视图剖切平面剖切时，即一般定义为当窗的底高大于1500mm 时，窗在楼层平面视图上以虚线显示，表示该窗的平面位置，如图 8-26 所示。

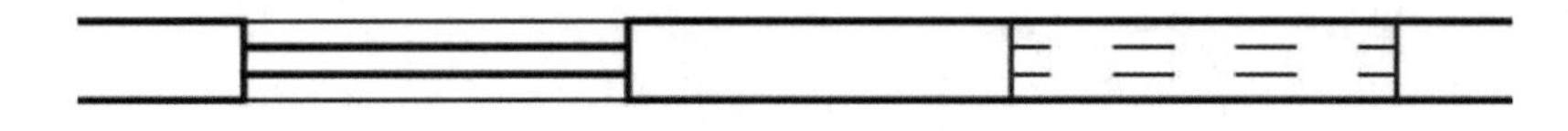

图 8-26

【问题解决】在族编辑器中，可以单击菜单“设置”→“对象样式”，弹出“对象样式”对话框，在“模型对象”选项卡中，可以为窗添加不同的子类别。单击修改子类别中的“新建”按钮，弹出“新建子类别”对话框，设置子类别属于窗，输入子类别名称为“高窗”，单击确定按钮，可为窗添加“高窗”子类别。可参考如图 8-27 所示高窗子类别设置线宽、线型等。

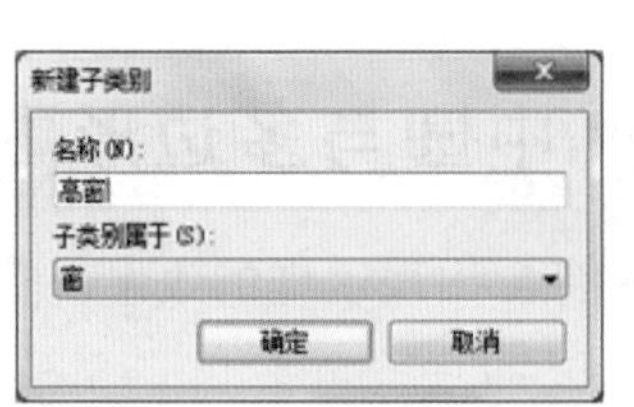

图 8-27

单击设计栏“符号线”工具，类型选择器中选择符号类型为“窗：截面”，绘制窗符号线，绘制完成后，选择绘制的“窗：截面”类型的符号线，单击设计栏“可见性”按钮，弹出“族图元可见性设置”对话框，勾选“仅当实例被剖切时显示”选项，单击确定退出“族图元可见性设置”对话框。继续使用“符号线”工具，在类型选择器中选择线类型为在对象样式对话框中添加的“高窗：投影”，沿“窗：截面”符号线绘制高窗线。确保其可见性设置中，不勾选“仅当实例被剖切时显示”选项，如图 8-28 所示。即当使用该窗时，如果窗被剖切，则窗将同时显示“窗：截面”符号线与“高窗：投影”符号线，但实线会将虚线重合显示为实线。而当窗不被剖切时，将显示“高窗：投影”符号线。

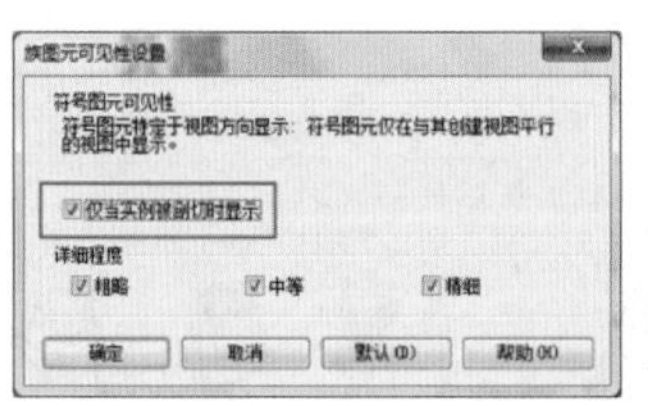

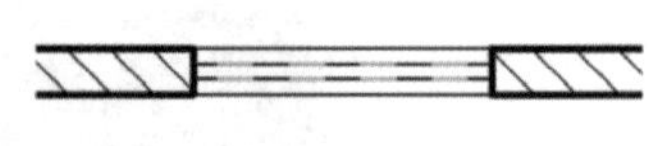

图 8-28

将窗载入至项目中，当窗底高度大于楼层平面视图设置的视图剖切面时，窗显示如图 8-29 所示。

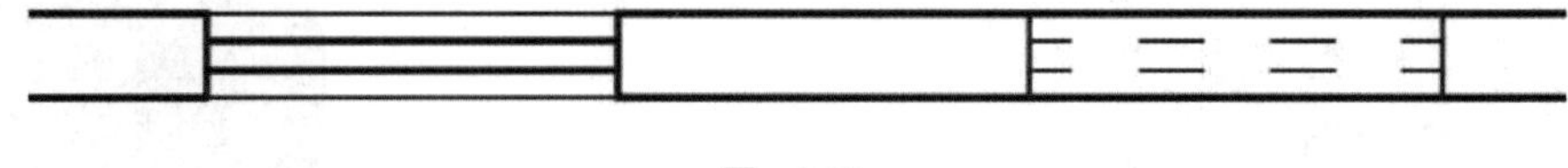

图 8-29

通过控制符号线的可见性，可以设置符号线是否当实例被剖切时显示，这在处理类似高窗的问题时，起到非常关键的作用。

族应用技巧类

9.1 Revit 将项目中的族运用到其他项目的方法汇总

在做项目的时候要创建不同的族，但是每一次做项目都要去创建或者下载、修改族的话就显得有点麻烦了。下面就给大家归纳一下将项目1中的族运用到项目2的几种方法：

【方法一】在项目1中选中要运用的族 Ctrl + C 复制，然后到项目2中 Ctrl + V 粘贴，即将族复制到项目2中去了，当然复制可以复制单个族，也可以复制多个（复制之后位置可能不对，则需要将复制的族删掉，保证项目没有多余构件）。

【方法二】在项目1的项目浏览器中找到对应的族，右键保存，然后导入到项目2中，如图9-1所示。

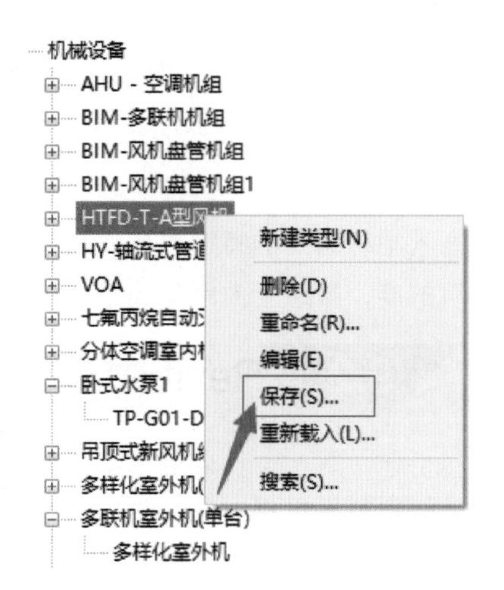

图 9-1

【方法三】在项目1的项目浏览器或项目中找到对应的族，编辑族，然后载入到项目2中，如图9-2、图9-3所示。

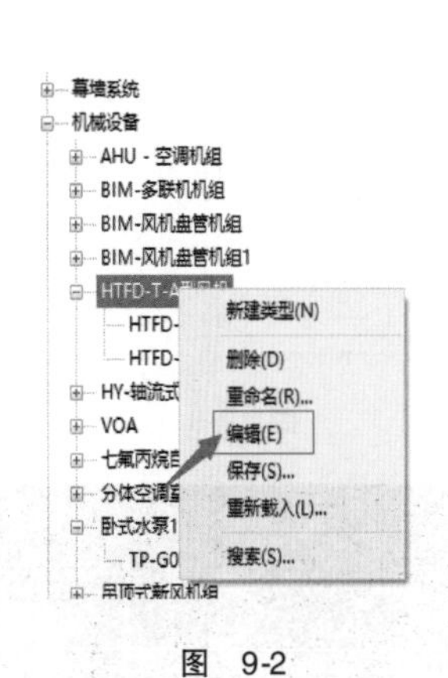

图 9-2

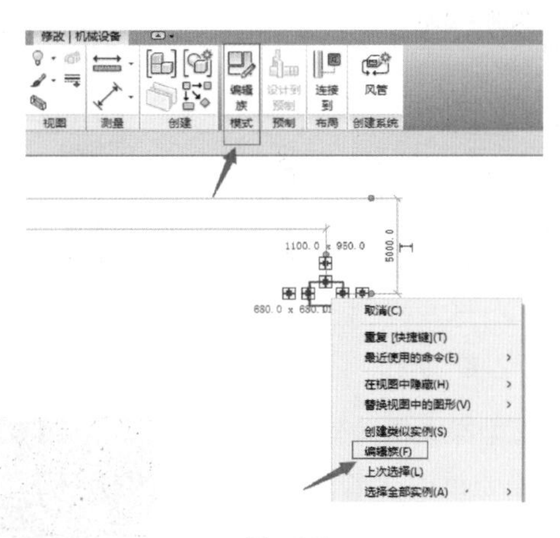

图 9-3

【方法四】将项目1和项目2打开，选择项目2的“管理”选项卡下的“传递项目标准”，选择要复制的项目，复制自“项目1”，可以将项目1的所有族复制到项目2，如图9-4、图9-5所示。

图 9-4

【方法五】打开项目 1，单击“应用程序菜单”选择“另存为”→“库”→“族”，将项目 1 中所有族另存，然后再选择需要的族载入到项目 2 中，如图 9-6 所示。

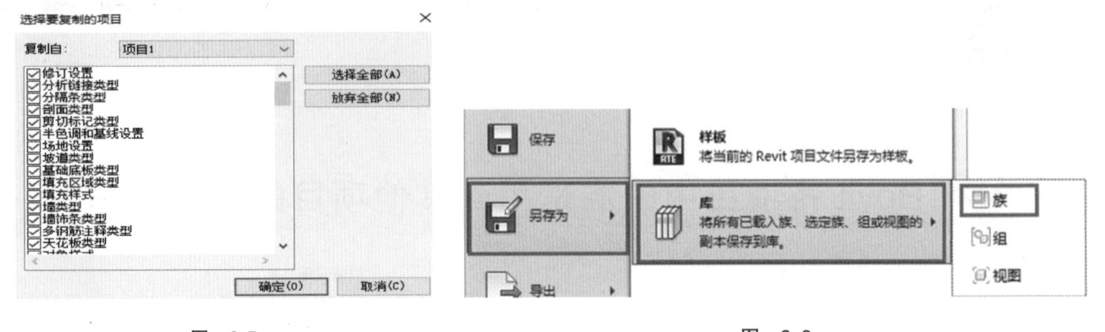

图 9-5

图 9-6

这五种方法虽然都可以达到目的，但是每种方法还是有很大的区别：前三种方法都可以很直观地将需要的特定族载入到其他项目；第四种方法只能传递系统族；第五种方法导出的是所有的族，虽然全面但是却不利于挑选。因此读者在运用的时候需要去选择合适的方法。

9.2 Revit 中造型操纵柄的显隐性问题

先了解一下什么是造型操纵柄，如图 9-7 所示。

造型操纵柄有什么作用?

可以通过拖拽造型操纵柄来改变构件的形体，方便快捷。那么是不是族中有造型操纵柄项目中同样也会有？不一定，如图 9-8 所示。

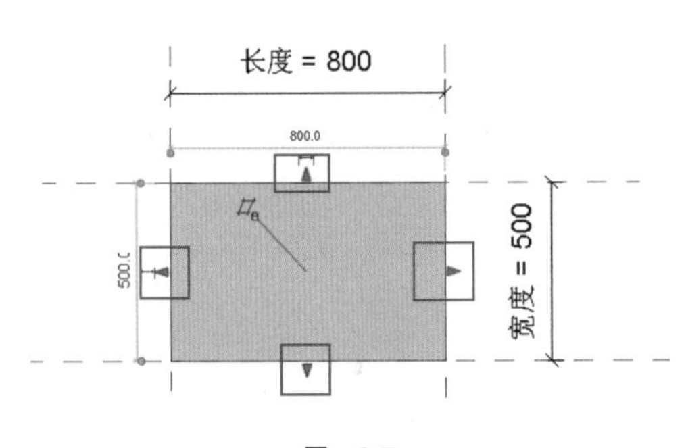

图 9-7

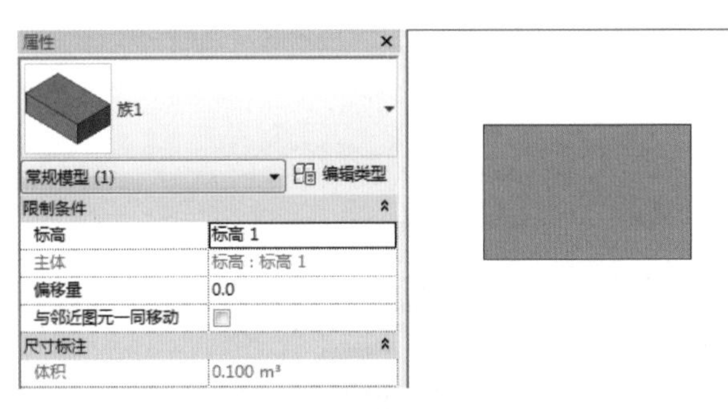

图 9-8

项目中的造型操纵柄又有什么作用?

常规操作是通过改变长度参数值来适应项目中构件尺寸，如果有底图却没有明确尺寸，是不是要先量一下尺寸然后再调整构件参数？这样会不会没有直接在项目中拖拽方便？如图 9-9 所示，设备基础，很多时候并没有给明确尺寸，或者应该说是管道图中没有基础详细

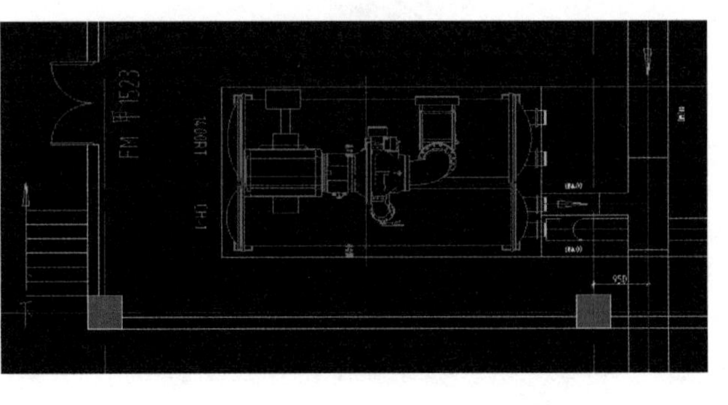

图 9-9

尺寸。

接下来列举一下项目中出现造型操纵柄的条件：

1）构件两侧有参照平面，且构件锁定在参照平面上。

2）参数添加在参照平面上，而非构件上。

3）参照平面参照类型不是“非参照”。

4）控制参照平面位置的参数为实例参数。

满足这四个条件，项目中造型操纵柄可见。

特别说明：满足以上条件，项目平面或立面构件中造型操纵柄可见，三维视图不可见。

9.3 Revit 中如何让造型操纵柄在三维视图中可见

有时候需要在三维视图中对带造型操纵柄的族进行拉伸，但是却发现仅在平面视图中造型操纵柄可见，三维视图中却不可见；那么如何创建一个在平面还是三维视图都可见的造型操纵柄的族？下面就通过创建一个可参变的矩形来演示一下三维视图可见的造型操纵柄。

首先创建两条参照线和两个参照平面，并使其均分根据参数参变（注意：在创建参数时选择实例参数），如图 9-10 所示。

然后创建一个矩形拉伸，分别把四条边锁定，如图 9-11 所示。

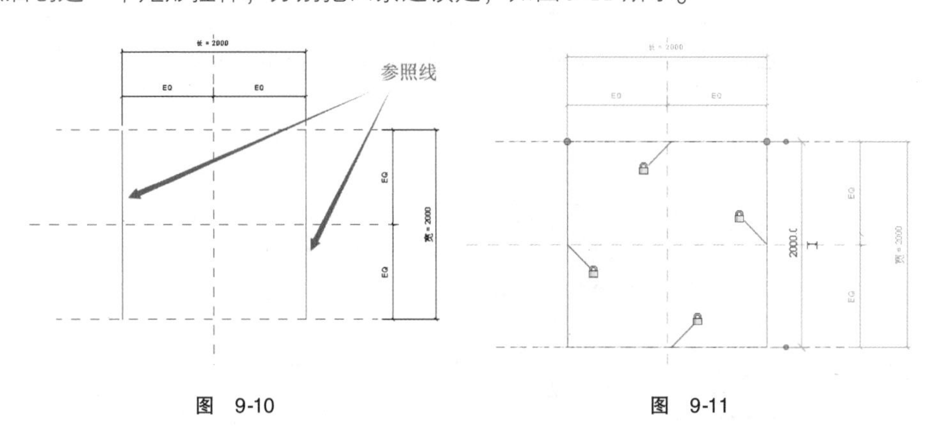

图 9-10　　图 9-11

完成后载入到项目中，分别在平面视图中和三维视图中点击观察，可见平面视图中四条边都有造型操纵柄，而三维视图中仅使用参照线的两边可见造型操纵柄，如图 9-12 所示。

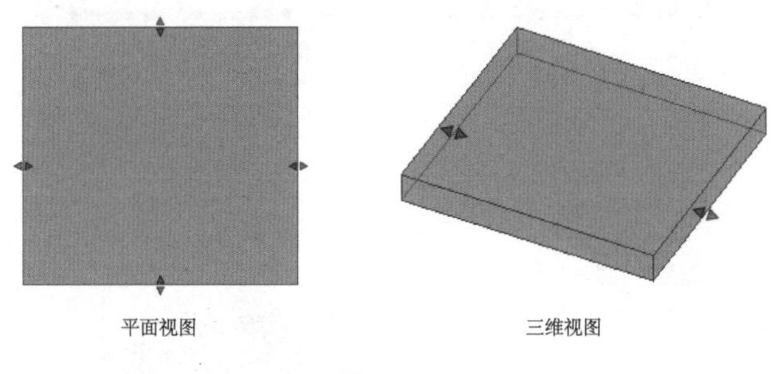

平面视图　　三维视图

图 9-12

【总结】在满足平面造型操纵柄的条件下，将参照平面替换为参照线即可。

9.4 Revit 中如何把基于天花板的族改为基于面的族

以筒灯为例，有些筒灯族是基于天花板的族，当模型中天花板是通过楼板命令绘制的时候，如何把基于天花板的筒灯族改为基于面的族？

新建一个项目，绘制一个天花板，并在天花板上放置一个基于天花板的筒灯，保存为项目1，如图 9-13 所示。

进入编辑族界面，可以看到族的主体是天花板，如图 9-14 所示。

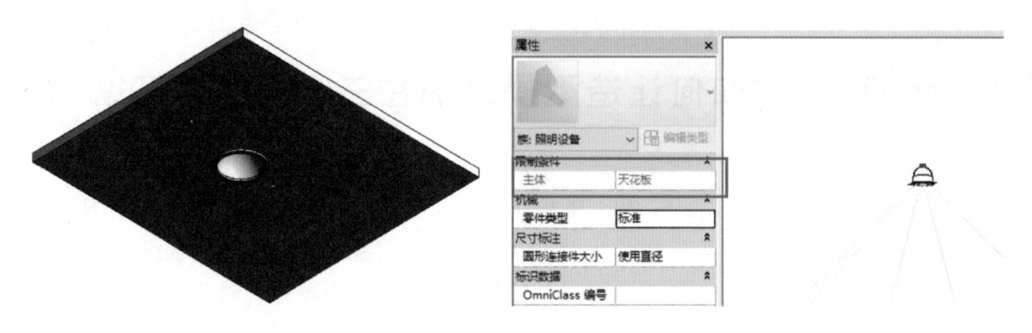

图 9-13　　　　图 9-14

再新建一个项目，将项目 1 链接进来，如图 9-15 所示。

图 9-15

单击“协作”→“复制监视”→“选择链接”，然后选择项目 1，如图 9-16 所示。

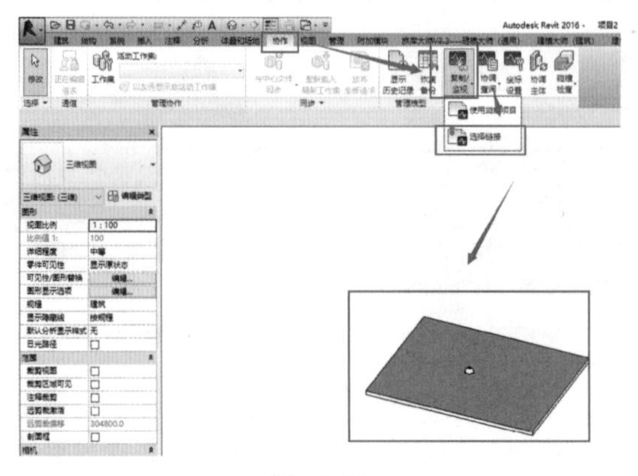

图 9-16

单击“复制”→勾选“多个”→框选筒灯→单击→单击，如图 9-17 所示。至此，就将筒灯族从链接文件复制到本项目中。

绘制一块楼板，选择刚刚复制过来的筒灯，并放置在楼板上，如图 9-18 所示，此时可以发现之前基于天花板的筒灯族能放置在楼板上了。

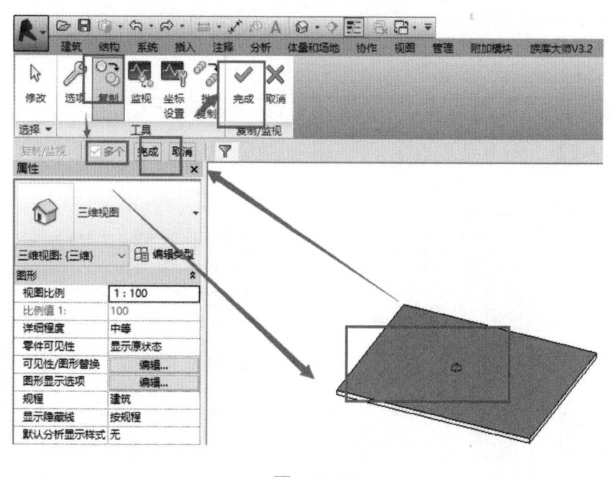

图 9-17

图 9-18

选择筒灯，进入“编辑族”界面，可以看到筒灯族的主体由“天花板”变为“面”，如图 9-19、图 9-20 所示。

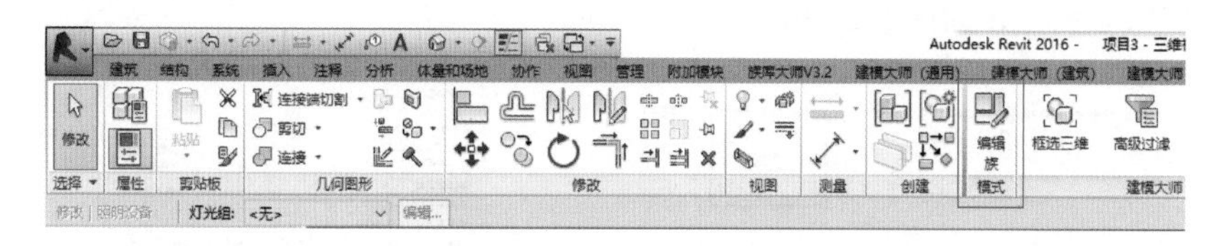

图 9-19

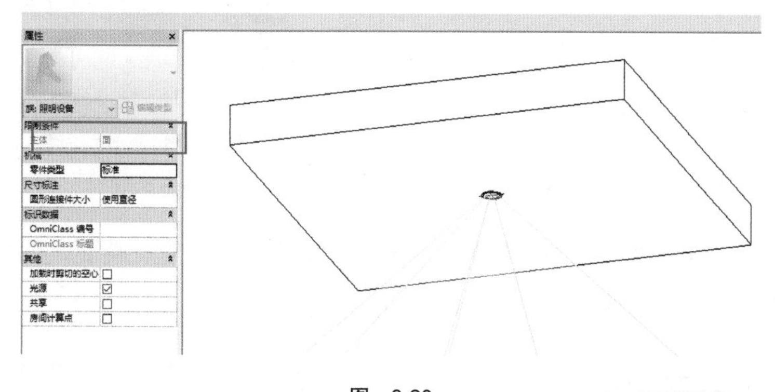

图 9-20

同理，可以用相同的方法将有特定主体的族（如基于墙、基于楼板等）修改为基于面的族。

9.5 Revit 中如何将有主体限制的族改为常规族

在机电建模中，通常会遇到很多带有主体限制条件的族，比如 Revit 自带的族库就很多是带有主体限制条件的族。但是有时候在某个特定情况下，希望能直接放置，不受主体的限制，那么有没有办法将有主体限制的族改为常规的族？

下面给大家介绍一种方法：

打开软件自带的地漏，可以看见属性中有限制条件为“主体—面”，如图 9-21 所示，所以在项目中放置需要有主体才行。

新建一个常规模型，载入地漏族，放置构件选放置在工作平面上，放在参照中心点上，之后可以看到限制条件为“参照标高”，如图 9-22、图 9-23 所示。

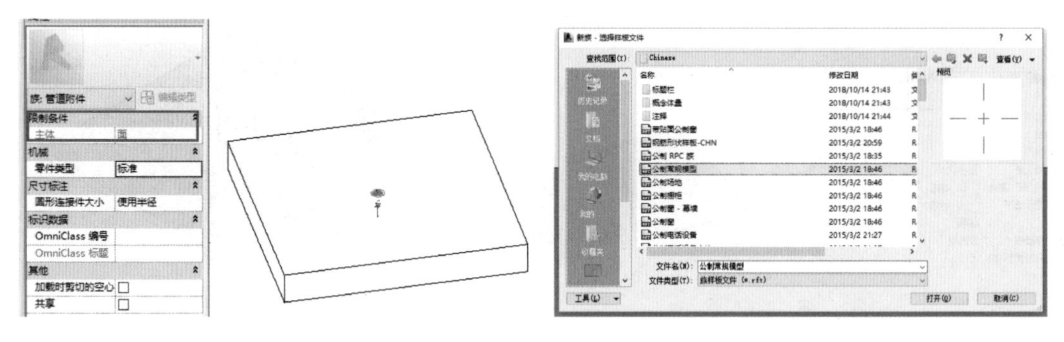

图 9-21　　图 9-22

载过来后其实是族的模型载过来了，但族原来的属性是没有的，需要对其进行设置，照着原来的属性添加上就行，如图 9-24 所示。

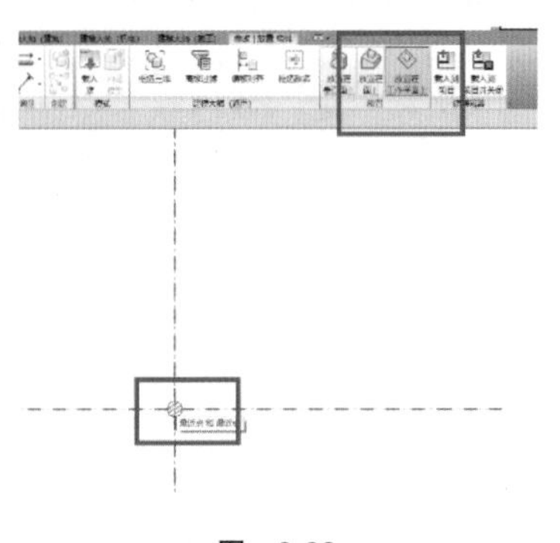

图 9-23

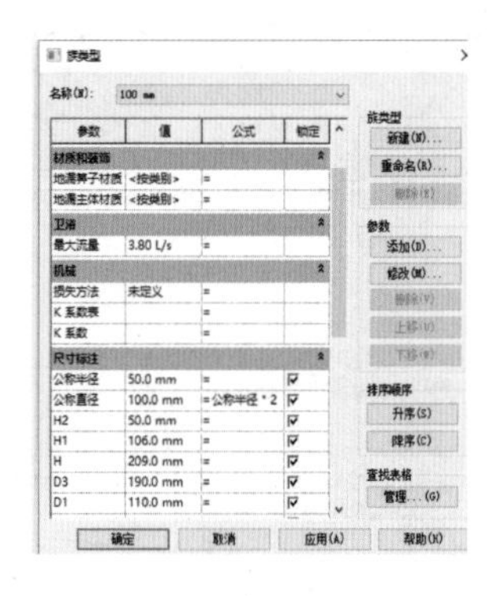

图 9-24

最后给地漏加上连接件，关联好参数，就把带主体的族改为常规族了，如图 9-25 所示。

载入项目测试，能直接放置，如图 9-26 所示。

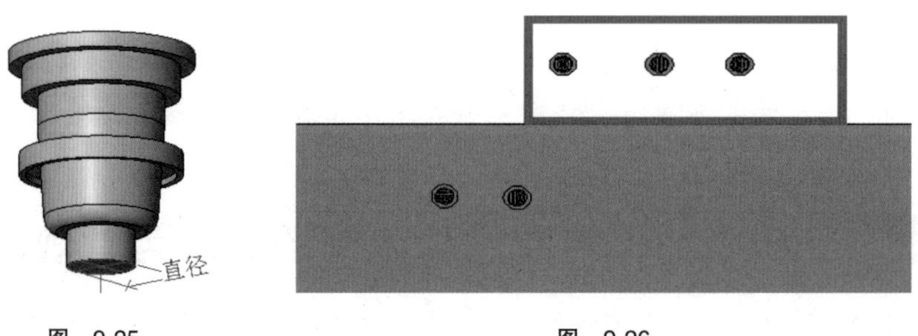

图 9-25　　图 9-26

9.6 Revit 中子类别的妙用

Revit 中族是按照类别归类的，类别是不能另行添加的。但是 Revit 是可以允许自行添加子类别的，同时可以在项目中单独控制子类别的显示。下面举例子来说明：

新建一个族文件，创建任意一个及多个构件，如图 9-27 所示。

打开“可见性”（快捷键“VV”），单击“对象样式”，新建“修改子类别”，进入编辑修改状态，“名称”与“子类别属于”可自行修改，如图 9-28、图 9-29 所示。

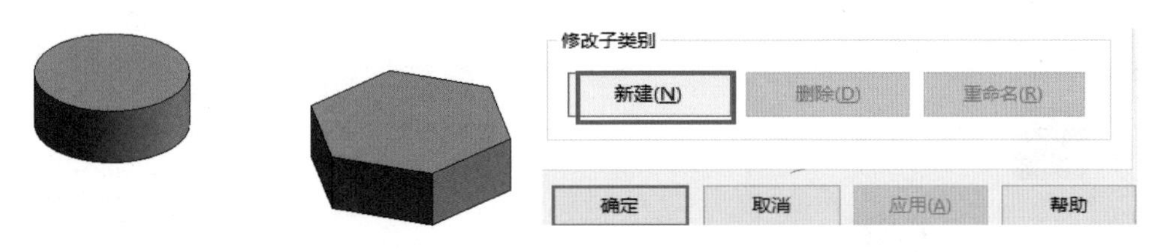

图 9-27　　图 9-28

单击任意一个构件，在“属性”栏中，修改“子类别”，如图 9-30 所示。

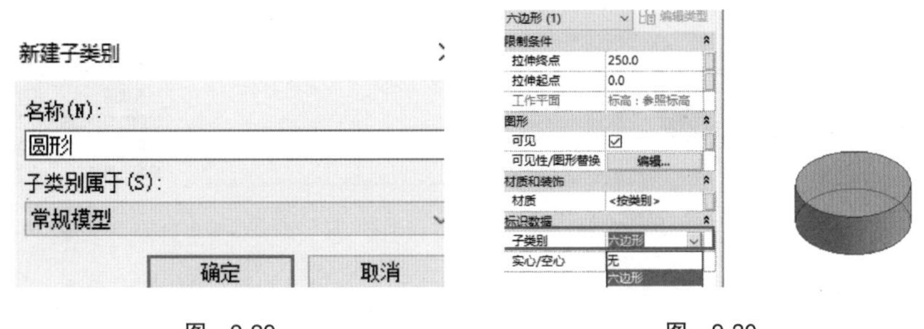

图 9-29　　图 9-30

把族载入到项目中，“VV”可见性，找到设置的“子类别”，取消勾选界面中不可见的构件，如图 9-31、图 9-32 所示。

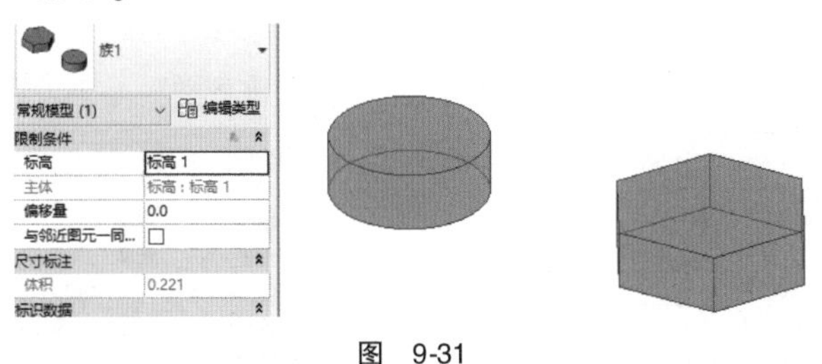

图 9-31

回到当前界面会发现取消勾选的构件是不可见的，如图 9-33 所示。

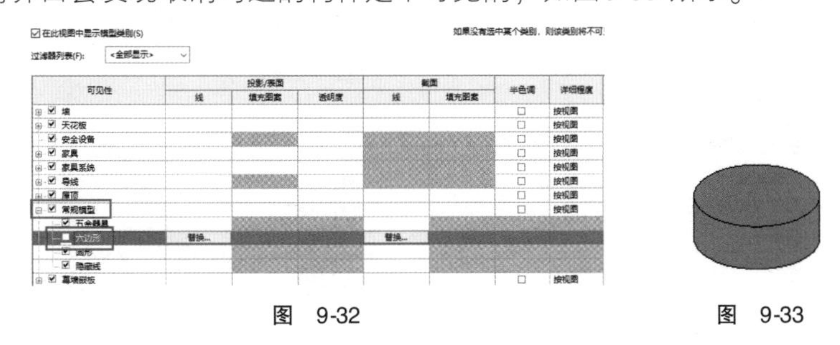

图 9-32　　图 9-33

9.7 族制作环境下怎么设置视图范围

在族制作过程中，在参照标高平面视图中看不见图元，又无法编辑视图范围，如图 9-34 所示，在参照标高视图中看不见矩形图元，在这里就有人问了，这是因为视图范围的原因？的确这是因为视图范围的原因，但是在属性栏并没有编辑视图范围选项，如图 9-35 所示。

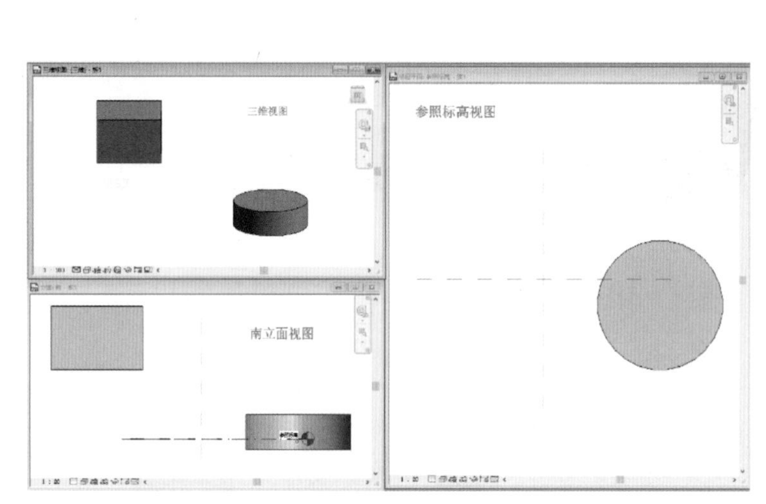

图 9-34

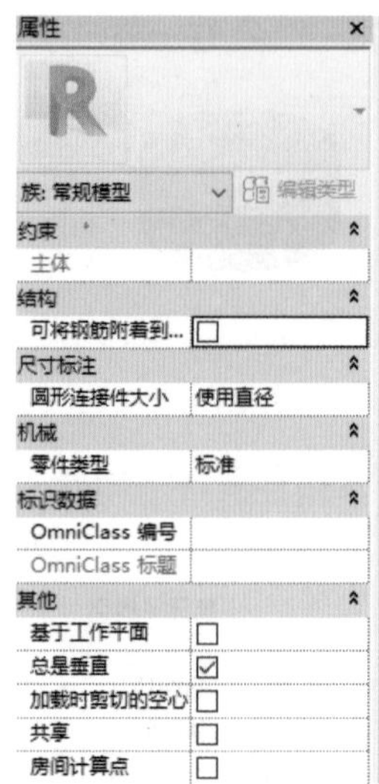

图 9-35

选择参照标高视图，在不选择任何图元的情况下，单击“族：常规模型”，选择“楼层平面：参照标高”，这样就可以编辑参照标高视图的视图范围了。如图 9-36 ~ 图 9-38 所示。

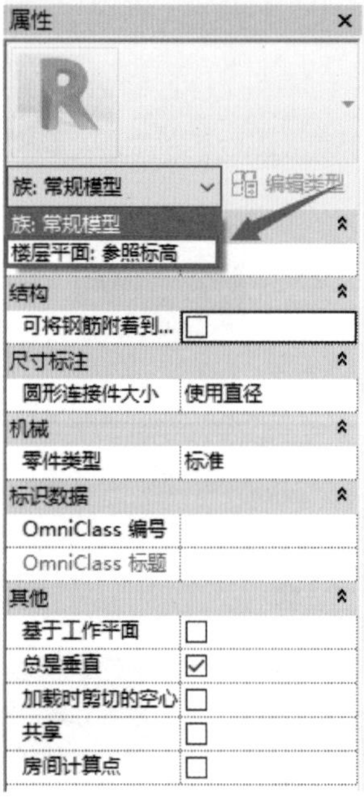

图 9-36

图 9-37

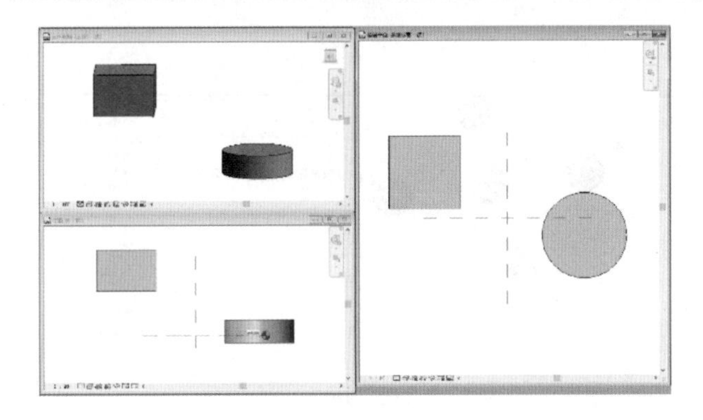

图 9-38

9.8 Revit 如何在项目中控制嵌套族的各个族类型

此方法可运用在钢结构等项目中，较为便利地控制各杆件型号，以实现高效精准建模，如图 9-39 所示。

以 5 个球的嵌套族为例，新建“常规模型”子族，绘制一个球，并新建 5 种类型，如图 9-40 所示。

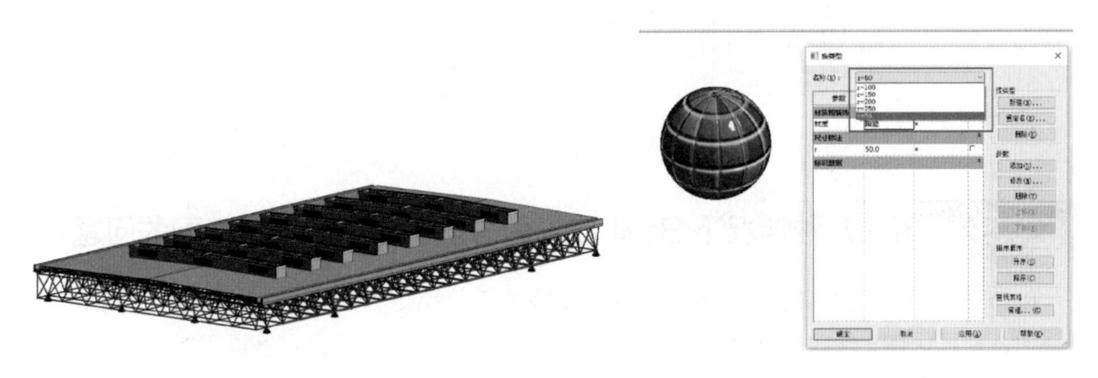

图 9-39　　　　图 9-40

重新新建“常规模型”族，并将此子族载入，放置如图 9-41 所示，共 5 个球（1～4 号球，以及中心球）。

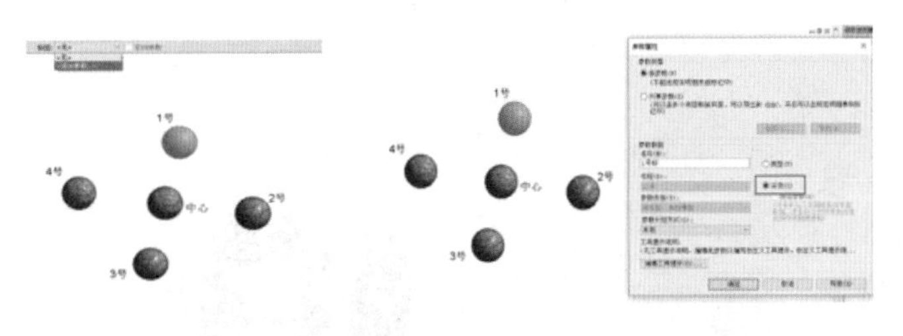

图 9-41

将每一个子族小球关联实例参数，并分别命名（注意：软件默认即为族类型关联），如图 9-42 所示。

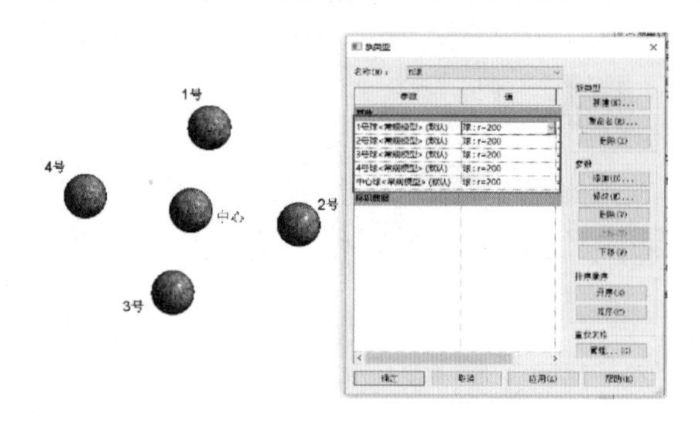

图 9-42

载入项目，即可分别控制此嵌套族中 5 个小球的不同类型规格，如图 9-43 所示。

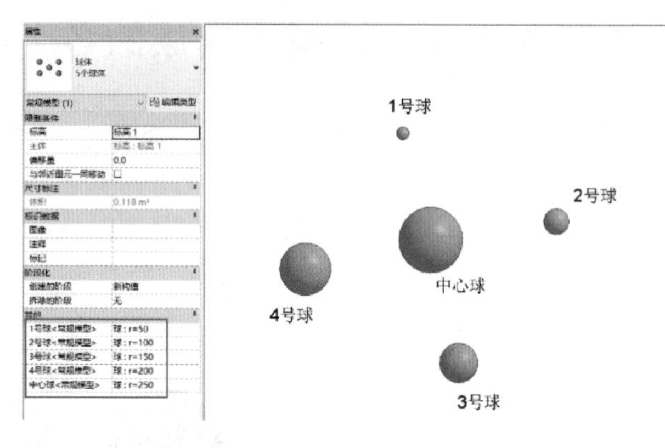

图 9-43

9.9 解决几种情况下 Revit 族界面总是无法实现缩放匹配的问题

Revit 族制作过程中双击滚动键可以将图元缩放匹配视图界面，但有时候图元并没有匹配到视图，并且保存文件时的缩略预览图也是只能看到很小的图片，是什么原因?

想要将图元构件布满整个视图区域，需要将除构件以外的其他东西进行临时隐藏（如：连接件图元），然后双击滚动键可以将图元缩放匹配，如图 9-44 所示。

裁剪了视图，只是没有显示裁剪区域，导致视图中没有任何图元但就是不能布满整个区域，此时只要关闭裁剪视图即可，如图 9-45 所示。

图 9-44　　　　图 9-45

看族构件中是否有嵌套族的影响，嵌套族没有在视图中心进行创建，且与中心参照线有关联，载入到新的族文件中便会保留与参照线的关联，使之无法布满视图，如图 9-46 所示。

如图 9-47 所示，六角螺母作为嵌套族载入到管件族中，进入到螺母的编辑环境，可以看到螺母与中心坐标位置设置了参数关联。

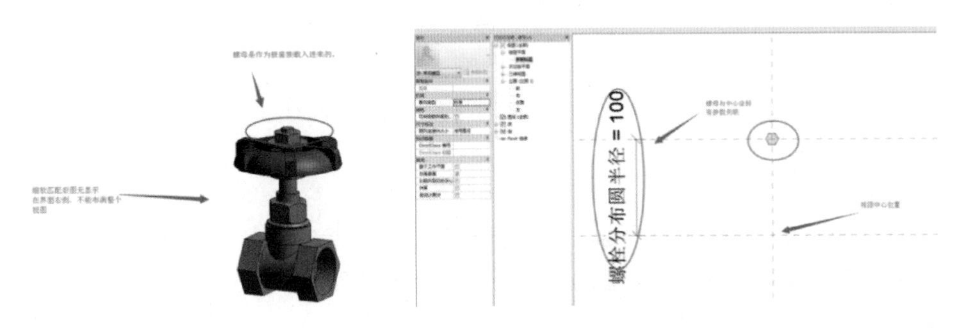

图 9-46　　图 9-47

9.10 Revit 中做族时参照平面的妙用

族制作过程中，最复杂的莫过于构件与参照平面间的关联，锁多了也不是，少了也不是。下面介绍一种比较便捷的关联方式，并通过制作门把手来阐述此妙用，如图 9-48 所示。

新建一个族，选择“公制常规模型”，将族类别设置为“门”，如图9-49所示。

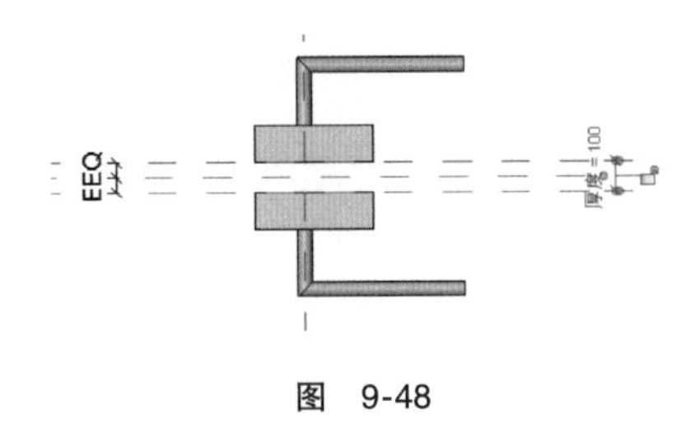

图 9-48

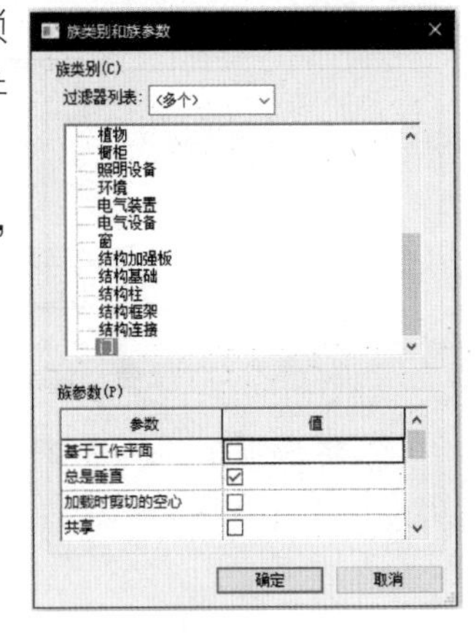

图 9-49

首先绘制一条参照平面，将其命名为“123”，如图 9-50 所示。

使用拉伸命令做门把手框，将“123”设置为工作平面并将拉伸锁定在“参照平面 123”上，如图 9-51 所示。

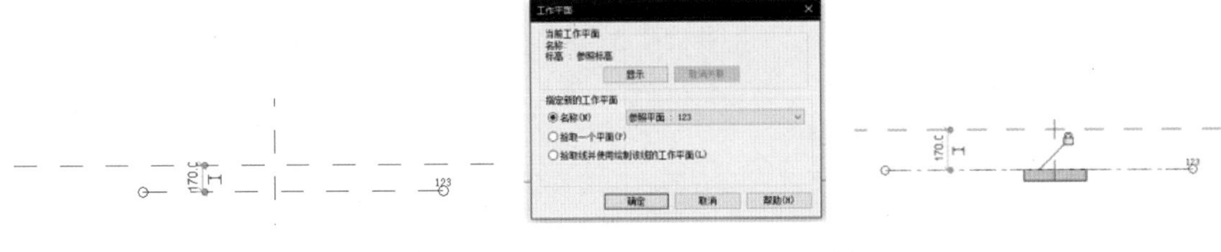

图 9-50　　图 9-51

接着使用放样命令绘制门把手，也将“123”设置为工作平面，如图 9-52 所示。

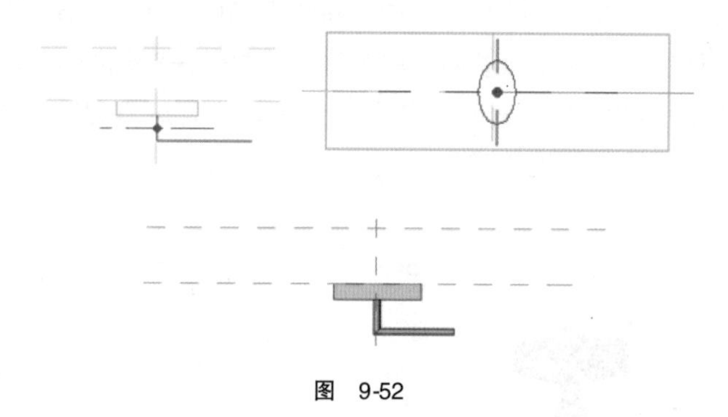

图　9-52

接着使用镜像命令，将参照平面、把手框和门把手一起镜像，如图 9-53 所示；此时参照平面将约束一起镜像了过去，另一边的门把手就不用再锁定了。

接着为门把手关联参数“厚度”，如图 9-54 所示。

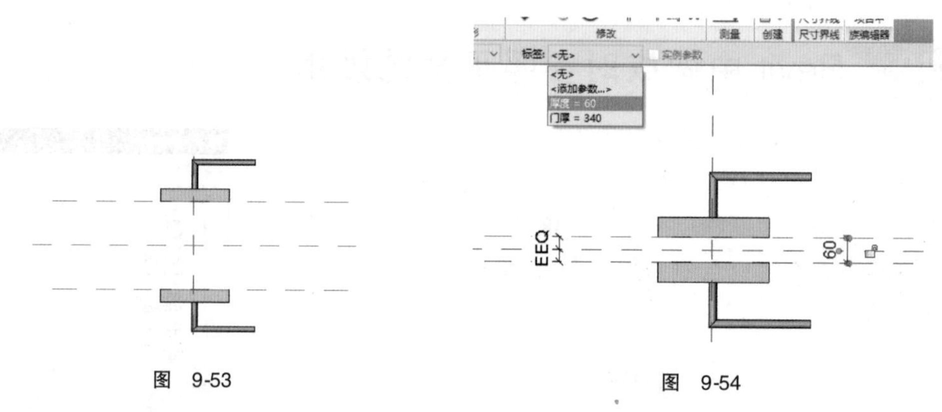

图　9-53　　　　图　9-54

这样就利用了参照平面快速地创建了两边的门把手，不用再去重复锁定。

第5篇 其他软件及软件交互

- 第10章　软件交互类
- 第11章　其他软件

第10章 软件交互类

10.1 Dynamo 在 Revit 项目链接中的应用

1. 应用背景

某别墅群项目，同一个户型在项目中多次使用，这种情况一般可通过链接—共享坐标，记录通过一个户型不同的链接坐标，下一次模型更新或重新载入时通过共享坐标即可。但在放置链接文件时其标高无法精确定位，链接文件没有标高的概念，如图 10-1 所示。

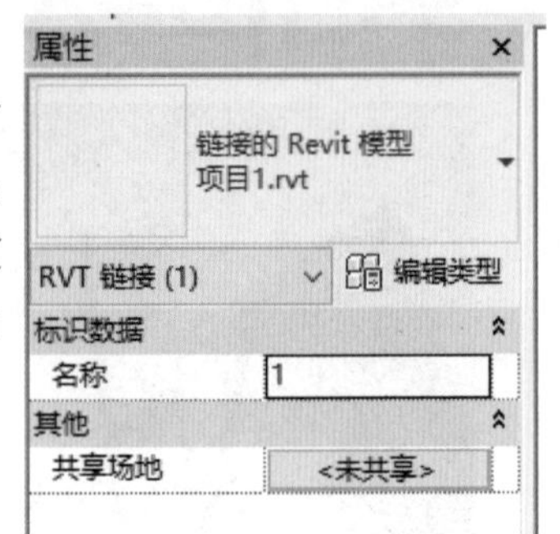

图 10-1

2. 解决思路

1）先在链接文件中添加一个实例标高共享参数。

2）应用 Dynamo 通过输入参数值的方式向 Z 轴方向移动参数值。

3）在 Dynamo 将移动的参数值赋值给第 1）步中新建的标高共享参数。

3. 详解

（1）在项目为链接文件添加标高共享参数，参数为实例参数，参数类型为文字类型。

管理→项目参数→添加→共享参数：选择标高参数添加给 RVT 链接。如图 10-2、图 10-3 所示。

（2）编写 Dynamo 脚本，如图 10-4 所示。

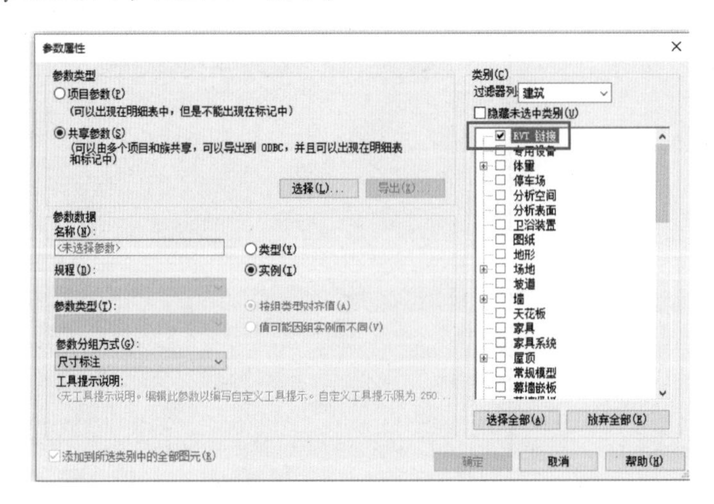

图 10-2

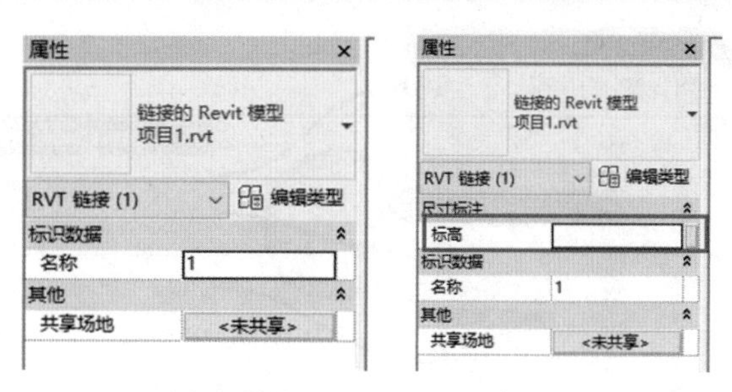

添加标高参数前　　　　添加标高参数后

图 10-3

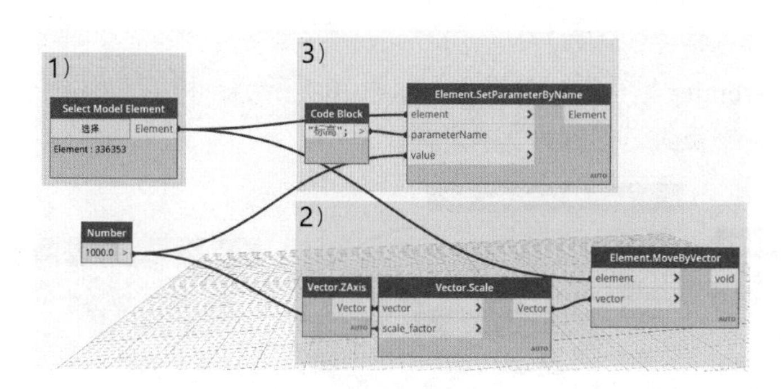

图 10-4

1）Select Model Element：在 Revit 项目中选择链接文件。

2）Element. MoveByVector：通过向量平移 Revit 中的图元。

3）Element. SetParameterByName：设置 Revit 图元参数。

10.2 Dynamo 自建模型导入 Revit 的三种方法

在利用 Dynamo 建立模型的时候，需要将最终的模型导入 Revit，但是如果直接利用 Dynamo 创建的模型，在 Revit 中是选择不了，并且不能进行操作的，以下介绍一些可以解决这些问题的方法。

【方法一】利用 Dynamo 自身节点 ImportInstance. ByGeometry，具体的做法是，在 Dynamo 中创建 geometry 图元，然后利用节点导入 Revit 中，以下通过一个例子进行讲解，如图 10-5 所示。

缺点：此种方法得到的只是一个导入图块，不具备任何信息，也不属于哪类族。

【方法二】利用 Dynamo 自身节点 DirectShape. ByGeometry，和刚刚的做法类似，加入了构件的类型属性和材质信息，如图 10-6 所示。

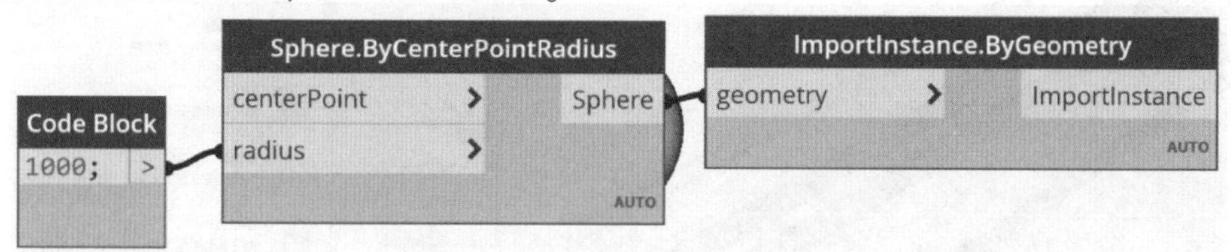

图 10-5

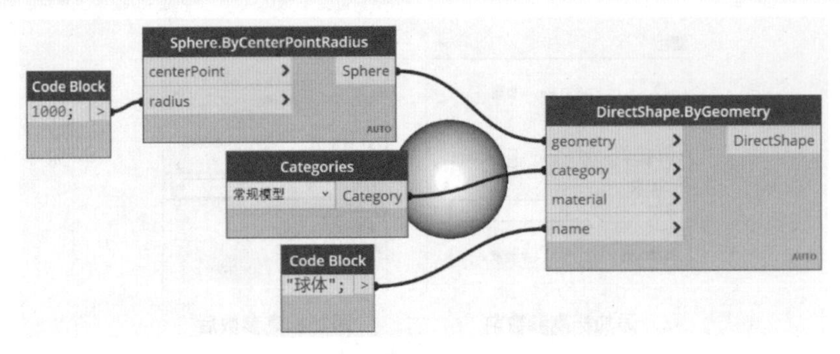

图 10-6

缺点：虽然说这种方法比上一种要好很多，具备了类型属性，但是还是缺乏构件信息，需要借用其他的方法加入构件的信息。

【方法三】利用 Spring 软件包中的节点，如图 10-7 所示，和第二种方法一样，大家可以在软件包中下载 Spring 节点进行这种方法的研究。

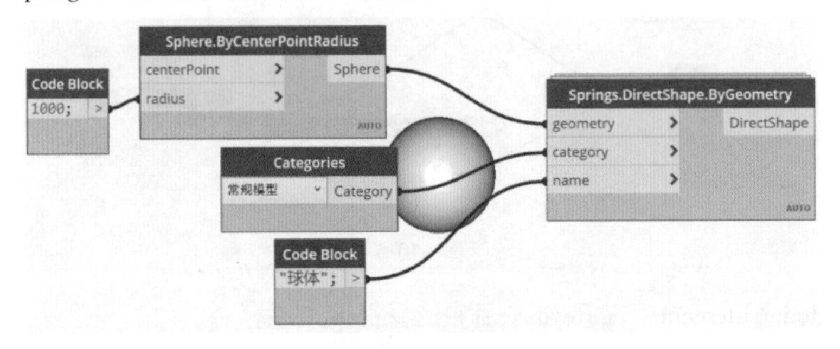

图 10-7

10.3 rvt 文件导入 Navisworks 中颜色丢失的处理

在绘制桥架时，一般通过过滤器为桥架添加颜色用于区分不同类型的桥架。但是有一个问题，将模型导入到 Navisworks 中进行浏览查看时，发现桥架会丢失颜色，如图 10-8 所示。

鉴于 Navisworks 中模型比较轻量化，便于查看，此处提供一种折中的方法：

导出模型时，通过 dwf 文件转换一下。即先导出为 dwf 文件，如图 10-9 所示，用 Navisworks 可以直接打开；如果需要编辑，可以另存为 nwf 或 nwd 文件。

图 10-8

图 10-9

需要注意的是，导出设置要取消勾选“材质渲染外观的纹理设置”，如图 10-10 所示。如果勾选此选项，导出的文件弯头、三通等管件可能会出现丢失颜色的现象。

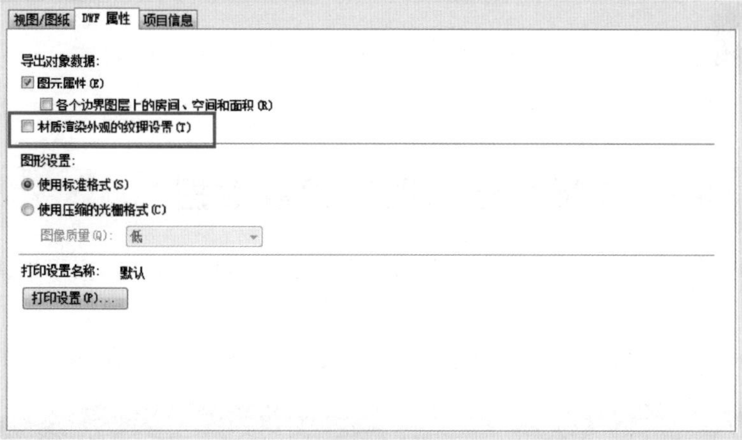

视图/图纸 DWF 属性 项目信息
导出对象数据:
图元属性(E)
各个边界图层上的房间、空间和面积(R)
材质渲染外观的纹理设置(T)
图形设置:
使用标准格式(S)
使用压缩的光栅格式(C)
图像质量(Q): 低
打印设置名称: 默认
打印设置(P)...

图 10-10

第11章 其他软件

11.1 Civil 3D 提取地形图高程点数据

在 Civil 3D 中如何将 CAD 地形中的高程点提取到 Excel 文件中，接下来讲解整体的操作过程。

在 Civil 3D 中打开地形图，关闭其他图层，只显示高程点所在图层，如图 11-1 所示。

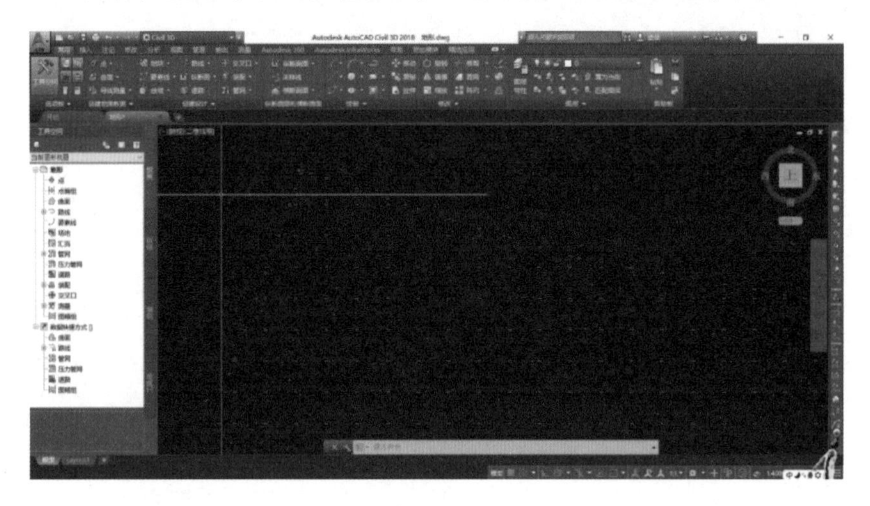

图 11-1

在命令行中输入“DATAEXTRACTION（数据提取）”命令，如图 11-2 所示。

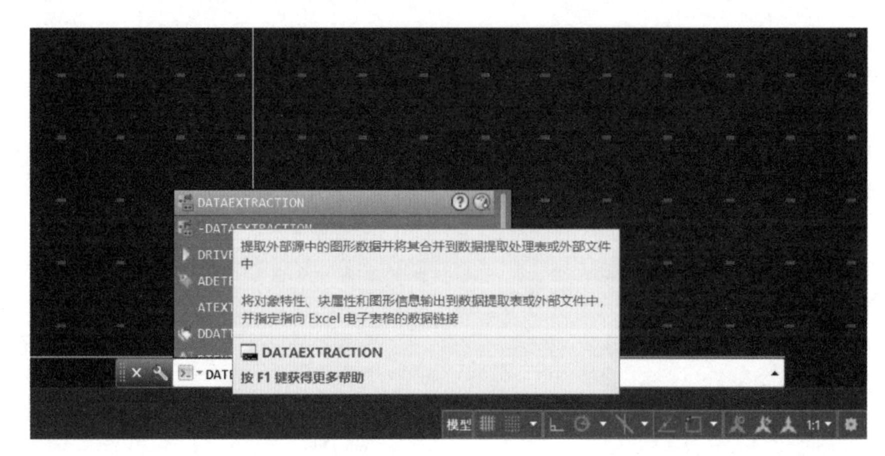

图 11-2

单击“下一步”创建新数据提取文件，确定文件名与文件位置，如图 11-3 所示。

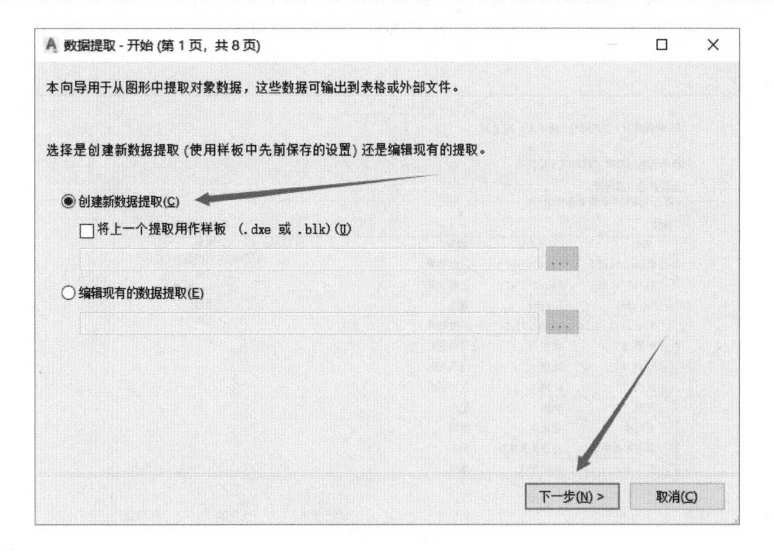

图 11-3

提取全图高程点信息选择第一项，如图 11-4 所示。

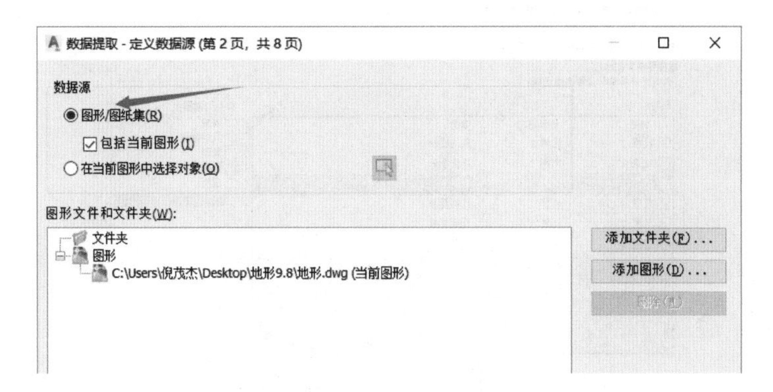

图 11-4

只提取高程点，如图 11-5 所示。

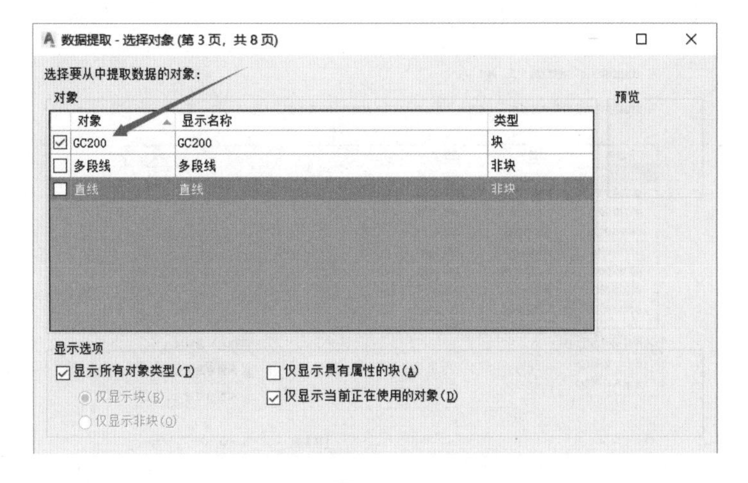

图 11-5

依次取消勾选，只保留“几何图形”过滤器，只提取高程点的 X、Y、Z 信息，如图 11-6、图 11-7 所示。

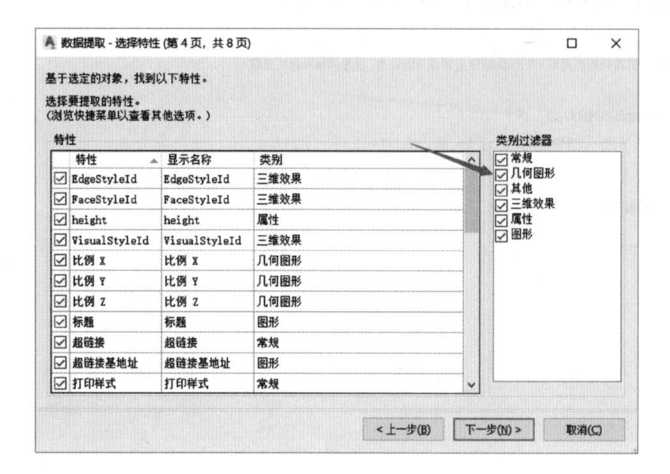

图 11-6

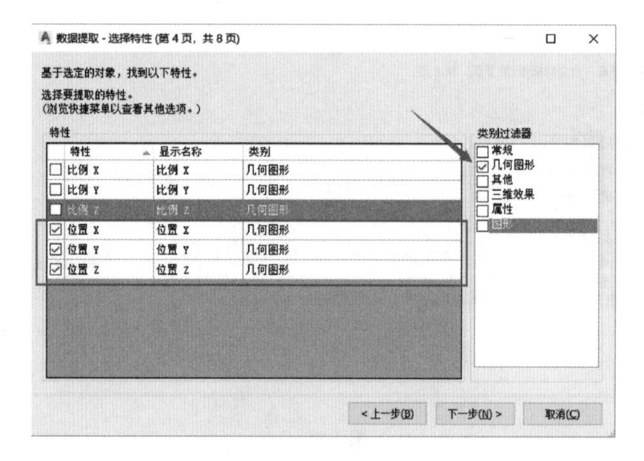

图 11-7

将计数列与名称列隐藏，如图 11-8 所示。

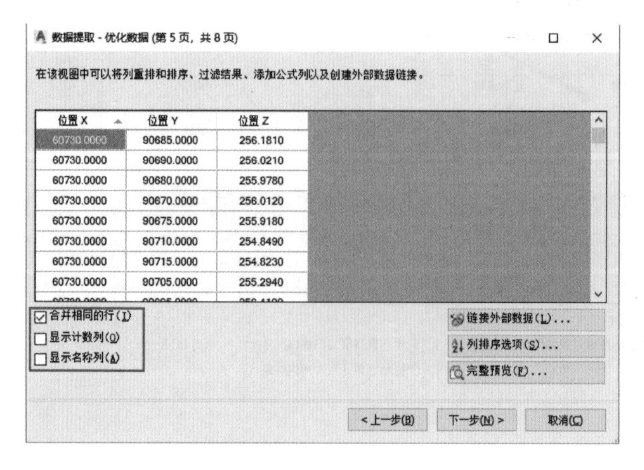

图 11-8

确定导出数据的文件名与格式，一般选用 csv 格式，如图 11-9 所示。

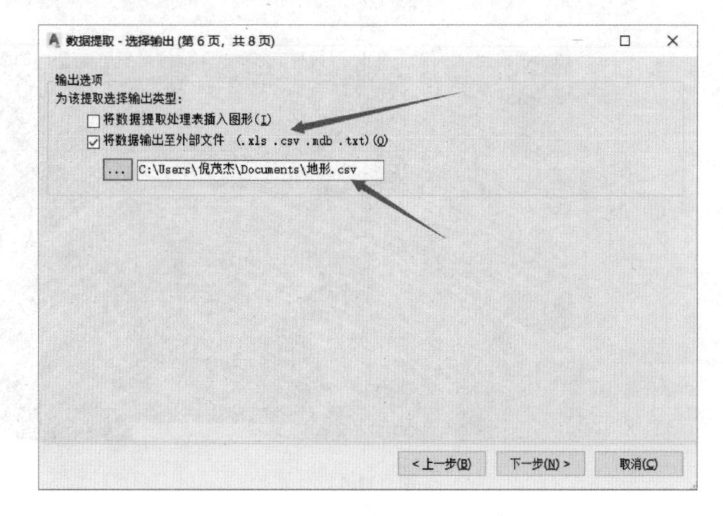

图 11-9

完成后，打开表格数据即为所提，如图 11-10 所示。

我的WPS　云文档　测1.csv *

A1　fx　位置 X

	A	B	C	D
1	位置 X	位置 Y	位置 Z	
2	60405.705	90333.038	216.988	
3	60405.767	90330	214.676	
4	60405.869	90325	216.324	
5	60405.934	90335	224.056	
6	60405.971	90320	215.014	
7	60406.073	90315	216.25	
8	60406.175	90310	219.258	
9	60406.277	90305	221.457	
10	60406.354	90301.242	220.421	

图 11-10

11.2 Civil 3D 中地形图提取有用信息并创建曲面

Civil 3D 是架构在 CAD 之上的，因此 Civil 3D 包含 CAD 的所有功能，Civil 3D 与 CAD 也有着高度一致的工作环境。Civil 3D 的一个重要特点，也是最突出的优势，就是三维动态设计。设计数据的一处修改，与之相关联的也会动态更新。

除了 CAD 的基本功能之外，Civil 3D 还提供了三维地形处理、土方计算、场地规划、道路和铁路设计等专业设计工具。其一切地形处理的基础是创建准确的地形曲面。

本节适用于等高线有相应高程的地形图一类，其他情况另作分解。

对已有地形图信息进行高程查阅（等高线、高程点、地物轮廓线、地物符号）。选中任意一条等高线，单击鼠标右键选择“特性”，在“特性”显示栏可以看到此等高线有标高属性，如图 11-11 所示。

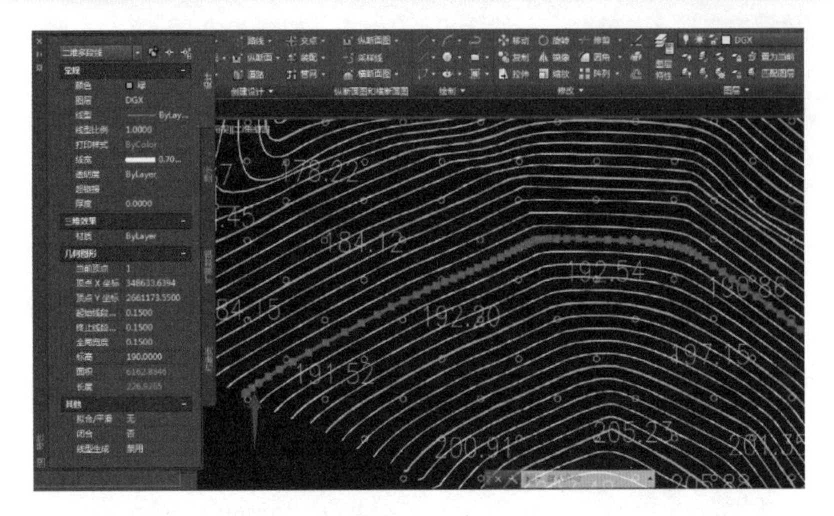

图 11-11

同样方法，查看高程点、地物轮廓线、地物符号的属性筛选出附带高程信息的点、线（发现地物符号不带标高，高程为 0，为二维图形标注），如图 11-12 ~ 图 11-14 所示。

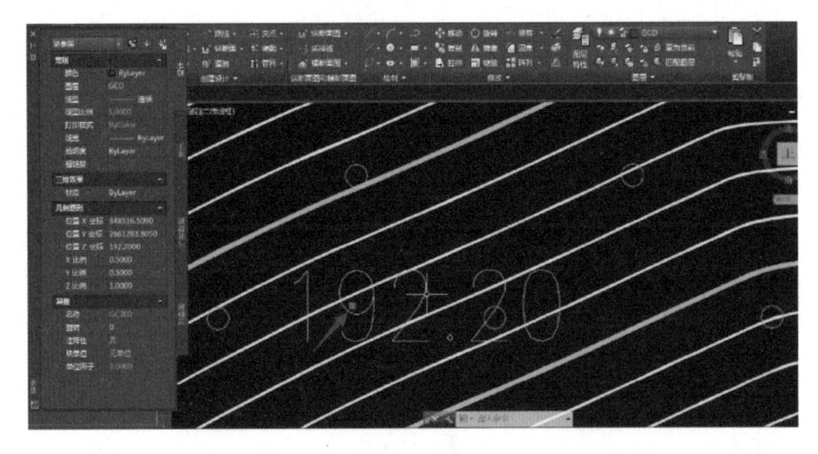

图 11-12

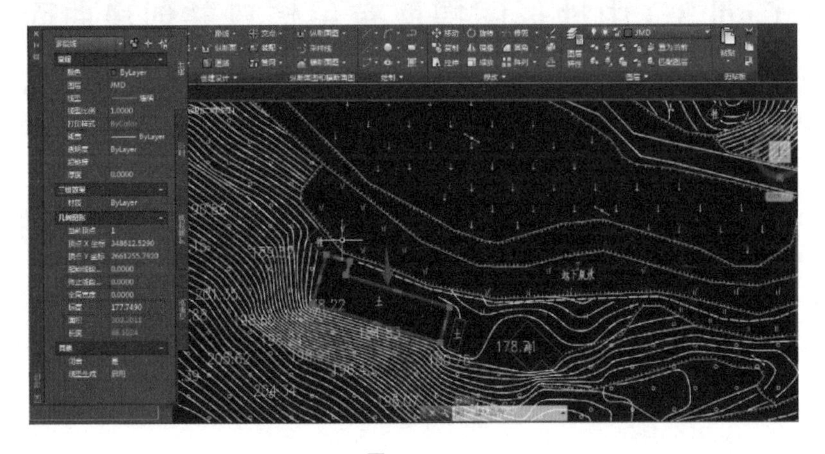

图 11-13

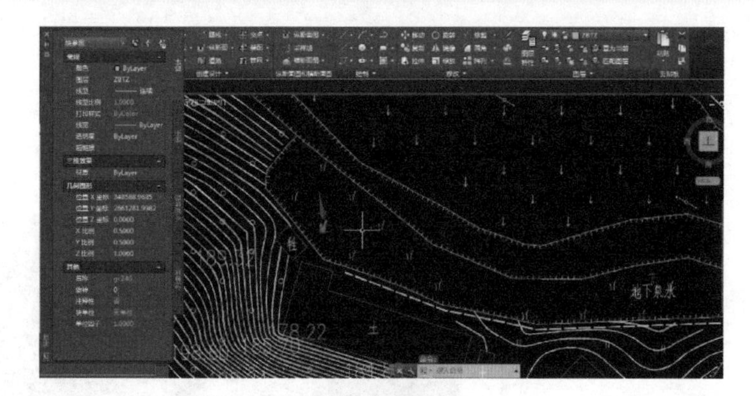

图 11-14

接下来利用图层管理器显示有用信息。开启包含有用信息的图层，选择开启“DGX”“GCD”“0”三个图层的可见性，将“0”图层置为当前，如图 11-15 所示。

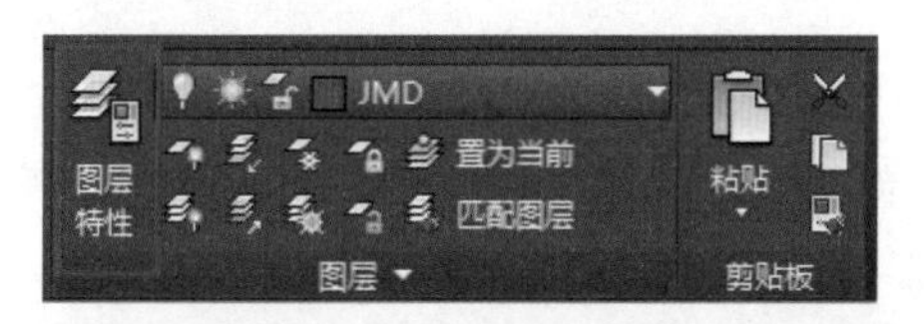

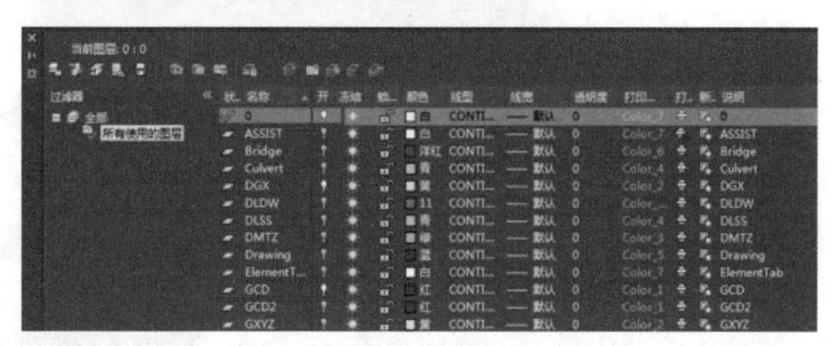

图 11-15

单击“常用”选项卡“创建地面数据”面板中的“曲面”工具下拉列表，选择“创建曲面”，如图 11-16 所示。

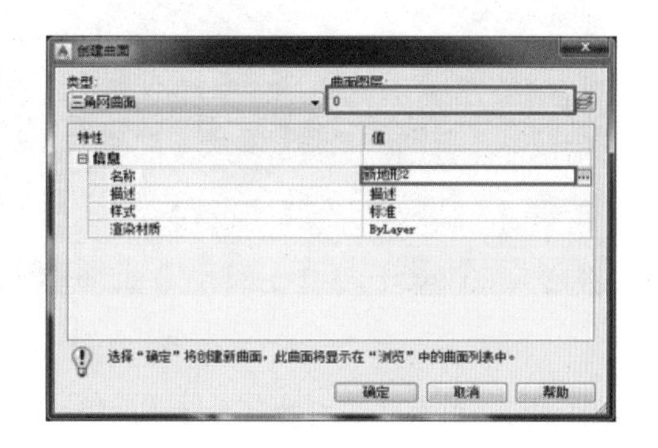

图 11-16

在“工具空间”，选中“等高线”单击鼠标右键，选择“添加”。在弹出的对话框直接单击“确定”，如图 11-17 所示。

框选该图形，回车确定。注意 Civil 3D 中框选只用单击左上角的一点，无须拖动，直接再单击右下角一点即可，如图 11-18 所示。

图 11-17

图 11-18

在“工具空间”，选中“图形对象”单击鼠标右键，选择“添加”。在弹出对话框的下拉列表中选择“块”，单击“确定”，如图 11-19 所示。

框选该图形，回车确定，如图 11-20 所示。

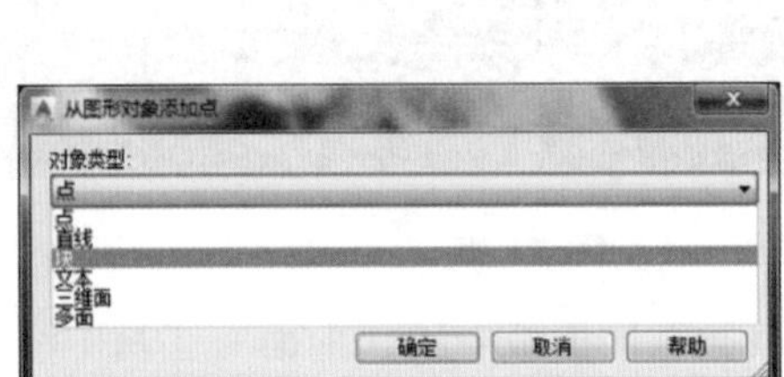

图 11-19

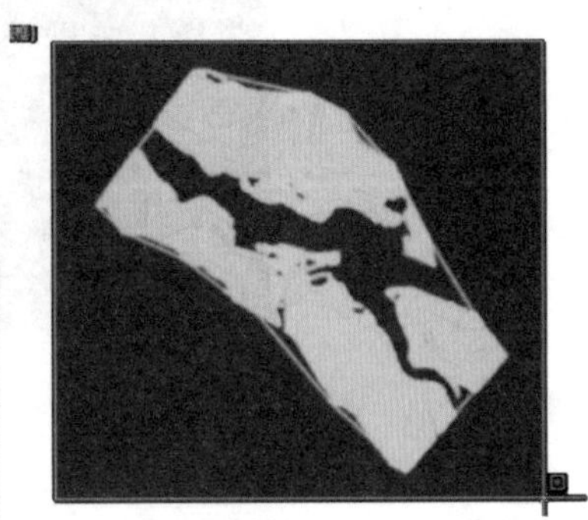

图 11-20

打开“图层特性”，关闭“DGX”“GCD”这两个图层的可见性，如图 11-21 所示。

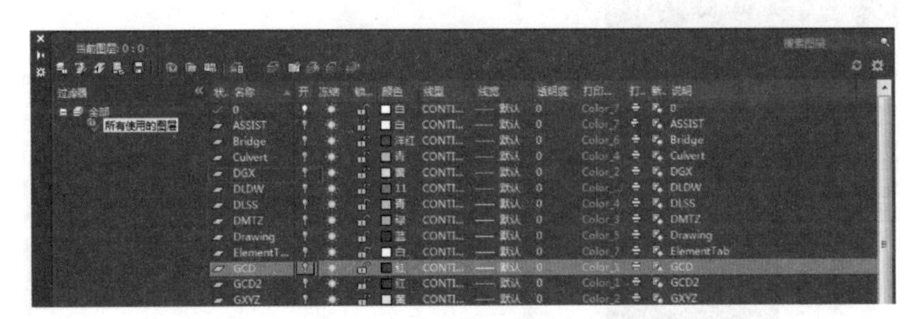

图 11-21

选中生成的曲面，单击鼠标右键，选择“编辑曲面样式”，在“显示”标签中，打开“主等高线”“次等高线”的可见性，单击“确定”，如图 11-22 所示。

在“对象查看器”中查看，即为生成的曲面，如图 11-23 所示。

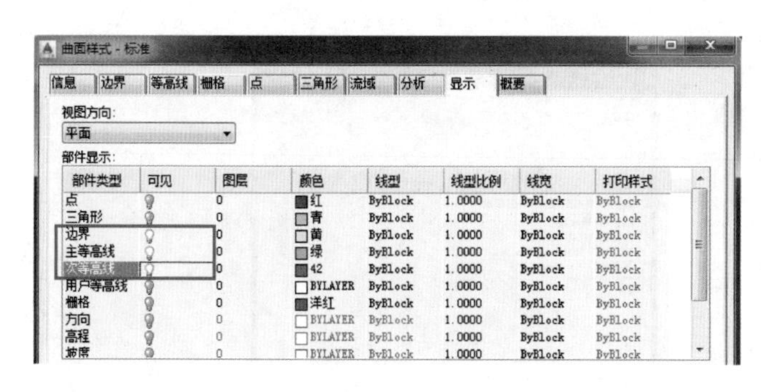

图 11-22

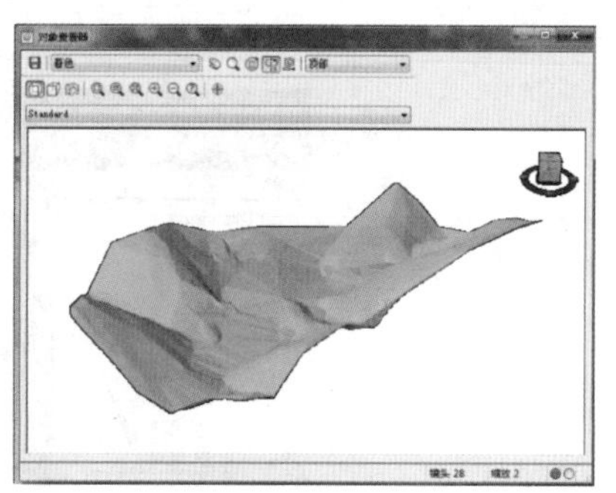

图 11-23

11.3 Civil 3D 如何导入点文件数据创建地形曲面

Civil 3D 建立曲面时，首先要创建一个曲面对象，然后把源数据（例如测量点、等高线、DEM 文件等）添加到曲面定义中，就可以生成曲面。

打开 Civil 3D 软件，在“工具空间”的“浏览”选项板上找到“曲面”结点，单击鼠标右键，选择“创建曲面”，如图 11-24 所示。

然后在弹出的对话框中输入新建曲面的名称与描述（可选），确定即可，如图 11-25 所示。

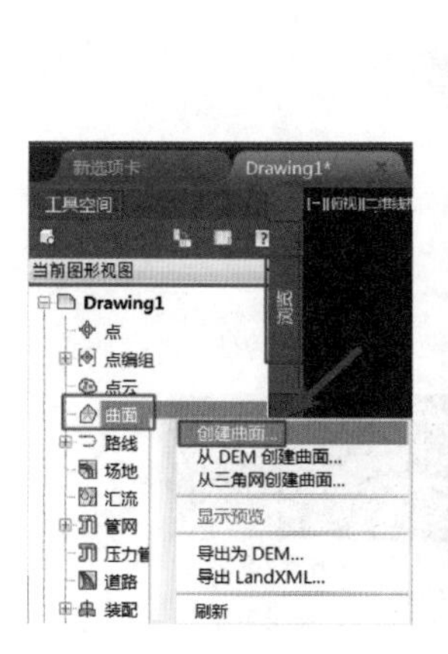

图 11-24

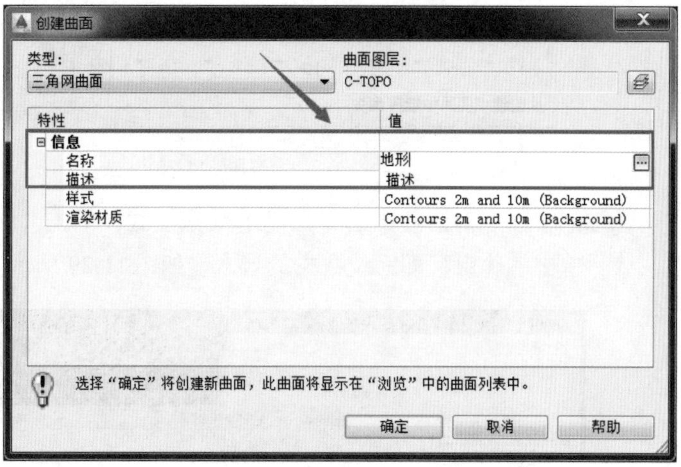

图 11-25

（或者单击“常用”选项卡下的“创建地形数据”面板中的“曲面”下拉箭头展开选择“创建曲面”）

创建了曲面对象之后，在“工具空间”的“浏览”选项板上，单击“曲面”结点前的“+”按钮，就可以看到新生成的曲面对象；继续展开该曲面对象以及其下的“定义”结点，就可以看到在“定义”目录下面列出了多种源数据类型，如图 11-26 所示。

（Civil 3D 能通过列表中的任一种源数据生成曲面，也可以混合使用多种源数据，只要把这些源数据都添加到曲面的定义目录下面即可。）

右键单击“定义”目录下面的“点文件”源数据类型，选择“添加”，进入“添加点文件”对话框，如图 11-27 所示。

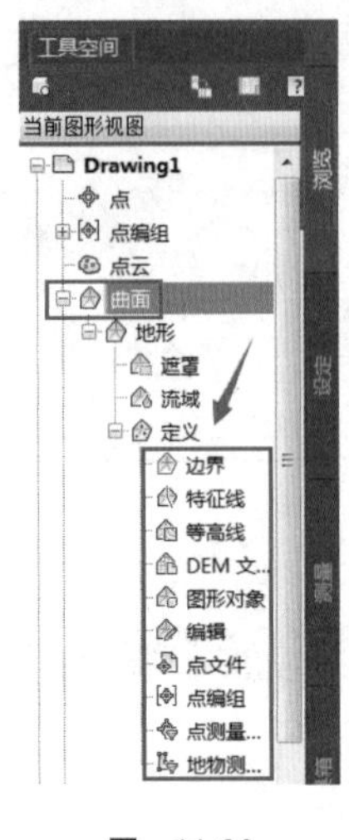

图 11-26

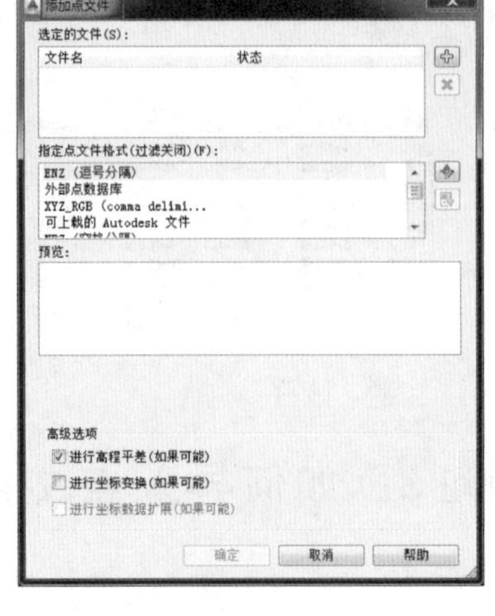

图 11-27

或者单击“常用”选项卡下的“创建地面数据”面板中的“点”下拉箭头展开，选择“点创建工具”，在弹出的“创建点”工具栏上单击“导入点”按钮进入“导入点”对话框，如图 11-28 所示。

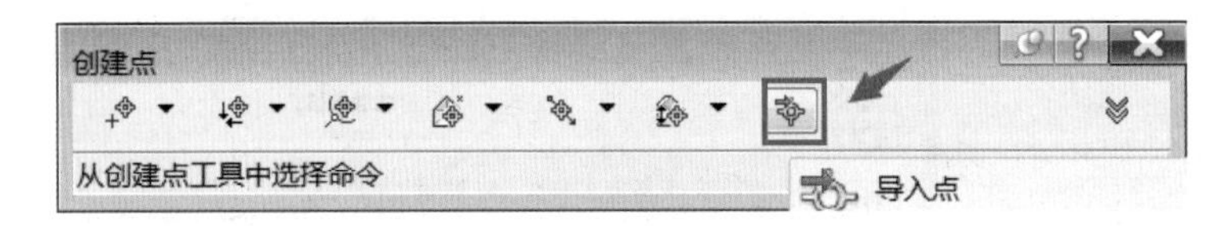

图 11-28

在“添加点文件”对话框中选择正确的数据格式，单击“+”按钮在本地找到并选择数据文件，然后单击“确定”即完成数据的导入，如图 11-29 所示。

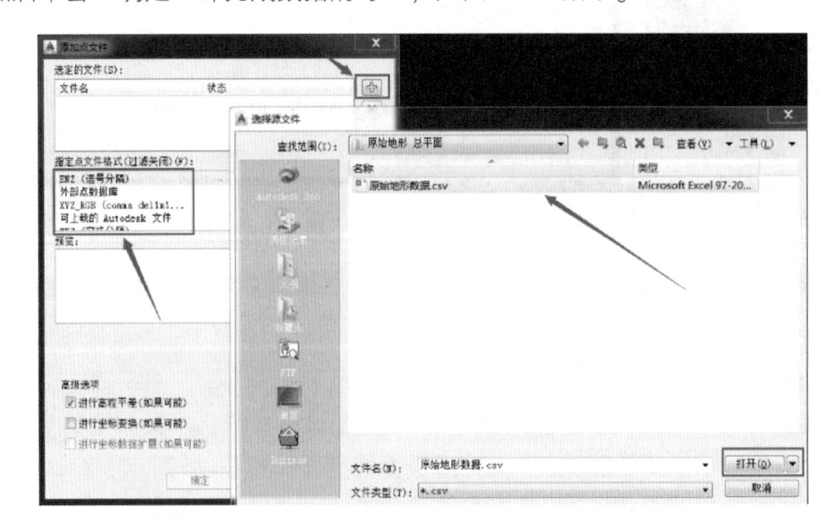

图 11-29

由上可知，数据导入的方式有两种：通过工具空间引用点文件、创建点编组；两者有什么区别？如图 11-30 所示。

【总结】“创建点编组”的功能更丰富，但消耗资源较多，速度较慢，适合于点数量较少（＜50000），并且需要在图中显示点对象的场合；而“引用点文件”的功能较简单，仅能生成曲面而不能显示点对象，但速度更快，适合于需要用大量点数据快速生成曲面的场合。

	创建点编组	引用点文件
数据存储	点数据存储在DWG文件内部，以后不再需要访问外部文件	点数据存储在外部文件中，重新生成曲面时需要访问外部文件
数据显示	在图形中可以显示所有点对象，并可使用工具空间查看点数据	在Civil 3D环境中无法显示点数据
数据修改	在工具空间的列表上直接修改点数据，曲面可以自动更新	需修改点文件，然后手动重新生成曲面
运行性能	消耗系统资源较多，因此速度较慢	消耗较少的系统资源，速度较快

图 11-30

11.4 Civil 3D 如何使用等高线创建地形曲面

在很多时候，用户手上并没有原始测量点数据，而是使用现有的 DWG 格式的等高线地形图。因此，除了使用测量点数据，Civil 3D 还可以从现有的等高线图形创建数字地形。

使用 Civil 3D 软件打开含有等高线数据的 DWG 文件，在“工具空间”的“浏览”选项板上找到“曲面”结点，单击右键，选择“创建曲面”新建曲面。

创建了曲面对象之后，在“工具空间”的“浏览”选项板上，单击“曲面”结点前的“+”按钮，继续展开该曲面对象下的“定义”结点，选择“等高线”右键单击并选择“添加”，如图 11-31 所示。

弹出“添加等高线数据”对话框，需要设置“顶点等高线数据”和“补充因子”，这两个东西是什么意思？

其实这两个参数是用来简化等高线的，有时候，等高线的顶点间距非常之短，因此每条等高线上都具有非常密集的顶点；从这些等高线生成曲面时，过多的顶点数量并不能保证生成的曲面更准确地反映现实地形，反而会消耗更多系统资源，严重影响速度。因此，有时候希望对这些等高线进行简化，减少顶点数量；要加大简化的幅度，可以适当地增加顶点消除的距离和角度即可，更详细的介绍可以单击“帮助”查看帮助文档，如图 11-32 所示。

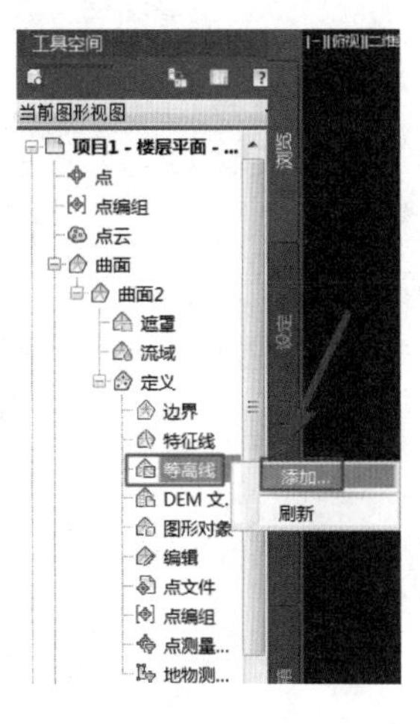

图 11-31

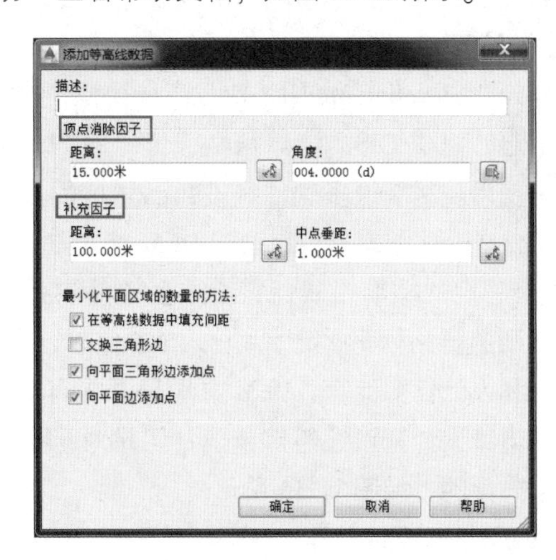

图 11-32

如果不需要简化等高线，可以直接单击“确定”，用框选方式选中 DWG 图形中的等高线对象，按回车键确定，曲面创建完成。

如果现有的等高线是二维的（Z 坐标为 0）或者 Z 坐标不正确，那么还需要先使用 Civil 3D 本地化扩展中提供的“等高线赋值”工具，为其赋上正确的高程值，才能创建曲面。

11.5 Civil 3D 使用其他数据创建地形曲面

1. 使用三维特征线

在现有的地形图上，有时还会遇到地形特征线，例如山脊线或山谷线。如果这些地形特征线是用三维多段线表示的，并且每个顶点都有正确的 Z 坐标，那么也可以将其作为源数据加入到曲面定义中（可以与其他数据混合使用）。添加的方式与“添加三维等高线”相似，只是选择将其加入到“定义”结点下的“特征线”类别中，并且选择特征线类型为“标准”即可。

另一种情况是地形上有垂直的陡壁，例如挡墙或悬崖。这种情况下可以使用“陡壁特征线”功能。具体操作请查阅 Civil 3D 帮助文件中的“创建陡壁特征线”。

2. 使用边界和遮罩

默认情况下，Civil 3D 使用源数据生成曲面时，会按照凸包形状生成曲面的外缘。但如果希望生成的曲面具有凹形边界，或是手工限制曲面的范围，就需要手工为曲面添加边界。边界之外的曲面将不再参与任何操作，例如曲面剖切或体积计算。

每种边界都分为普通模式和虚特征线模式。以外部边界为例，普通模式是将边界线穿过的三角形也裁掉，只保留完全在边界线内部的三角形；而虚特征线模式是将边界线穿过的三角形打碎并生成新三角形，保留边界内侧的部分，裁掉外侧的部分，因此获得的曲面外缘较为整齐。

与边界相似的另一种功能是曲面遮罩。遮罩的用法与边界非常相似，但它并不真实地裁掉遮罩外的曲面，而只是将其改为不可见。在曲面剖切或者体积计算时，遮罩外的部分仍然参与运算。

3. 使用 DEM 文件

DEM（Digital Elevation Model，数字高程模型）文件用于存储大范围地形地貌信息，以供 GIS、地球科学、资源管理、土地规划、测量和工程项目中使用。尽管很多软件都把自己生成的数字高程文件称为 DEM，但 Civil 3D 软件和本书中所说的 DEM 格式是特指美国地质调查局（USGS）所制定的标准格式，它在很多软件中都得到支持。DEM 文件通常以规则的栅格网形式记录地形 XYZ 信息，以表示地面高程。对于许多规划和设计任务而言，DEM 文件是非常有价值的数据源。尽管它对于工程详细设计来说还不够精确，但是对于大范围规划和初步方案却是非常方便的，如图 11-33 所示。

图 11-33

4. 使用 LandXML 文件

除了传统的 DWG 格式，Civil 3D 软件还支持使用新的 LandXML

格式来保存和交流地形数据。LandXML 是由 Autodesk 公司发起、全球各大公司参与制定的，用于土地开发和土木工程设计领域的标准数据格式，可以用于描述、存储、交换设计信息。由于 LandXML 是全球统一的开放性格式，因此使得不同国家、使用不同软件的工程技术人员能够用相同的语言进行交流，同时也适合于长期档案保存。另外，LandXML 本身是一种文本格式，可以用 MS Internet Explorer 打开查看，也可以用任何文本编辑器（例如 Windows 记事本）进行编辑。

在 Civil 3D 中，可以将地形曲面导出成 LandXML 文件，或者从 LandXML 导入已有的曲面。LandXML 文件中完全精确地记录了曲面的几何信息。因此，当建立了一个曲面之后，如果要进行存档或者复制，可以将曲面导出到 LandXML。以后只要在其他的 DWG 文件中导入该 LandXML 文件即可，而不再需要重复建立曲面的整个过程。另一个很有用的技巧是，当使用图形中的大量对象（例如 Civil 点编组或是等高线）创建曲面后，可以先将曲面导出为 LandXML，然后删除图中的源数据对象和曲面，再导入该 LandXML 重建曲面。使用这个方法，可以有效地缩减图文件大小，从而节省系统资源，获得更好的性能。

11.6 Civil 3D 地形曲面样式的不同显示

1. 对象查看器

选中创建好的地形曲面，在“三维网曲面”选项卡下找到“对象查看器”单击进入，在对象查看器中可以以不同模式（概念、真实、着色、线框等）查看三维地形图，如图 11-34 所示；使用对象查看器对计算机的硬件要求比较高，请确保你的计算机内存比较大，显卡比较好。

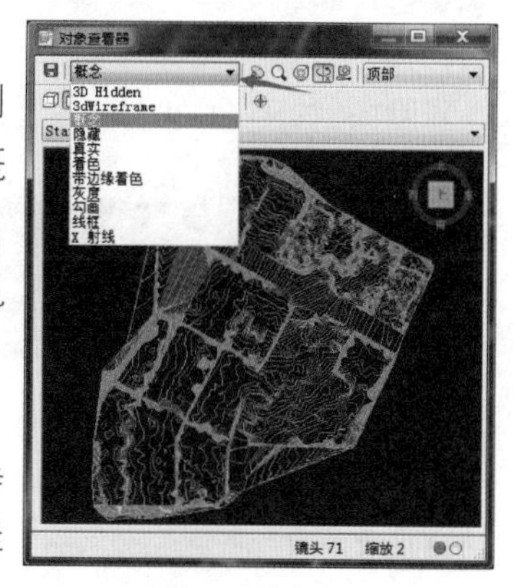

图 11-34

2. 曲面样式显示

选中地形曲面，在“三维网曲面”选项卡下找到“曲面特性”下拉箭头展开，选择“编辑曲面样式”单击进入“曲面样式”对话框，如图 11-35 所示。

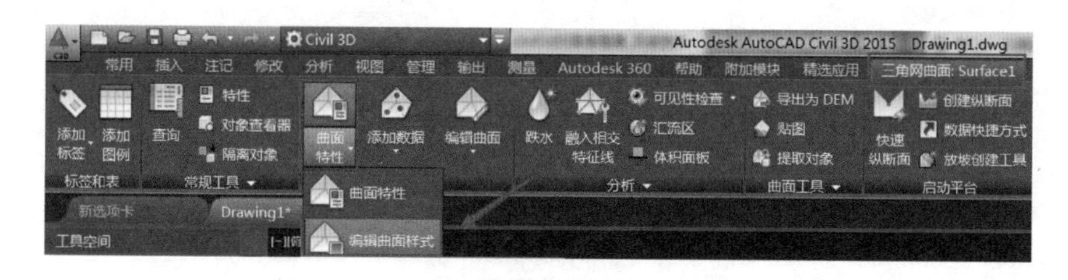

图 11-35

单击“显示”切换至对应窗口，单击小灯泡图标，对对象进行显示或取消显示的切换（如：显示高程点、三角形、边界、坡度、流域等），如图 11-36 所示。

3. 调整等高线

选中地形曲面，在“三维网曲面”选项卡下找到“曲面特性”下拉箭头展开，选择“编辑

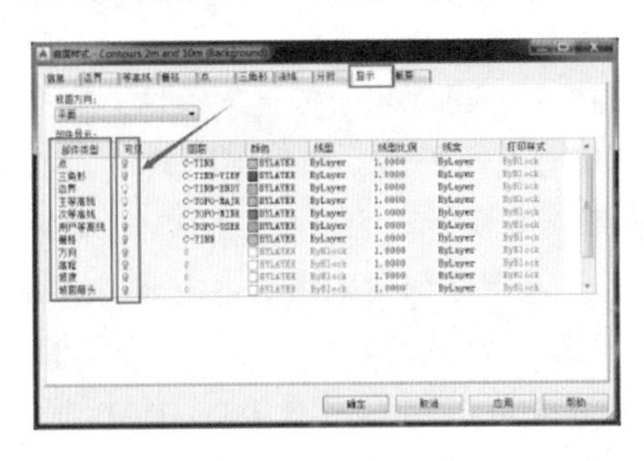

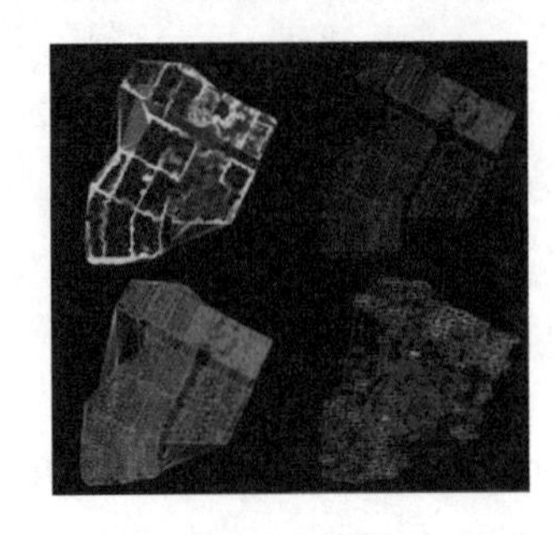

图 11-36

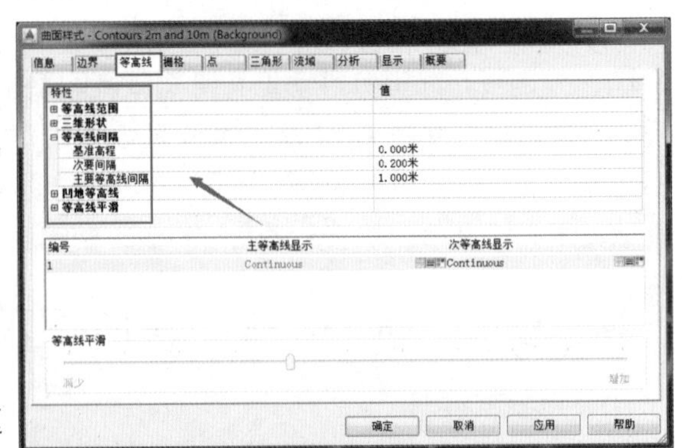

图 11-37

曲面样式”单击进入曲面样式对话框；单击“等高线”切换至对应窗口，调整“等高线间隔”“等高线范围”等参数值，如图 11-37 所示。

4. 地形纵断面

在“常规”选项卡下选择绘制“多段线”命令，在曲面上绘制线段，然后选中地形曲面，在“三维网曲面”选项卡下单击“快速纵断面”，如图 11-38 所示。

图 11-38

选取刚刚绘制的多段线，弹出“创建快速纵断面”对话框，单击确定，选取一个纵断面图的放置原点，创建完成，如图 11-39 所示。

图 11-39

11.7 Dynamo 读取表格数据放置构件

读取数据，放置构件，是 Dynamo 参数化建模的基础功能，也是日常工作中比较常用的方法。让工作变得高效准确，大大地节省了建模时间。其方法具有一定的规律性，Dynamo 命令一般“成对”出现，较为容易掌握，下面以放置网架球体为例说明。

思路：提取坐标→在需要的坐标上放置构件。

提取数据，File Path 节点和 File. FromPath 节点一般成对出现，一个读取路径，一个读取路径下的文件。那么接下来自然是读取表格里的数据了，即 Excel. ReadFromFile 节点。所以 Dynamo 初学者可以掌握这一规律性，如图 11-40 所示。

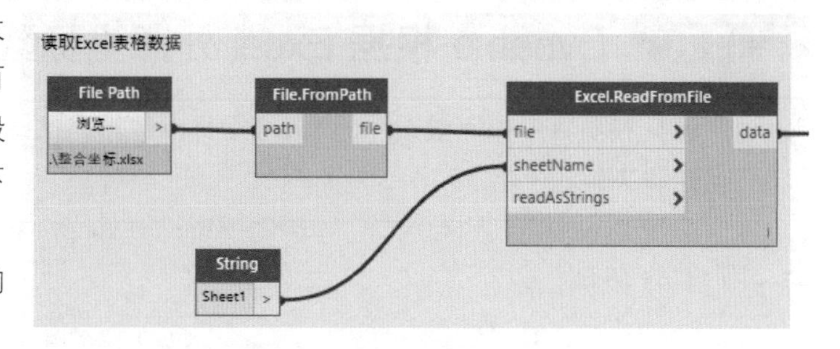

图 11-40

处理数据，提取 Excel 数据处理，类似于“转置”，将多维数据“拍平”，然后提取需要的数据（*X*、*Y*、*Z*），如图 11-41 所示。

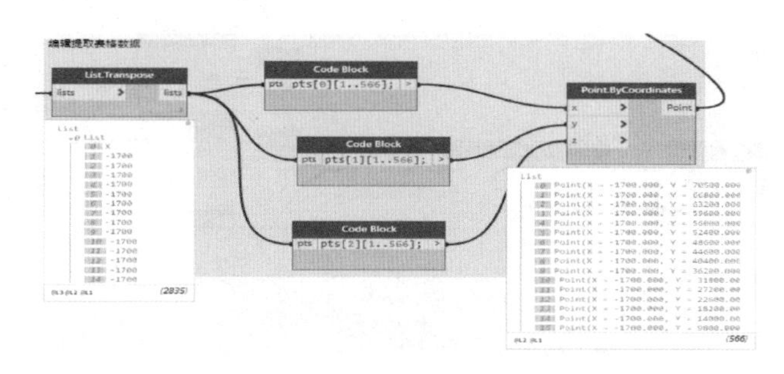

图 11-41

最后利用 FamilyInstance. ByPoint 节点，在每个坐标位置放置构件。当然你也可以做更多的操作和尝试，生成异形网架，如图 11-42 所示。

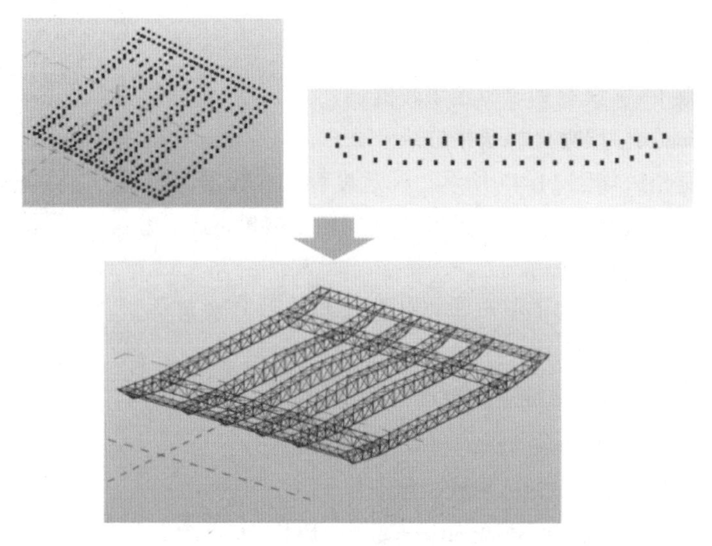

图 11-42

11.8 Dynamo 根据 Excel 外部坐标数据自动放置构件

【问题】在项目中如何根据外部 Excel 坐标点数据，批量放置 Revit 图元?

【问题解决】

1）应用 Dynamo 自带样例文件：帮助→ImportExport→ImportExportData To Excel，如图 11-43～图 11-45 所示。

图 11-43

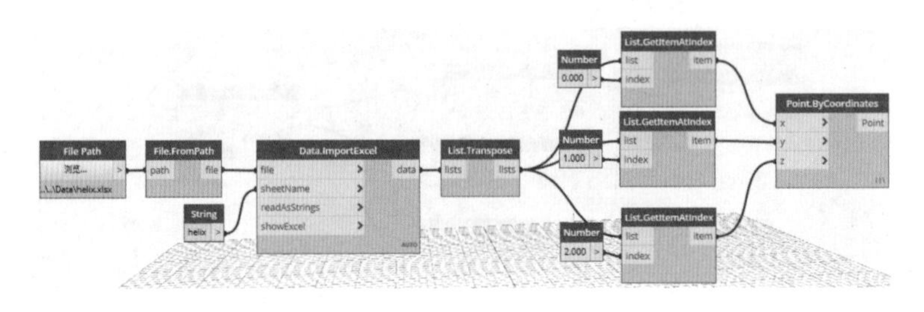

图 11-44

File Path：选择文件路径。

File FromPath：创建路径下的文件对象。

Data. ImportExcel：读取 Excel 数据（sheetName 为 Excel 中表格名称）。

List. Transpose：将列表的行和列互换。

List. GetItemAtIndex：获取列表制定项数据。

Point. ByCoordinates：根据坐标值生成点。

其中 Excel 数据格式如图 11-45 所示。注意没有表头数据，如有表头数据，在 Dynamo 数据处理中运用节点 List. DropItems（删除列表指定项），将表头数据删除。

H18	X A	Y B	Z C
1	0.3517846	-0.787	-2.87348
2	0.5057634	-0.70791	-2.87107
3	0.6422613	-0.59886	-2.8686
4	0.7554799	-0.46365	-2.86606
5	0.8404377	-0.30721	-2.86344
6	0.89319	-0.1354	-2.86075
7	0.9110007	4.52E-02	-2.85798
8	0.8924776	0.227465	-2.85513
9	0.8376509	0.404173	-2.85219
10	0.7480025	0.56811	-2.84917
11	0.6264315	0.712449	-2.84605
12	0.4771712	0.831006	-2.84284
13	0.3056472	0.918502	-2.83953
14	0.1182791	0.970793	-2.83612
15	-7.77E-02	0.985053	-2.8326

图 11-45

2）结合 Dynamo 节点：根据坐标点插入族类型，自动放置族实例，如图 11-46 所示。

FamilyInstance. ByPoint：根据点数据插入族实例（该点即为可载入族的插入点，故用该节点放置的族必须为：具有单个插入点的可载入族特性）。

Family Types：选择项目中的可用族类型。

3）插入自适应点族类型，AdaptiveComponent. ByPoints：通过二维数据放置自适应族，如图 11-47 所示。

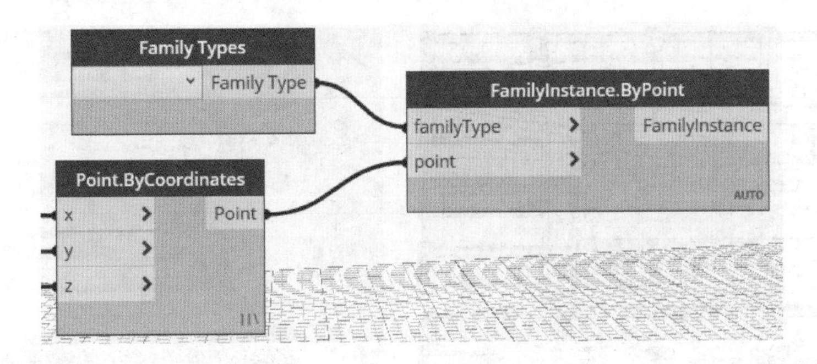

图 11-46

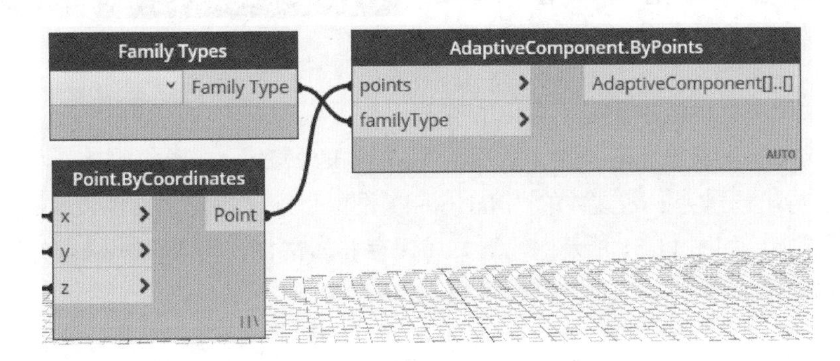

图 11-47

注意：插入自适应族的点数据：必须为二维数据，如图 11-48 所示。

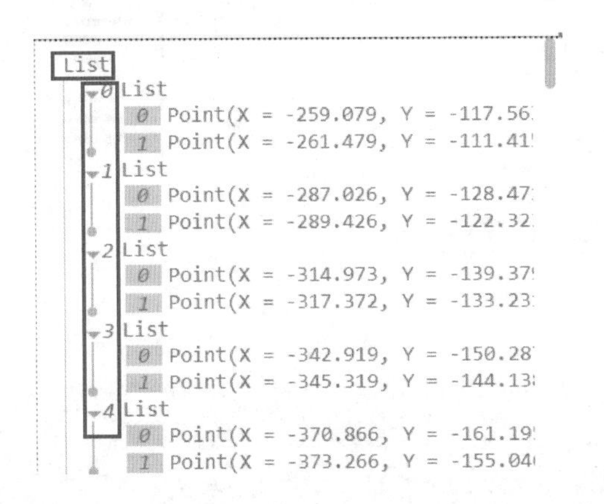

图 11-48

其中每个二维列表点的数量和顺序及为自适应族自适应点的数量和顺序。图 11-48 所示为两点自适应数据格式。

11.9 Navisworks 中 Revit 链接模型不可见的解决办法

在 Revit 打开一个结构模型，将其对应的机电模型链接进来，如图 11-49 所示，保存模型。

将保存的模型用 Navisworks 软件打开，可以看到链接的机电模型并没有显示，如图 11-50 所示。

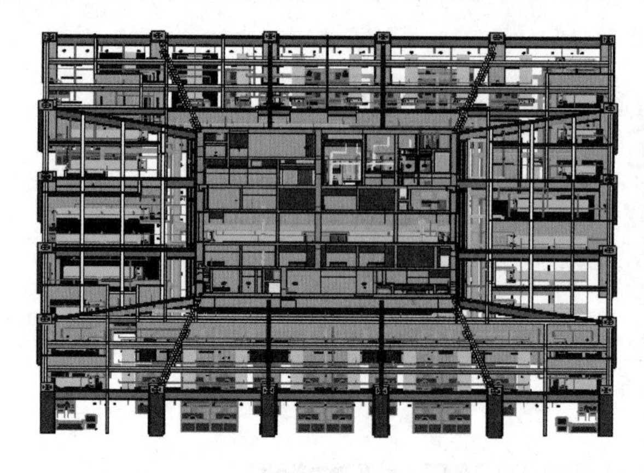

图 11-49

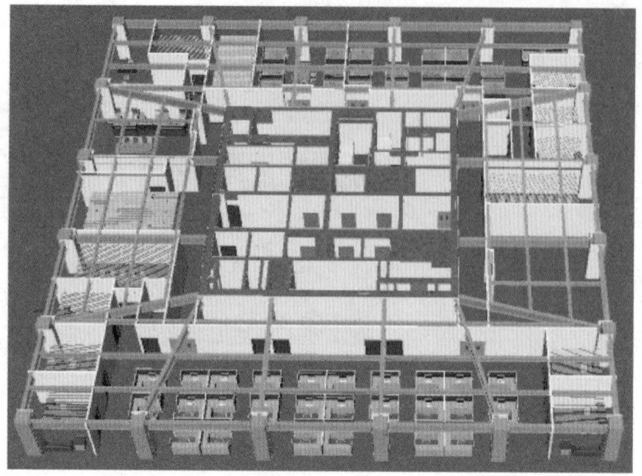

图 11-50

有两种方法解决这种链接模型不可见的情况：

【方法一】Revit 先导出 nwc 文件，然后用 Navisworks 打开。

在 Revit 中导出场景为 nwc 文件的“Navisworks 设置”下，找到“文件读取器”，将“转换链接文件”勾选上，如图 11-51 所示。设置好后保存 nwc 文件，用 Navisworks 软件打开保存的 nwc 文件，链接的机电模型显示正常，如图 11-52 所示。

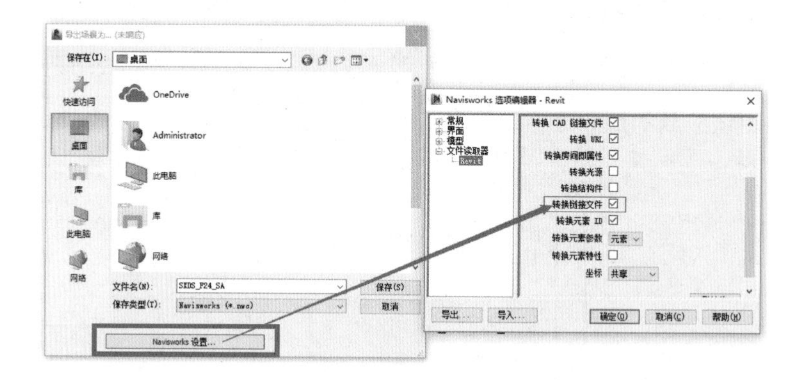

图 11-51

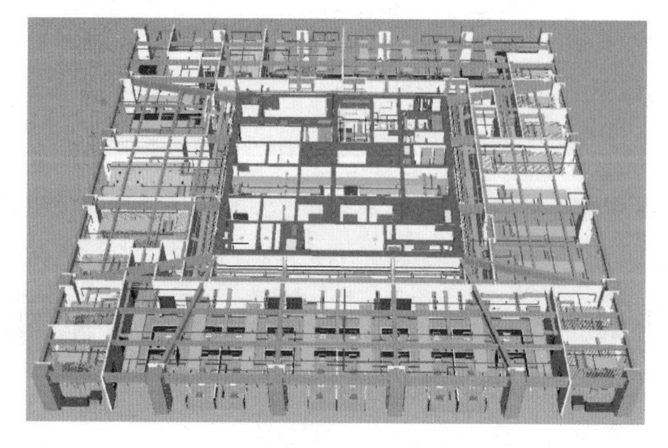

图 11-52

【方法二】直接用 Navisworks 打开 rvt 文件

打开 Navisworks 软件，打开“选项编辑器”，找到“文件读取器”下的“Revit”，把“转换链接文件”勾选上，单击确定，如图 11-53、图 11-54 所示；再用其打开 Revit 模型，链接的机电模型正常显示，如图 11-55 所示。

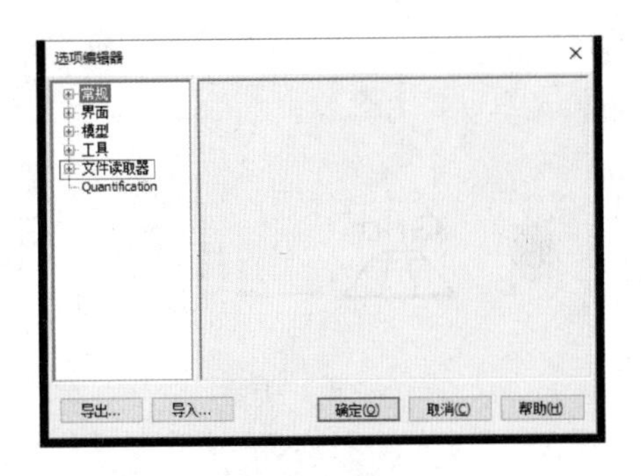

图 11-53

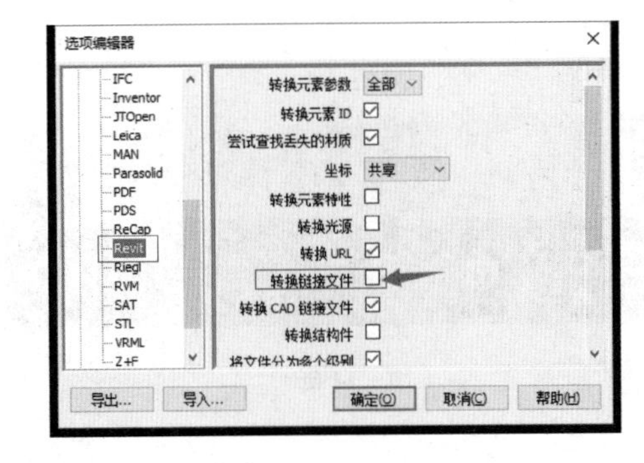

图 11-54

11.10 Navisworks 中构件精度的选择

在 Navisworks 中，大家经常会被构建精度的选择所困扰，这里就详细介绍一下各个精度选项的含义。

右键单击构建，关于选取精度，有五种选择，如图 11-56 所示。

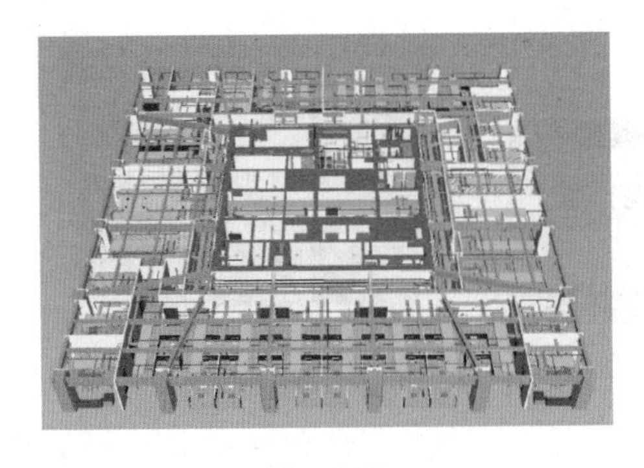

图 11-55

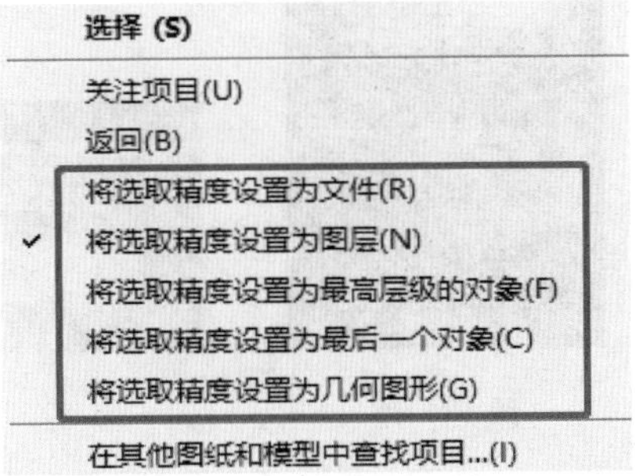

选择 (S)
关注项目(U)
返回(B)
将选取精度设置为文件(R)
✓ 将选取精度设置为图层(N)
将选取精度设置为最高层级的对象(F)
将选取精度设置为最后一个对象(C)
将选取精度设置为几何图形(G)
在其他图纸和模型中查找项目...(I)

图 11-56

1）将选取精度设置为文件：单击选择时选择的是整个项目。

2）将选取精度设置为图层：单击选择时选择的是所选构件所属楼层。

3）将选取精度设置为最高级的对象：单击选择时选择的是所选构件，精确到族。

4）将选取精度设置为最后一个对象：单击选择时选择的是所选构件中的共享嵌套族（注意，子族一定是共享的才可以）。

图 11-57

5）将选取精度设置为几何图形：单击选择时选择的是与所选构件材质相同的所有构件，如图 11-57 所示。

了解了选择精度的概念，后面在制作动画的时候就可以合理安排族的创建方法。

11.11 如何解决 Lumion 室内材质反射天空的问题

在漫游场景当中，添加一个 Reflection control，如图 11-58、图 11-59 所示。

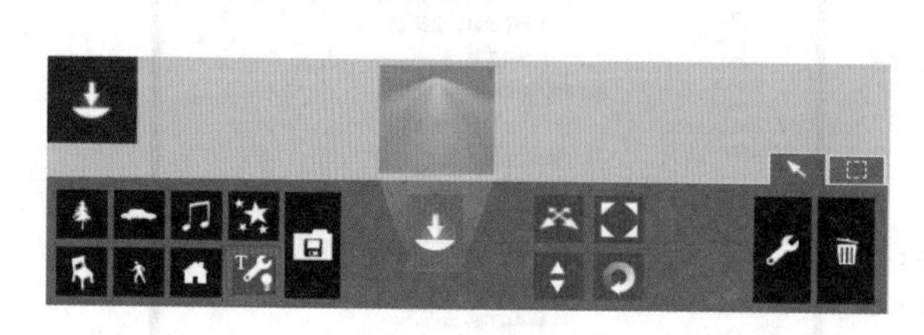

图 11-58

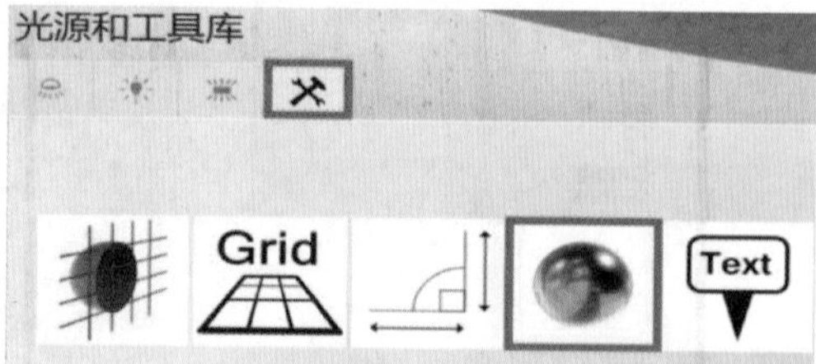

图 11-59

接下来将该物体置于漫游场景中央，如图 11-60 所示。

然后将该场景中需要反射的材质的光泽度参数调到最高值（2.0），如图 11-61 所示。

再到渲染界面中添加反射效果器，如图 11-62、图 11-63 所示。

图 11-60

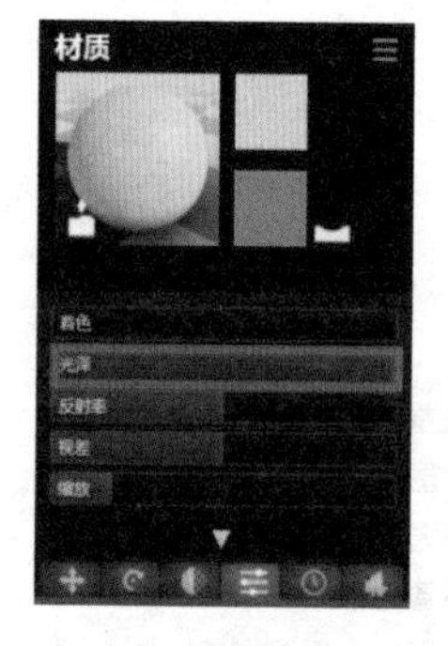

图 11-61

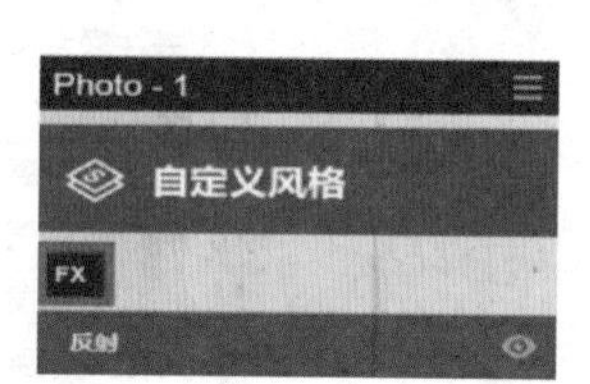

图 11-62

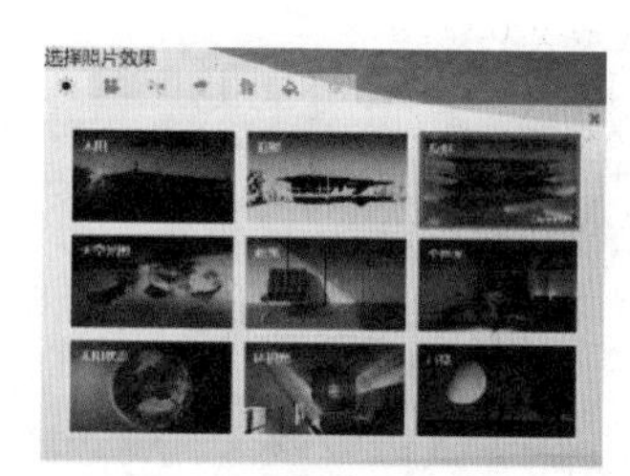

图 11-63

最后将反射效果器中的“speedray 反射”选项打开，并将预览质量调到高，如图 11-64 所示。最终效果，如图 11-65 所示。

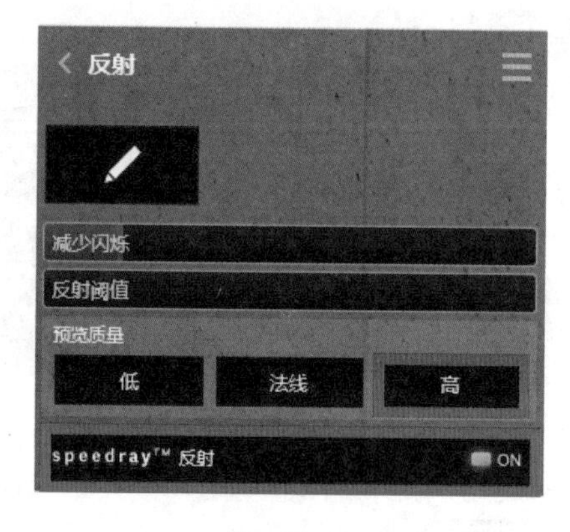

图 11-64

图 11-65

11.12 Lumion 中如何在同一个模型布置多个场景查看效果

大家在做 Lumion 的时候或许会碰见方案的修改，在方案修改时如何保存之前的方案然后在同样一个场景上新建一个方案?

首先导入场景模型，选中所有布置的场景，把模型放入图层 1，单击眼睛形状按钮进行隐藏；然后在新的图层 2 中准备种植，布置新的场景，如图 11-66 所示。

将图层 2 关闭，刚刚所做的方案就不见了；打开相机模式，通过切换图层，分别保存两个场景导出即可进行预览对比；场景 1 效果图如图 11-67 所示，场景 2 效果图如图 11-68 所示，场景 3 效果图如图 11-69 所示。

图 11-66

图 11-67

图 11-68

图 11-69

操作的原理就是利用图层的隐藏和打开，对不同图层上的物体进行隐藏和视察，大家在今后使用 Lumion 作图的过程当中，可以利用好图层这一工具，达到意想不到的效果。